高职高专电类专业基础课规划教材

SHUZI DIANZI JISHU SHIXUN JIAOCHENG

数字电子技术实训教程

唐 红 主 编

李小平 王冬艳 副主编

U0311231

化学工业出版社
·北京·

本书内容共 4 章，重点讲述了三个模块：实验模块、专题实训模块、设计模块。实验模块按照基础实验、综合实验、设计型实验的顺序讲解，分层递进；专题实训模块讲述了通用计时器的安装与调试、智力竞赛抢答器、交通灯控制电路等；在实训模块后简单讲述了 Multisim 10 仿真软件在数字电子中的应用，最后讲述了数字电子技术课程设计。三个实践内容模块分三个梯度设置，采用循序渐进、螺旋上升"分层递进"模式逐级提升学生的实践技能。

本书可作为高等职业院校应用电子、电子信息、自动化、机电一体化等专业的实训教材，也可供相关工程技术人员参考。

图书在版编目（CIP）数据

数字电子技术实训教程 / 唐红主编. —北京：化学工业出版社，2010.7
高职高专电类专业基础课规划教材
ISBN 978-7-122-08634-1

Ⅰ. 数… Ⅱ. 唐… Ⅲ. 数字电路-电子技术-高等学校：技术学院-教材 Ⅳ. TN79

中国版本图书馆 CIP 数据核字（2010）第 093323 号

责任编辑：廉　静　　　　　　　　　文字编辑：徐卿华
责任校对：边　涛　　　　　　　　　装帧设计：王晓宇

出版发行：化学工业出版社（北京市东城区青年湖南街 13 号　邮政编码 100011）
印　　装：三河市延风印装厂
787mm×1092mm　1/16　印张 15¾　字数 421　千字　2010 年 8 月北京第 1 版第 1 次印刷

购书咨询：010-64518888（传真：010-64519686）　　售后服务：010-64518899
网　　址：http://www.cip.com.cn
凡购买本书，如有缺损质量问题，本社销售中心负责调换。

定　　价：29.00 元

前 言

FOREWORD

《数字电子技术实训教程》一书是为高等职业院校电子类、电气类、自控类、通信类、机电类和计算机类专业编写的一本实训教材，也可供相关工程技术人员参考。本教程是依据教育部最新制定的"高职高专教育数字电子技术基础课程教学基本要求"，总结了作者多年的教学、科研和教改经验编写而成的。

本教材的内容结构和特点如下。

本教材分为三大模块：实验模块、专题实训模块、设计模块。

1. 实验模块属于认识训练，分三大内容三个层次。

基础实验：给出详细的实训内容、所用仪器设备、操作方法、操作步骤，让学生掌握基本电子仪器使用、数字电子技术实验的基本技能和基本方法，认识各种集成器件的功能、在电路中的作用及器件之间如何连接，验证基本理论知识。

综合实验：是将一些独立单元组合起来，实现简单的应用功能，这个环节是学习单元电路的应用，中规模集成芯片的使用，功能扩展，这既是学习后续模块和课程的基础，也是将来从事专业工作所需要的基础。

设计型实验：只给出实训目的和基本内容，由学生自己设计实训方案，并自主选择仪器设备及器件，主要目的是锻炼学生应用基本知识、理论，根据要求自己选择器件、设备等，实现合理设计，培养学生理论联系实际的能力、器件应用能力和创造思维能力。

2. 专题实训模块属于分析训练。向学生介绍"完整的数字系统"工作原理，让学生参与分析，分析其电路的组成和工作原理，了解电路中各种常用器件的功能，掌握电子产品的安装、故障排除、调试及相关电路参数的测试技能，并熟悉理论知识在实际中的应用，进一步深化理论知识，提高动手能力，同时也培养学生独立工作能力、抗挫能力。

3. 设计模块属于设计训练。给出不同的设计课题供学生选择，学生根据选定的设计课题内容，进行查阅文献资料、电路设计、参数计算、器件选择、运用 Multisim10 计算机虚拟仿真技术进行电路仿真及修改完善，写出 5000 字左右的设计报告；其目的是锻炼学生综合运用理论知识解决实际问题的能力，提升综合设计能力和对新技术的应用能力，培养学生的创新意识、团队精神。

三个实践内容模块分三个梯度设置，采用循序渐进、螺旋上升"分层递进"模式逐级提升学生的实践技能。由于层次间是循环递进关系，即后一层次是前一层次的深化和拓展，所对应训练任务的复杂程度在递增，因此学生知识、能力和素质的培养得以不断的巩固和深化。

本书由唐红担任主编，李小平、王冬艳担任副主编。全书共分 4 章，第 1 章的 1.1～1.2 节、第 2 章及附录 1～4 由李小平编写，第 1 章 1.3 节、第 3 章 3.3 和 3.4.1 节、第 4 章 4.2.2、4.2.10 和 4.2.12 节由王冬艳编写，第 4 章 4.2.1、4.2.3、4.2.5、4.2.7～4.2.9 节由柏淑红编写，第 3 章 3.1、3.2、3.4.2、3.4.3 和 3.4.4 节、第 4 章 4.1、4.2.4、4.2.6、4.2.11 节及附录 5 由唐红编写，书中电路由编写者进行了搭试验证和仿真验证。全书由唐红统稿，汪建审稿，汪建副教授提出了很多宝贵建议和修改意见，作者在此深表谢意。

由于编者水平有限，书中难免有疏漏和不当之处，恳请广大读者批评指正。

编 者

2010 年 3 月

目　录

CONTENTS

第1章
数字电子技术实验

数字电子技术实验由三节内容组成，基础实验、综合实验、设计型实验。内容从基础单元到简单综合应用，难度由浅到深，重点围绕应用最为广泛的逻辑电路。如基本门电路、集成组合电路、集成触发器及集成计数器。通过实验掌握通用类数字集成电路逻辑功能的测试方法，建立"电平"、"时序"的概念，逐步实现能够独立完成综合实训的电路调试、故障判断及排除。

在数字电子技术实验 1.2、1.3 的部分内容中，电路的组成并不一定是最简洁、最优化的电路，它不符合电子产品设计的要求（功能可靠、简单、低成本），其目的是让初学者能够多接触各类芯片，学习它们的使用方法，拓展思维，以灵活地使用数字集成电路。

1.1 基础实验

基础实验包含 8 个验证性实验，都是实现单一逻辑功能的单元电路，它们是数字电子技术理论教材中各章节的重点内容。开设这些实验，既是学好这门课程非常重要的教学环节，同时又是培养实践能力的基础阶段。在这个阶段重点是学习并掌握数字集成电路的使用及实验操作方法，例如输入电平是如何给定的，输出状态是如何判断的。了解"输出状态"与"电平"的必然关系。

1.1.1 基本门电路的逻辑功能

（1）实验目的

TTL 数字集成电路认识，学会查阅引脚图。

学习逻辑实验箱的使用，了解基本门电路逻辑功能测试方法。

（2）实验设备及器件

① 逻辑实验箱

② 万用表

③ 四 2 输入与非门 74LS00

④ 四 2 输入或门 74LS32

⑤ 四 2 输入异或门 74LS86

⑥ 2 路 3-3、2 路 2-2 输入与或非门 74LS51

（3）实验重点

54/74LS 系列数字集成电路的认识及使用方法。

（4）数字集成电路简述

以晶体管的"导通"与"截止"来表达两种输出状态，并用二进制数"1"或"0"表示。能对二进制数进行逻辑运算、转换、传输、存储的集成电路称为数字集成电路。按电路所用的有源器件不同可分为 TTL 型、CMOS 型。按功能分为基本门电路、组合集成电路、集成触发器、集成时序逻辑电路。

（5）实验内容及步骤

① 54/74LS 系列数字集成电路外引线图及使用方法

图 1-1　集成电路引脚识别

● 外引线排列。引线图以 14 脚集成电路为例（见图 1-1）。双列直插式封装引脚识别：引脚对称排列，正面朝上半圆凹槽向左，左下为第 1 脚，按逆时针方向引脚序号依次递增。

● 芯片供电。芯片以 5V 供电，电源正极连接标有 V_{CC} 字符的引脚，负极连接标有 GND 字符的引脚。电源额定供电 5V。为了达到良好的使用效果，电源范围应满足 $4.5V \leqslant V_{CC} \leqslant 5.5V$，电源极性连接应正确。

● 重要使用规则。

输出端不能直接连接电源正极或地线；

小规模（SSI）和中规模（MSI）芯片，在使用中发热严重时，应检查外围连线连接是否正确，电源供电是否满足要求。

② 集成电路外引线图、逻辑符号及逻辑图

● 四 2 输入与非门 74LS00（见图 1-2）。

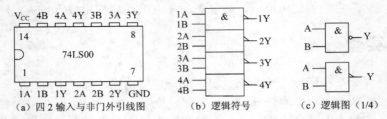

（a）四 2 输入与非门外引线图　　（b）逻辑符号　　（c）逻辑图（1/4）

图 1-2　74LS00 外引线图、逻辑符号及逻辑图

● 四 2 输入或门 74LS32（见图 1-3）。

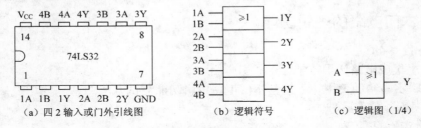

（a）四 2 输入或门外引线图　　（b）逻辑符号　　（c）逻辑图（1/4）

图 1-3　74LS32 外引线图、逻辑符号及逻辑图

● 四 2 输入异或门 74LS86（见图 1-4）。

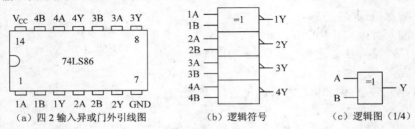

（a）四 2 输入异或门外引线图　　（b）逻辑符号　　（c）逻辑图（1/4）

图 1-4　74LS86 外引线图、逻辑符号及逻辑图

● 2 路 3-3 输入、2 路 2-2 输入与或非门 74LS51（见图 1-5）

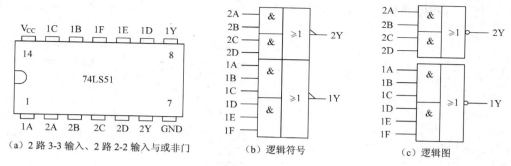

（a）2 路 3-3 输入、2 路 2-2 输入与或非门　　（b）逻辑符号　　（c）逻辑图

图 1-5　74LS51 引线图、逻辑符号及逻辑图

③ 基本门电路功能测试　首先检查逻辑实验箱各单元功能是否正常，本次实验将使用"电源"、"逻辑开关"、"状态显示"单元。

按实验内容要求选择集成芯片，参照实验示例完成测试电路连线，注意：实验电路连线、拆线应在断电状态下完成。实验记录表中输出栏"电平"用万用表直流电压挡测取输出端电压值，"逻辑状态"用"1"表示高电平输出，用"0"表示低电平输出。

- 与非门逻辑功能测试（74LS00）。与非门逻辑图见图 1-6，参数测试表见表 1-1。

表 1-1　与非门参数测试表

输入端		输出端 Y	
A	B	电平	逻辑状态
0	0		
0	1		
1	0		
1	1		

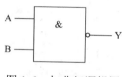

图 1-6　与非门逻辑图

- 或门逻辑功能测试（74LS32）。或门逻辑图见图 1-7，参数测试表见表 1-2。

表 1-2　或门参数测试表

输入端		输出端 Y	
A	B	电 平	逻辑状态
0	0		
0	1		
1	0		
1	1		

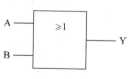

图 1-7　或门逻辑图

- 异或门逻辑功能测试（74LS86）。异或门逻辑图见图 1-8，参数测试表见表 1-3。

表 1-3　异或门参数测试表

输入端		输出端 Y	
A	B	电 平	逻辑状态
0	0		
0	1		
1	0		
1	1		

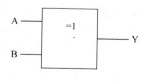

图 1-8　异或门逻辑图

● 与或非门逻辑功能测试（74LS51）。与或非门逻辑图见图1-9，参数测试表见表1-4。

表1-4　与或非门参数测试表

输入端				输出端 Y	
A	B	C	D	电 平	逻辑状态
0	0	0	0		
0	0	0	1		
0	0	1	0		
0	1	0	0		
1	0	0	0		
1	0	0	1		
0	1	1	0		
0	0	1	1		
1	1	0	0		
1	1	1	1		

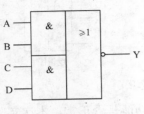

图1-9　与或非门逻辑图

1.1.2　TTL 与非门参数测试及复合电路逻辑功能

（1）实验目的

掌握 TTL 与非门参数测试方法，了解门电路的逻辑功能转换。

（2）实验设备及器件

① 逻辑实验箱

② 万用表

③ 四2输入与非门 74LS00

（3）实验重点

熟悉常用门电路的逻辑符号及逻辑图，了解与非门对脉冲信号的控制作用。

（4）集成电路外引线图、逻辑符号及逻辑图

四2输入与非门 74LS00 见图1-10。

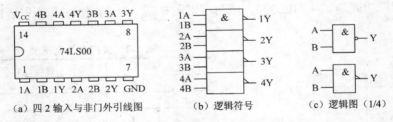

（a）四2输入与非门外引线图　　　（b）逻辑符号　　　（c）逻辑图（1/4）

图1-10　74LS00外引线图、逻辑符号及逻辑图

（5）实验内容及步骤

① 参数测试

● 与非门部分电流参数测试见表1-5。

表1-5　与非门部分电流参数测试

参 数 名 称	测试线路及测试条件		参考值/mA	实测值/mA
空载导通电源电流 I_{ND}	+5V　mA　74LS00　GND	输入悬空，输出空载	3	

续表

参 数 名 称	测试线路及测试条件		参考值/mA	实测值/mA
输入短路电流 I_{IL}	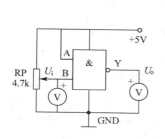	输出空载，被测输入端经毫安表接地，另一输入悬空	0.21	
输入交叉漏电流 I_{LH}	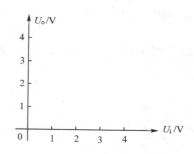	输出空载，被测输入端经毫安表接+5V，另一输入接地	0	

　　● 电压传输特性测试。参照测试图完成电路连线（见图 1-11）。调节电位器 RP，按测试表格要求逐个设定输入电压值 U_i，读出每个设定值对应的输出值 U_o（见表 1-6），并描绘电压传输特性曲线（见图 1-12）。

图 1-11　电压传输特性测试电路图　　　图 1-12　电压传输特性曲线

表 1-6　读出输出值 U_o

U_i/V	0.3	0.8	0.9	0.95	1	1.05	1.1	1.15	1.2	1.25	1.4	1.5	1.8	2.5	3.6
U_o/V															

　　② 门电路复合逻辑功能（74LS00）　在数字电子技术应用中，常常将两个或两个以上的基本门电路组合起来，实现另一种逻辑功能，以满足逻辑控制的需要，在应用中也有可能减少使用芯片的数量。这种方法称为功能替换。在下列内容中按测试要求输入数据记录结果，并判断实现什么逻辑功能。

　　● 功能转换内容一。如图 1-13 所示，参数测试表见表 1-7。

表 1-7　参数测试表一

输入端 A	输出端 Y 逻辑状态	逻辑功能
0		
1		

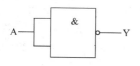

图 1-13　功能转换内容一

● 功能转换内容二。如图 1-14 所示，参数测试表见表 1-8。

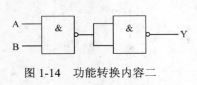

图 1-14　功能转换内容二

表 1-8　参数测试表二

输入端		输出端 Y 逻辑状态	逻辑功能
A	B		
0	0		
0	1		
1	0		
1	1		

● 功能转换内容三。如图 1-15 所示，参数测试表见表 1-9。

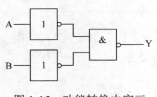

图 1-15　功能转换内容三

表 1-9　参数测试表三

输入端		输出端 Y 逻辑状态	逻辑功能
A	B		
0	0		
0	1		
1	0		
1	1		

● 功能转换内容四。如图 1-16 所示，参数测试表见表 1-10。

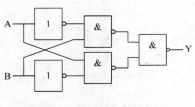

图 1-16　功能转换内容四

表 1-10　参数测试表四

输入端		输出端 Y 逻辑状态	逻辑功能
A	B		
0	0		
0	1		
1	0		
1	1		

③ 观察与非门对脉冲信号的控制作用　电路测试图见图 1-17，连续脉冲信号选用"单脉冲"，并作用于输入端 A，控制信号选用"逻辑开关"，连接于输入端 B。控制信号由低电平"0"和高电平"1"组成。观察控制信号分别为"0"和"1"状态时输出端 Y 的状态，并绘制输出波形图（见图 1-18）。

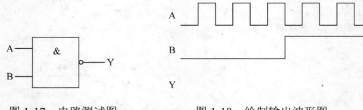

图 1-17　电路测试图　　　　　图 1-18　绘制输出波形图

（6）思考题

门电路输出端能否并联使用？哪一类能并联，哪一类不能并联？

1.1.3　加法器逻辑功能

（1）实验目的

熟悉掌握用门电路组成全加器的方法，集成全加器功能测试。

（2）实验设备及器件

① 逻辑实验箱

② 万用表

③ 四 2 输入与非门 74LS00

④ 四 2 输入异或门 74LS86

⑤ 2 路 3-3、2 路 2-2 输入与或非门 74LS51

⑥ 四位二进制超前进位全加器 74LS283

（3）集成电路外引线图及逻辑符号

集成电路外引线图及逻辑符号见图 1-19。

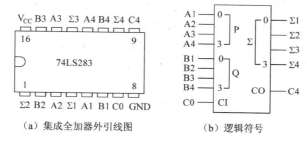

（a）集成全加器外引线图　　　　（b）逻辑符号

图 1-19　集成全加器 74LS283 外引线图、逻辑符号

（4）实验内容及步骤

① 集成全加器 74LS283 功能测试图见图 1-20，参数测试表见表 1-11。

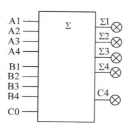

图 1-20　集成全加器功能测试图

表 1-11　集成全加器参数测试表

数 据 输 入			数 据 输 出	
A4 A3 A2 A1	B4 B3 B2 B1	C0	C4	Σ4 Σ3 Σ2 Σ1
0　0　0　1	0　0　0　0	0		
0　0　0　1	0　0　0　0	1		
0　0　1　0	0　0　0　1	0		
0　0　1　0	0　0　0　1	1		
0　1　0　1	1　0　1　0	0		
0　1　0　1	1　0　1　0	1		
1　0　0　1	0　1　0　0	0		
1　0　0　1	0　1　0　0	1		
0　1　1　1	0　1　1　1	0		
0　1　1　1	0　1　1　1	1		
1　1　1　1	1　1　1　1	0		
1　1　1　1	1　1　1　1	1		

四位二进制超前进位全加器 74LS283 设有两组数据输入端 A4 A3 A2 A1、B4 B3 B2 B1 和进位信号输入端 C0。求和信号、进位信号分别由 Σ4 Σ3 Σ2 Σ1 及 C4 输出。图中输入端 A4 A3 A2 A1 分别各接一个"逻辑开关"，输入端 B4 B3 B2 B1 分别接另四个"逻辑开关"，C0 接一个"逻辑开关"。输出端 Σ4 Σ3 Σ2 Σ1 分别各接一只"状态指示灯"，C4 接一只"状态指示灯"。

按测试表格要求输入数据，记录求和结果。

② 门电路 74LS86、74LS00 组成半加器。

半加器电路图见图 1-21，输入数据由加数与被加数组成，不含进位输入信号，输出数据为求和信号、进位输出信号。图中，A、B 为数据输入端，S、C 分别为求和信号、进位信号输出端。按测试表格（见表 1-12）要求输入数据，记录测试结果。

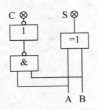

图 1-21 半加器电路图

表 1-12 半加器参数测试表

数 据 输 入		数据输出	
A	B	C	S
0	0		
0	1		
1	0		
1	1		

③ 门电路 74LS86、74LS51、74LS00 组成全加器。

与半加器不同的是，全加器能将加数、被加数和低位送来的进位信号进行求和运算。电路图见图 1-22。图中，输入数据由两个一位二进制数 A、B 及进位输入信号 C0 组成，求和信号、进位信号分别由 S 及 C1 输出。将输入端 A、B、C0 各接一个"逻辑开关"。输出端 S、C1 各接一只"状态指示灯"。按测试表格（见表 1-13）要求输入数据，记录测试结果。

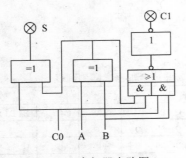

图 1-22 全加器电路图

表 1-13 全加器参数测试表

数 据 输 入			数据输出	
A	B	C0	C1	S
0	0	0		
0	0	1		
0	1	0		
1	0	0		
0	1	1		
1	0	1		
1	1	0		
1	1	1		

1.1.4 译码器与编码器

（1）实验目的

熟悉掌握译码器与编码器的使用方法。

（2）实验设备及器件

① 逻辑实验箱

② 万用表

③ 3 线-8 线译码器（反码输出）74LS138

④ 4 线-7 段译码/驱动器 74LS48

⑤ 8 线-3 线优先编码器（反码输出）74LS148

（3）实验内容及步骤

译码器与编码器都是一种有多个输入端与输出端的组合逻辑电路，主要用于代码变换、驱动数字显示器件，还可以作为数据分配器使用。

① 3 线-8 线译码器（反码输出）74LS138 功能测试

- 集成电路外引线图、逻辑符号及功能图见图 1-23。

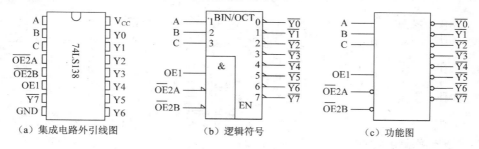

（a）集成电路外引线图　　　（b）逻辑符号　　　（c）功能图

图 1-23　3 线-8 线译码器 74LS138 外引线图、逻辑符号及功能图

- 参数测试。译码器功能测试图见图 1-24，数据输入端 A、B、C 和使能输入端 OE1、$\overline{OE2A}$、$\overline{OE2B}$ 分别各接一个"逻辑开关"。输出 $\overline{Y0}$～$\overline{Y7}$ 接"状态指示灯"。按参数测试表格（见表 1-14）要求输入数据，记录测试结果。

② 4 线-7 段译码/驱动器 74LS48 功能测试　芯片以 BCD 码输入，段输出为发射极开路门，内设 2kΩ 上拉电阻，无需外接限流电阻，输出高电平驱动共阴显示器。另设有灯测试端 $\overline{LT}$，用于检测显示器，灭灯端 $\overline{BI}/\overline{RBO}$ 强行熄灭显示器、灭零端 $\overline{RBI}$（灭无效零）。LED 显示器分为共阴、共阳。内部设置 8 段独立的发光器件。"共阴"是指发光器件负极连接在一起。

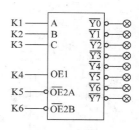

图 1-24　译码器功能测试图

表 1-14　译码器参数测试

使 能 输 入			数 据 输 入			输　　出							
OE1	$\overline{OE2A}$	$\overline{OE2B}$	C	B	A	$\overline{Y0}$	$\overline{Y1}$	$\overline{Y2}$	$\overline{Y3}$	$\overline{Y4}$	$\overline{Y5}$	$\overline{Y6}$	$\overline{Y7}$
×	**1**	×	×	×	×								
×	×	**1**	×	×	×								
0	×	×	×	×	×								
1	0	0	0	0	0								
1	0	0	0	0	1								
1	0	0	0	1	0								
1	0	0	0	1	1								
1	0	0	1	0	0								
1	0	0	1	0	1								
1	0	0	1	1	0								
1	0	0	1	1	1								

注：×表示任意状态。

灯测：当 $\overline{LT}$ ="0" 时，显示器显示字符"8"。

灭灯：当 $\overline{BI}/\overline{RBO}$ ="0" 时，显示器熄灭。

灭零：当 $\overline{RBI}$ ="0" 时，且 D、C、B、A 同时输入"0"（欲显示十进制数"0"时），显

示器熄灭。

数据输入端：D、C、B、A。

● 集成电路外引线图、逻辑符号及功能图（见图1-25）。

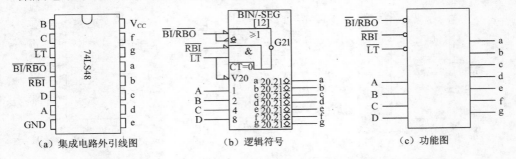

（a）集成电路外引线图　　　（b）逻辑符号　　　（c）功能图

图1-25　4线-7段译码/驱动器74LS48外引线图、逻辑符号及功能图

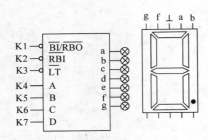

图1-26　译码器功能测试图

● 参数测试。译码器功能测试图见图1-26，数据输入端、灯测试端、灭灯端、灭零端分别各接一个"逻辑开关"。输出端接"状态指示灯"。按参数测试表格（见表1-15）要求输入数据，记录测试结果。如将段输出信号作用于共阴式 LED 显示器，将显示十进制数。

③ 8线-3线优先编码器74LS148（反码输出）功能测试　芯片设有8个数据输入端0~7，1个使能输入端 EI。3个数据输出端（反码输出）$\overline{A2}$、$\overline{A1}$、$\overline{A0}$，2个使能输出端 $\overline{GS}$、EO。编码优先级别顺序依次是7、6、5、4、3、2、1、0。

表1-15　译码器参数测试表

输　入							数　据　输　出							输出状态
$\overline{LT}$	$\overline{RBI}$	$\overline{BI}/\overline{RBO}$	D	C	B	A	a	b	c	d	e	f	g	
0	×	1	×	×	×	×								
×	×	0	×	×	×	×								
1	0	1	0	0	0	0								
1	1	1	0	0	0	0								
1	1	1	0	0	0	1								
1	1	1	0	0	1	0								
1	×	1	0	0	1	1								
1	×	1	0	1	0	0								
1	×	1	0	1	0	1								
1	×	1	0	1	1	0								
1	×	1	0	1	1	1								
1	×	1	1	0	0	0								
1	×	1	1	0	0	1								

注：×表示任意状态。

当 EI="1" 时：$\overline{GS}$=EO="1"，无编码输出。

当 EI="0" 时：数据输入端 0~7 全为高电平输入时，$\overline{GS}$="1"、EO="0"，无编码输出。

当 EI= "0" 时：数据输入端 0～7 有数据输入（低电平）时，$\overline{GS}$ = "0"、EO= "1"，有编码输出。

- 集成电路引脚图、逻辑符号及功能图（见图 1-27）。

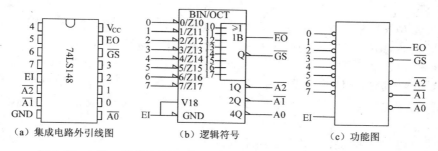

（a）集成电路外引线图　　（b）逻辑符号　　（c）功能图

图 1-27　8 线-3 线优先编码器 74LS148 外引线图、逻辑符号及功能图

- 参数测试。编码器功能测试图见图 1-28，数据、使能输入端分别各接一个"逻辑开关"，输出端接"状态指示灯"。按参数测试表格（见表 1-16）要求输入数据，记录测试结果。

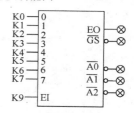

图 1-28　编码器功能测试图

表 1-16　编码器参数测试表

使能输入	数据输入								数据输出			使能输出	
EI	0	1	2	3	4	5	6	7	$\overline{A2}$	$\overline{A1}$	$\overline{A0}$	$\overline{GS}$	EO
1	×	×	×	×	×	×	×	×					
0	1	1	1	1	1	1	1	1					
0	×	×	×	×	×	×	×	0					
0	×	×	×	×	×	×	0	1					
0	×	×	×	×	×	0	1	1					
0	×	×	×	×	0	1	1	1					
0	×	×	×	0	1	1	1	1					
0	×	×	0	1	1	1	1	1					
0	×	0	1	1	1	1	1	1					
0	0	1	1	1	1	1	1	1					

注：×表示任意状态。

1.1.5　触发器

（1）实验目的

掌握 D 型、JK 型触发器逻辑功能测试及功能转换。

（2）实验设备及器件

① 逻辑实验箱

② 万用表

③ 双上升沿 D 触发器 74LS74（有预置、清除端）

④ 双下降沿 JK 触发器 74LS112（有预置、清除端）

⑤ 四 2 输入与非门 74LS00

（3）实验重点

① 注意区分置"0"（置"1"）的操作与触发器输出"0"（"1"）状态，前者表示输入信号的作用过程，后者表示触发器的一种输出结果。

② 触发器是一种基本存储单元，输出状态的保持并不需要输入信号的维持。

③ 实验中注意异步输入端的操作方法。观察时钟信号触发沿。

（4）实验内容及步骤

按测试图要求选择器件并完成连线。时钟信号输入端连接"单脉冲"，其余输入端分别连接"逻辑开关"。输出端连接"状态指示灯"。注意：异步输入端 $\overline{PRE}$、$\overline{CLR}$ 不能同时输入低电平。

① 双上升沿 D 型触发器 74LS74 功能测试

● 集成电路外引线图、逻辑符号（见图 1-29）。

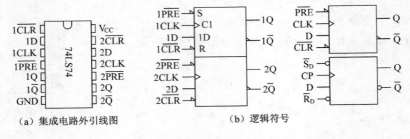

（a）集成电路外引线图　　　　（b）逻辑符号

图 1-29　双上升沿 D 型触发器 74LS74 外引线图、逻辑符号

● 异步输入端 $\overline{PRE}$（$\overline{S}_D$）、$\overline{CLR}$（$\overline{R}_D$）功能测试。

功能测试见图 1-30，按参数测试表 1-17 要求输入数据，记录测试结果。

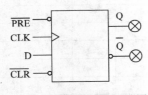

图 1-30　触发器功能测试图

表 1-17　异步输入端功能测试表一

CLK	D	$\overline{CLR}$	$\overline{PRE}$	Q	$\overline{Q}$
0	0	1	⊔		
0	0	⊔	1		
0	1	1	⊔		
0	1	⊔	1		
1	0	1	⊔		
1	0	⊔	1		
1	1	1	⊔		
1	1	⊔	1		

● 输入端 D、CLK 功能测试。功能测试图见图 1-30，参数测试表格见表 1-18。

表 1-18　时钟、数据输入端功能测试表一

Q^n	D	CLK（CP）	Q^{n+1}	Q^n	D	CLK（CP）	Q^{n+1}
0	0	⌐		0	1	⌐	
1	0	⌐		1	1	⌐	

② 双下降沿 JK 型触发器 74LS112 功能测试

● 集成电路外引线图、逻辑符号（见图 1-31）。

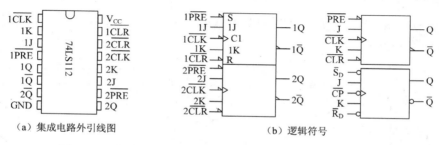

（a）集成电路外引线图　　　　　　（b）逻辑符号

图 1-31　双下降沿 JK 型触发器 74LS112 外引线图、逻辑符号

- 异步输入端 $\overline{PRE}$、$\overline{CLR}$ 功能测试。功能测试图见图 1-32，按参数测试表格（见表 1-19）要求输入数据，记录测试结果。

- 输入端 J、K、$\overline{CLK}$ 功能测试。功能测试图见图 1-32，参数测试表格见表 1-20。

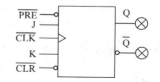

图 1-32　触发器功能测试图

表 1-19　异步输入端功能测试表二

$\overline{CLK}$ （$\overline{CP}$）	J	K	$\overline{PRE}$ （$\overline{S}_D$）	$\overline{CLR}$ （$\overline{R}_D$）	Q
×	×	×	⊓	1	
×	×	×	1	⊔	

注：×表示任意状态。

表 1-20　时钟、数据输入端功能测试表二

Q^n	J	K	$\overline{CLK}$	Q^{n+1}	功　能
0	0	0	⌐⌐		
1					
0	0	1	⌐⌐		
1					
0	1	0	⌐⌐		
1					
0	1	1	⌐⌐		
1					

③ 触发器逻辑功能转换

- 将 D 触发器转换成 T′ 触发器。设触发器初态为"0"状态，异步输入端 $\overline{PRE}$、$\overline{CLR}$ 接"逻辑开关"用于设置初态，按测试表格（见表 1-21）要求逐个送入时钟信号，记录实验结果、绘制波形图。电路图见图 1-33。

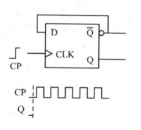

图 1-33　D 触发器转换成 T′触发器电路图

表 1-21　参数测试表一

CP	Q	$\overline{Q}$ (D)
初态	0	1
⌐		
⌐		
⌐		
⌐		
⌐		

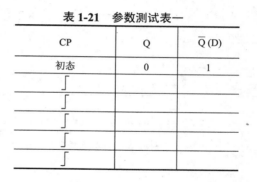

● 将 JK 触发器转换成 T 触发器。电路图见图 1-34，参数测试表格见表 1-22。

表 1-22　参数测试表二

CP	T	Q	T	Q
初态		0		0
⌐				
⌐	0		1	
⌐				
⌐				
⌐				

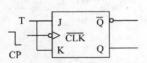

图 1-34　JK 触发器转换成 T 触发器电路图

● 将 JK 触发器转换成 D 触发器。电路图见图 1-35，参数测试表格见表 1-23。

表 1-23　参数测试表三

Q^n	D	$\overline{CLK}$	Q^{n+1}
0	0	⌐	
1	0	⌐	
0	1	⌐	
1	1	⌐	

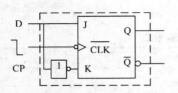

图 1-35　JK 触发器转换成 D 触发器电路图

1.1.6　两位二进制计数器

（1）实验目的

巩固触发器的使用，了解计数器的基本功能。

（2）实验设备及器件

① 逻辑实验箱

② 万用表

③ 双上升沿 D 触发器 74LS74（有预置、清除端）

④ 双下降沿 JK 触发器 74LS112（有预置、清除端）

⑤ 四 2 输入与非门 74LS00

（3）实验内容及步骤

① 二位异步二进制减法计数器（集成电路选用 74LS112）　计数电路时钟输入端连接"单脉冲"，K1、K2 选择"逻辑开关"。Q_B、Q_A 连接"状态指示灯"。实验操作中注意 K1、K2 开关的作用。区分计数电路的计数状态、清零及置数状态。电路图见图 1-36，记录实验结果（见表 1-24），绘制波形图（见图 1-37）。

计数：K1、K2 置于"1"状态。

清零：K2 置于"1"状态；

　　　K1 瞬间置于"0"状态。

置数：K1 置于"1"状态；

　　　K2 瞬间置于"0"状态。

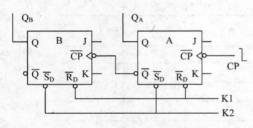

图 1-36　二位异步二进制减法计数器电路图

表 1-24　参数测试表一

CP	Q_B	Q_A	十 进 制 数
初 态	1	1	3
⌐_			
⌐_			
⌐_			
⌐_			

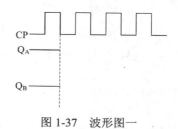

图 1-37　波形图一

② 二位异步二进制加法计数器（集成电路选用 74LS74）　计数电路时钟输入端连接"单脉冲"，K1、K2 选择"逻辑开关"。Q_B、Q_A 连接"状态指示灯"。电路图见图 1-38，记录实验结果（见表 1-25），绘制波形图（见图 1-39）。

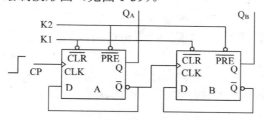

图 1-38　二位异步二进制加法计数器电路图

表 1-25　参数测试表二

CP		Q_B	Q_A
初 态		0	0
K1 置于 "0"	⌐		
K1 置于 "1"	⌐		
	⌐		
	⌐		
	⌐		

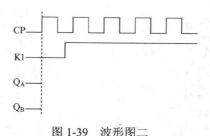

图 1-39　波形图二

③ 二位同步二进制可逆计数器（集成电路选用 74LS112、74LS00）　电路图见图 1-40，记录实验结果见表 1-26。

电路功能：清零：K2 置于"1"状态、K3 任意状态，K1 瞬间置于"0"状态。

置数：K1 置于"1"状态、K3 任意状态，K2 瞬间置于"0"状态。

加法计数：K1、K2 置于"1"状态、K3 置于"1"状态。

减法计数：K1、K2 置于"1"状态、K3 置于"0"状态。

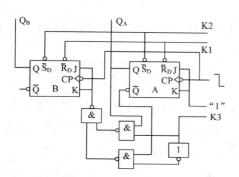

图 1-40　二位同步二进制可逆计数器电路图

表 1-26　参数测试表三

CP	K3=1		K3=0	
	Q_B	Q_A	Q_B	Q_A
初 态	0	0	1	1
⌐_				
⌐_				
⌐_				
⌐_				

1.1.7　中规模集成计数器

（1）实验目的

了解集成计数器的种类，学习计数器的使用方法及功能扩展。

（2）实验设备及器件

① 逻辑实验箱

② 万用表

③ 十进制同步计数器 74LS160（异步清除、同步置数）

④ 十进制同步加/减计数器 74LS192（异步清除、异步置数）

⑤ 四 2 输入与非门 74LS00

（3）实验内容及步骤

集成计数器是应用最为广泛的数字集成电路，它不仅可以用来记录脉冲个数，还可以用于分频、程序控制及逻辑控制。其内部是由带记忆功能的触发器构成，属于时序电路。常用的集成计数器以十进制、二进制为主，有加法计数、可逆计数。大部分计数器都具有相同或相似的功能，而实现功能的操作方法会有区别。如 "清零" 操作有同步、异步之分，"置数" 操作也有同步、异步之分。进位输出信号、借位输出信号的电平，相位也有一些差异，这决定了计数器的级联方式。

① 十进制同步计数器 74LS160 功能测试

a. 集成电路外引线图、逻辑符号及功能图（见图 1-41）。

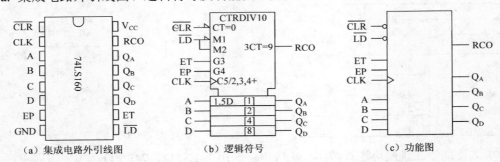

(a) 集成电路外引线图　　　　(b) 逻辑符号　　　　(c) 功能图

图 1-41　十进制同步计数器 74LS160 外引线图、逻辑符号及功能图

b. 功能说明。十进制同步计数器 74LS160 是一种通用型中规模集成芯片，时钟信号上升沿有效，异步清除，同步置数。设有四个数据输入端 D、C、B、A，逻辑输入端为时钟输入 CLK，清零端 $\overline{\text{CLR}}$，使能输入端 EP、ET，置数端 $\overline{\text{LD}}$。数据输出端 Q_D、Q_C、Q_B、Q_A，RCO 为进位信号输出端。

$\overline{\text{CLR}}$：异步清零端（也可用 $\overline{R}_D$ 或 $\overline{C}_r$ 表示），低电平有效。当 $\overline{\text{CLR}}$ = "0" 时，$Q_D = Q_C = Q_B = Q_A$ = "0"。

$\overline{\text{LD}}$：置数端，配合输入数据 D、C、B、A 预置计数器初态。当 $\overline{\text{LD}}$ = "0"，时钟信号上升沿到达时置数有效。

EP、ET：使能输入端（也可用 ENP、ENT 或 S1、S2 表示）。当 EP= "0" 或 ET= "0"、EP=ET= "0" 时，计数禁止，计数器处于暂停状态。计数状态：$\overline{\text{CLR}}$ = $\overline{\text{LD}}$ =EP=ET= "1"。

RCO：进位信号输出端，输出高电平信号，维持一个时钟周期。

c. 计数功能测试。

表 1-27　参数测试表一

CLK			Q_D	Q_C	Q_B	Q_A	RCO	十进制数
初　态			0	0	0	0	0	0
K1 置于"0"		⌐						
	K3："0"	⌐						
		⌐						
K1 置于"1"		⌐						
		⌐						
		⌐						
	K3："1"	⌐						
		⌐						
		⌐						
		⌐						
		⌐						
		⌐						

　　说明：参数记录表（见表 1-27）中，时钟栏第三时段 K3="0"期间，作用时钟信号，注意观察计数器状态，了解使能端 EP、ET 的功能。计数功能测试图见图 1-42，绘制波形图（见图 1-43）。

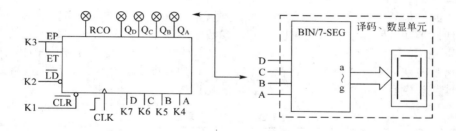

图 1-42　十进制同步计数器 74LS160 功能测试图

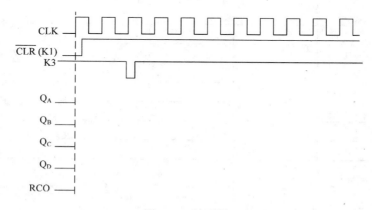

图 1-43　波形图

　　提示：K2 掷于高电平，K4、K5、K6、K7 为任意状态

　　d. 实现六进制计数。十进制同步计数器 74LS160 的计数长度从 0～9 共 10 个状态。但是

在一些实际应用中，有时并不需要计数器循环工作在这 10 个状态中。如数字钟的"秒计时"、"分计时"需要六进制。改变计数长度，选择前面的状态进行循环计数，这种计时方式需要用反馈清零法实现电路功能。六进制计数功能测试电路图见图 1-44，参数记录表见表 1-28。

表 1-28　参数测试表二

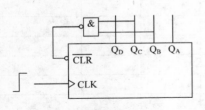

图 1-44　六进制计数功能测试电路图

CLK	Q_D	Q_C	Q_B	Q_A	十进制数
初态	0	0	0	0	0
⌐					
⌐					
⌐					
⌐					
⌐					
⌐					

提示：去掉 K1 开关，按图连接清零支路，K2、K3 掷于高电平，K4、K5、K6、K7 为任意状态，连续观察两个计数循环周期。

e. 置数功能测试。用反馈清零法改变了计数长度，实际上是计数起点不变，改变计数终点。如果想改变起点，不从"0"状态开始计数，且不改变终点，可以通过置数方法实现。完成置数需要以下三个条件。

● 从数据输入端 D、C、B、A 送入初态（起点）代码。

● 在置数端 $\overline{LD}$ 送入低电平。

● 送入时钟信号上升沿（置数脉冲），输入数据将传输到输出端，撤消置数端低电平，置数操作完成。手动置数功能测试图见图 1-45，参数记录表中（见表 1-29）数据输入端及输入数据以加黑表示，注意区分输入、输出数据及置数脉冲(表格中第一个时钟脉冲)和计数脉冲。

以上讲的方法并不是指计数器将在一个指定的计数长度中循环计数，仅说明置数方法。如要改变计数长度且实现循环计数，应用自动置数电路图（见图 1-46）。

表 1-29　参数测试表三

$\overline{LD}$	CLK	D　　Q_D	C　　Q_C	B　　Q_B	A　　Q_A	十进制数
0	0	**0**	**1**	**0**	**1**	
0	⌐					
1	⌐					
1	⌐					
1	⌐					
1	⌐					
1	⌐					

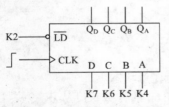

图 1-45　手动置数功能测试图

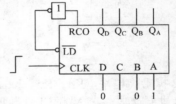

图 1-46　自动预置数电路图

② 十进制同步加/减计数器 74LS192 功能测试

a. 集成电路引脚图、逻辑符号及功能图见图 1-47。

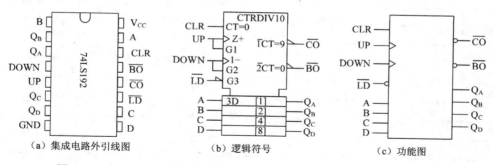

图 1-47　十进制同步加/减计数器 74LS192 外引线图、逻辑符号及功能图

b. 功能说明。74LS192 是一种十进制同步可逆计数器。双时钟信号输入。加、减计数 CP 信号上升沿有效（加法计数时时钟 CP 作用于输入端 UP，减法计数时作用于输入端 DOWN）。设有异步清零、异步置数端及进位、借位输出端。

CLR：异步清零端（也可用 R_D 或 C_r 表示），高电平有效。当 CLR = "1" 时 $Q_D = Q_C = Q_B = Q_A = $ "0"。

$\overline{LD}$：异步置数端（也可用 $\overline{LOAD}$ 表示），首先设置输入数据 D、C、B、A，当 $\overline{LD}$ = "0" 时，置数操作有效。

$\overline{CO}$：进位输出端。进位信号为低电平，宽度为半个时钟周期。

$\overline{BO}$：借位输出端。借位信号为低电平，宽度为半个时钟周期。

计数状态：CLR = "0"、$\overline{LD}$ = "1"。

加法计数：DOWN 接高电平，时钟信号作用于 UP，上升沿有效。

减法计数：UP 接高电平，时钟信号作用于 DOWN，上升沿有效。

c. 计数功能测试。电路连接，K1～K7 选择"逻辑开关"。加法计数时输入端 DOWN 接高电平，输入端 UP 接"单脉冲"，减法计数时输入端 UP 接高电平，输入端 DOWN 接"单脉冲"。计数功能测试图见图 1-48，参数记录见表 1-30，绘制波形图（见图 1-49）。

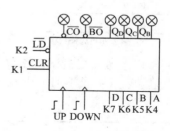

图 1-48　计数功能测试图

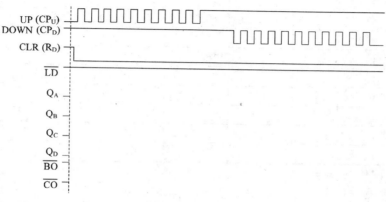

图 1-49　波形图

表 1-30　参数记录表四

CLR（K1）	$\overline{\text{LD}}$（K2）	UP（CP_U）	DOWN（CP_D）	Q_D	Q_C	Q_B	Q_A	$\overline{CO}$	$\overline{BO}$	十进制数
1	1	×	×							
0	1	↑	1							
0	1	↑	1							
0	1	↑	1							
0	1	↑	1							
0	1	↑	1							
0	1	↑	1							
0	1	↑	1							
0	1	↑	1							
0	1	↑	1							
0	1	↑	1							
0	1	1	↑							
0	1	1	↑							
0	1	1	↑							
0	1	1	↑							
0	1	1	↑							
0	1	1	↑							
0	1	1	↑							
0	1	1	↑							
0	1	1	↑							
0	1	1	↑							

注：×表示可为任意状态。

d. 置数功能测试。置数功能测试图参见图 1-48。以加计数为例，DOWN 接高电平。参数记录表（见表 1-31）中数据输入端及输入数据以加黑字符表示。

表 1-31　参数记录表五

CLR	$\overline{\text{LD}}$	UP	D / Q_D	C / Q_C	B / Q_B	A / Q_A	十进制数	功能
1	×	×	**0** /	**0** /	**1** /	**1** /		
0	0	×						
0	1	↑						
0	1	↑						
0	1	↑						
0	1	↑						
0	1	↑						
0	1	↑						
0	1	↑						

注：×表示可为任意状态。

（4）思考题

采用 2 只 74LS160 组成二位十进制计数电路，计数长度 0～99，如何实现电路连接？

1.1.8 555 时基电路

（1）实验目的

① 了解 555 时基集成电路的特点及工作原理。

② 掌握基本应用电路。

（2）实验设备及器件

① 逻辑实验箱及功能扩展板

② 万用表

③ 555 时基集成电路

（3）555 时基集成电路的逻辑组成与工作原理

① 555 时基集成电路（双结型）内部组成

- 由三只电阻构成两个电压基准，$1/3V_{CC}$、$2/3V_{CC}$；
- 含两个电压比较器 A_1、A_2；
- 一个基本 RS 触发器；
- 一只三极管作放电回路。

从内部电路来分析，它的输入级由模拟电路组成，输出级由数字电路组成。作用于输入端的信号可以是模拟信号，也可以是数字信号，输出为数字信号。

② 555 时基集成电路外引线图、内部功能图、工作波形图（见图 1-50）

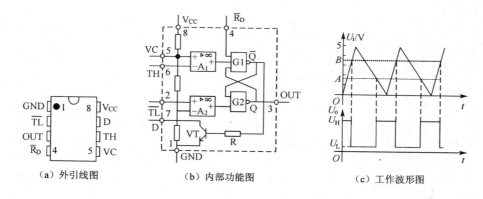

（a）外引线图　　（b）内部功能图　　（c）工作波形图

图 1-50　555 时基集成电路外引线图、内部功能图、工作波形图

③ 引脚功能

1 脚：GND。

2 脚：低电平触发端 $\overline{TL}$，与 $1/3V_{CC}$ 电压基准、A_2 组成低电平比较器。

3 脚：输出 OUT。

4 脚：复位 $\overline{R}_D$。

5 脚：控制 VC（改变基准电压值）。

6 脚：阈值 TH，与 $2/3V_{CC}$ 电压基准、A_1 组成高电平比较器。

7 脚：放电 D。

8 脚：电源 V_{CC}。

④ 真值表（见表 1-32）

表1-32　真值表

$\overline{R}_D$	$\overline{TL}$	TH	OUT
H	≤$1/3V_{CC}$	×	H
H	≥$1/3V_{CC}$	≥$2/3V_{CC}$	L
H	≥$1/3V_{CC}$	≤$2/3V_{CC}$	保持
L	×	×	L

注：×表示可为任意电平。

（4）实验内容及步骤

① 组成单稳态触发器（也称定时器，定时时间 t_w）电路图见图1-51，波形图见图1-52。

单稳态电路由两种状态组成：一种是稳态，即电路未被触发，可以持续保持，555 电路内部放电三极管导通，外部电路+5V→R→C 构成的充电通路无法对电容 C 进行充电，此时输出状态为低电平；另一种是暂稳态，即电路被触发，这种状态只能暂时维持。当幅度低于 $1/3V_{CC}$ 的信号作用于输入端 $\overline{TL}$ 时，电路被触发，输出跳变为高电平。555 电路内部放电通路三极管截止。+5V 电源经电阻 R 对电容 C 进行充电，当电容 C 上的电压 U_C 充到 $2/3V_{CC}$ 时，电路的状态将发生翻转，从暂态变回稳态，输出又跳变为低电平。同时 555 电路内部放电通路三极管导通，电容 C 上的电压被迅速放掉。这就是一个完整的触发过程。暂稳态维持时间 $t_w \approx 1.1RC$。在这种触发电路中，当输入触发脉冲的宽度大于 t_w 时就会出现重复触发现象。在 U_i 与输入端 $\overline{TL}$ 之间串接一只 $0.1\mu F$ 的电容，就能避免重复触发现象发生。改变定时电容，定性比较电容容量与暂态时间的关系见表1-33。

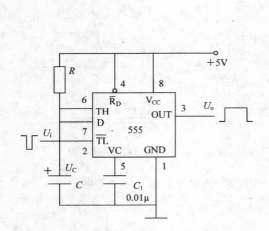

图1-51　单稳态触发器电路图

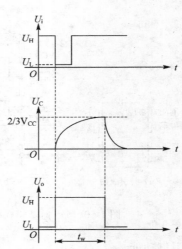

图1-52　单稳态触发器波形图

表1-33　电容容量与暂态时间的关系

R	C	定性比较暂态时间 t_{w1}、t_{w2}	R	C	定性比较暂态时间 t_{w1}、t_{w2}
100kΩ	$47\mu F$ (t_{w1})		100kΩ	$100\mu F$ (t_{w2})	

② 组成多谐振荡器，电路图见图1-53，波形图见图1-54。

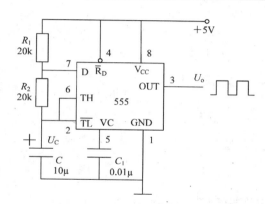

图 1-53 多谐振荡器电路图

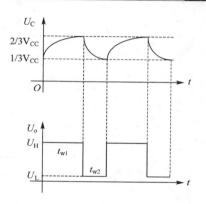

图 1-54 多谐振荡器波形图

如 555 时基电路的两个输入端 $\overline{TL}$、TH 连在一起与时间电容 C 相连，利用内部低电压、高电压比较器，将时间电容 C 上充电电压限制在 $1/3V_{CC} \sim 2/3V_{CC}$ 之间，形成充电、放电的循环过程，构成多谐振荡。充电时间 $t_{w1} \approx 0.7(R_1+R_2)C$，放电时间 $t_{w2} \approx 0.7R_2C$，振荡周期 $T=t_{w1}+t_{w2}$。

③ 占空比可调多谐振荡器，电路图见图 1-55。

利用二极管的单向导电特性，将多谐振荡电路中充电回路与放电回路分离开，当两条支路的电阻相等时 $T_充=T_放$。输出方波信号，占空比为 50%。充电回路 $+5V \rightarrow R_A \rightarrow VD_1 \rightarrow C$，放电回路 $C \rightarrow VD_2 \rightarrow R_B \rightarrow$ 内部放电通路。调节 R_w 改变充、放电回路中的电阻比即可改变占空比。

时间：$T_充 \approx 0.7R_AC$

$\qquad T_放 \approx 0.7R_BC$

周期：$T=T_充+T_放$

$\qquad \approx 0.7C（R_A+R_B）$

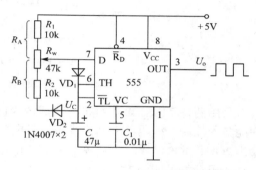

图 1-55 占空比可调多谐振荡器

1.2 综合实验

综合实验是将一些独立单元组合起来，实现简单的应用功能。这个环节是学习单元电路的应用以及中规模集成芯片的电路使用、功能扩展，同时建立"时序"概念。实验电路的特点是不同逻辑功能的芯片同时使用，连线复杂程度有所提高。"电平"、"时序"、"位"的概念同时应用。在这里就需要理论与实践紧密结合，不能仅看成是"连线"与"测试"。在实现功能的同时，注意观察和理解各点信号传输的时间关系，并思考电路出现故障应从哪个环节测试，实现相同逻辑功能能否选用其他型号芯片。

1.2.1 译码器与编码器的应用

① 两片 74LS138 组成 4 线-16 线译码器(反码输出)，电路图见图 1-56 数据输入：000～111 时：D = "0"，低位片 OE1 = "1"，$\overline{OE2A}=\overline{OE2B}$ = "0"，处于译码状态，高位片 OE1 = "0"，禁止译码。输入 1000～1111 时：D = "1"，低位片 $\overline{OE2A}=\overline{OE2B}$ = "1"，禁止译码，高位片 $\overline{OE2A}=\overline{OE2B}$ = "0"，OE1 = "1"，处于译码状态。

② 两片 74LS148 组成 16 线-4 线优先编码器(反码输出)，电路图见图 1-57。

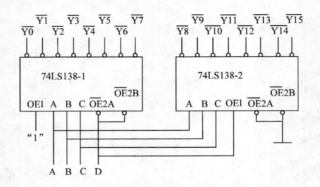

图 1-56   两片 74LS138 组成 4 线-16 线译码器

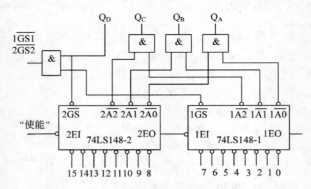

图 1-57   两片 74LS148 组成 16 线-4 线优先编码器

采用两片 74LS148 串行扩展组成两级优先编码器，高位"使能"输入 2EI 为整个电路的使能输入控制，编码器以高位优先。当电路有编码输出时，高位编码器或低位编码器的使能输出 $2\overline{GS}$、$1\overline{GS}$ 经"与"后输出"0"。电路还可以扩展为 32 线-5 线优先编码电路。

编码功能说明如下。

"使能"（2EI）="1"时，禁止编码，$2\overline{GS}$ =2EO=$1\overline{GS}$=1EO= "1"。

"使能"（2EI）="0"时，且高位片有数据输入，则 $2\overline{GS}$ = "0"、2EO="1"，高位片编码，低位片禁止编码。如高位片无数据输入，则 $2\overline{GS}$ = "1"、2EO="0"，且低位片有数据输入，高位片禁止编码，低位片处于编码状态。

1.2.2   序列信号发生器

（1）8 选 1 数据选择器 74LS151 引脚图、逻辑符号（见图 1-58）及功能表（见表 1-34）

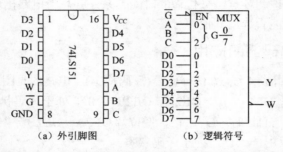

（a）外引脚图   （b）逻辑符号

图 1-58   8 选 1 数据选择器 74LS151 引脚图和逻辑符号

表 1-34　8 选 1 数据选择器 74LS151 功能表

输　　入				输　　出	
C	B	A	$\overline{G}$	Y	W
×	×	×	H	L	H
0	0	0	L	D0	$\overline{D0}$
0	0	1	L	D1	$\overline{D1}$
0	1	0	L	D2	$\overline{D2}$
0	1	1	L	D3	$\overline{D3}$
1	0	0	L	D4	$\overline{D4}$
1	0	1	L	D5	$\overline{D5}$
1	1	0	L	D6	$\overline{D6}$
1	1	1	L	D7	$\overline{D7}$

（2）工作原理及实验示例

多路数据选择器以并行输入、串行输出的方式进行数据传输。它是多个输入独立，输出并在一起的"开关集"，任何时刻只能接通其中一个"开关"，选择相应的输入信号传送到输出端。$\overline{G}$ 为选通输入端，低电平有效。选择接通"开关"是由地址码 C、B、A 决定的。8 路数据选择器有 8 个数据输入端 D0～D7，地址码输入范围 000～111。一个同相输出端 Y，一个反相输出端 W。设置输入状态，然后依次送入地址码，在输出端能够得到一组与输入相同或相反的状态图。利用计数器不断地送出地址码就能使图形以周期的形式连续输出。实验电路中计数器 74LS160 运用了反馈清零法，构成模为 8 的计数电路，地址码范围 000～111，并用三只"状态指示灯"作地址码指示。描绘输出波形有两种方法，一种采用示波器再现波形，另一种采用分时段依次送入地址码，记录参数，逐个描绘输出波形。下面以一个实验示例说明方法。电路原理图见图 1-59。

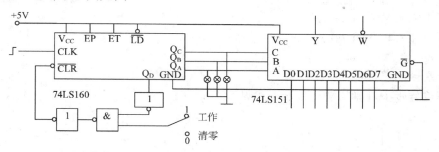

图 1-59　序列信号发生器电路原理图

（3）实验示例列表（见表 1-35）

（4）实验结果分析

在实验示例列表中首先设定输入条件 D0、D1、D2、D3、D4、D5、D6、D7，从时序上观察时钟信号 CLK、清零信号 $\overline{CLR}$ 的关系，输出信号与输入信号的关系。从时序上看作用第一个信号（波形图中左侧第一条虚线）是清零操作，计数器输出"000"状态，此为第一时段，数据选择器选择 D0 信号输出，同相位输出端 Y 输出"1"状态。在撤消清零信号后，计数器输出状态不会发生变化（地址码不改变），数据选择器将保持"1"状态输出。作用第一个时钟信号（波形图中左侧第二条虚线）进入第二时段，地址码输出"001"状态，同相位输出选择 D1 信号，输出"0"状态。连续作用时钟信号，输入信号 D0～D7 将依次被选输出。

表 1-35　实验示例列表	表 1-36　参数测试表

（波形图与参数测试表，见原图）

表 1-35 实验示例列表（输入条件 CLK选单脉冲 D0 D1 D2 D3 D4 D5 D6 D7 = 1 0 1 0 1 0 1 0；波形 CLK、$\overline{CLR}$、Q_A、Q_B、Q_C、Y，时段 1～8）

表 1-36 参数测试表：

输入数据 D0 D1 D2 D3 D4 D5 D6 D7	输出端 Y（CLK 1～8）
1 0 0 0 0 0 0 0	
1 1 0 0 1 1 0 0	
1 1 1 1 0 0 0 0	
1 0 0 0 1 0 0 0	

　　输出波形按以下方法绘制。从波形图的时间关系看第一个操作是清零，定义为第一个时段通过"状态提示灯"判断地址码状态，并描绘该时段内各输出波形。作用第一个时钟信号后进入第二时段，按上述方法描绘输出波形。一个周期由 8 个时段组成，时钟信号的触发沿为前后时段的分界点。分时段描绘输出波形，最后构成一个周期。

　　（5）实验内容参见图 1-59，按参数测试表（见表 1-36）分别设置输入数据，描绘相应的输出波形

1.2.3　小规模十进制计数器

　　本实验采用 JK 触发器构成十进制计数器，通过两个内容的练习，了解异步计数器与同步计数器的电路组成及触发器的常见应用。

　　（1）实验器件

　　① 双下降沿 JK 型触发器 74LS112

　　② 三 3 输入与非门 74LS10

　　③ 四 2 输入与非门 74LS00

　　④ 六反相器 74LS04

　　（2）实验电路图

　　① 四位异步十进制加法计数器，参见图 1-60。

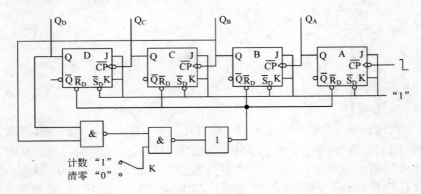

图 1-60　四位异步十进制加法计数器

　　② 四位同步十进制加法计数器，参见图 1-61。

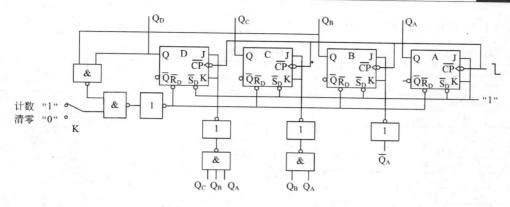

图 1-61　四位同步十进制加法计数器

1.2.4　三位抢答器

（1）主要实验器件

① 双下降沿 JK 型触发器 74LS112

② 三 3 输入与非门 74LS10

③ 四 2 输入与非门 74LS00

④ 4 线-七段译码器/驱动器 74LS48

⑤ LED 共阴显示器 AR547

⑥ 触发开关

（2）原理方框图（见图 1-62）

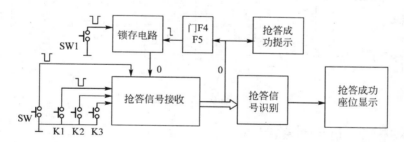

图 1-62　三位抢答器原理方框图

（3）工作原理

三路 JK 触发器组成输入级，按动复位开关 SW 对前次数据进行一次清除操作，座位显示器显示"0"，进入抢答准备时段。当主持人按动开关 SW1，进入抢答时段，锁存电路输出高电平作用于触发器 JK 端。抢答信号（K1、K2、K3）以负脉冲形式作用于 JK 触发器时钟端，最早抢入的输入信号使该路触发器最先产生翻转，输出的抢答信号一路经门 F4、F5 以下降沿作用于锁存电路（JK 触发器，工作于置"0"状态）时钟端，输出低电平使三路 JK 触发器的工作状态由"翻转"变为"保持"，后续的抢答信号不能使其他触发器产生翻转，这样就封锁了后到的信号。输出的抢答信号同时以低电平驱动座位提示灯。三路 JK 触发器输出的组合信号经门 F1、F2、F3、F6、F7 组成的识别电路，驱动座位显示电路，以数显方式显示抢答成功选手座位号。

（4）功能表（见表1-37）

表 1-37　功能表

操　作	状　态		显　示	功　能
	B	A		
SW 接通	0	0	0	复　位
K1 接通	0	1	1	1 号抢答成功
K2 接通	1	0	2	2 号抢答成功
K3 接通	1	1	3	3 号抢答成功
K1、K2 同时接通	0	0	0	无效抢答
K1、K3 同时接通	0	0	0	无效抢答
K2、K3 同时接通	0	0	0	无效抢答
K1、K2、K3 同时接通	0	0	0	无效抢答

（5）电路原理图（见图1-63）

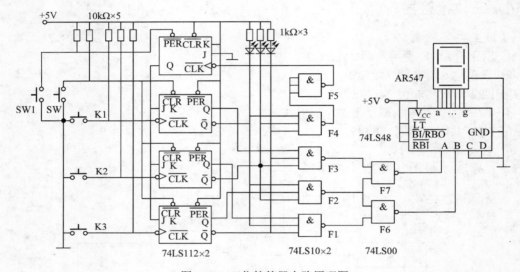

图 1-63　三位抢答器电路原理图

1.2.5　中规模24进制计数器

本次实验器件选用 CMOS 数字集成电路，这类器件使用方法与 TTL 集成电路有许多相同之处，如外引线排列、管脚识别、电源供电引脚、输出端的使用等。存在的主要区别有芯片供电电压值、输出高低电平值、工作频率和负载能力等。在应用中多余输入端不能"空置"，应按逻辑关系接入高电平或低电平。在 5V 供电时两类芯片可兼容。

（1）十进制同步加/减计数器 CD40192（功能、集成电路外引线排列与 74LS192 相同）

V_{DD}：芯片供电端，连接电源正极。

V_{SS}：芯片供电端，连接电源负极。

D、C、B、A：输入端，预置计数器初态。

Q_D、Q_C、Q_B、Q_A：输出端，BCD 码输出。

UP（CP_U）：加计数时钟输入端，减计数时接高电平。

DOWN（CP_D）：减计数时钟输入端，加计数时接高电平。

$\overline{LD}$（$\overline{LOAD}$）：异步置数输入端，低电平有效，计数状态时接高电平。

R_D（C_r）：异步清零输入端，高电平有效，计数状态时接低电平。

$\overline{CO}$：进位输出端，进位信号为低电平。

$\overline{BO}$：借位输出端，借位信号为低电平。

（2）BCD-七段译码器 CD4511（无限流电阻）

V_{DD}：芯片供电端，连接电源正极。

V_{SS}：芯片供电端，连接电源负极。

D、C、B、A：输入端，BCD 码输入。

a、b、c、d、e、f、g：段输出端，电平输出高。

$\overline{LT}$：灯测试端，低电平有效。

$\overline{BI}$：灭灯端，低电平有效。

LE：锁定允许端，高电平有效。

（3）电路原理图

数字钟小时计时电路图（见图 1-64）运用反馈清零法实现二级 24 进制计时方式。CD4011 及 K1、K2 组成计时、校时控制电路，当出现计时误差时，可以利用秒时钟信号对"分"、"时" 计时电路进行快速校正。K1 开关选择"计时"，将封锁手动"校时"脉冲 K2，秒脉冲经两 级与非门传送到计数器。K1 开关选择"校正"，秒脉冲被封锁，手动"校时"脉冲 K2 经两 级与非门传送到计数器。"计时"与"校时"采用与或方式控制。译码器 CD4511 段输出电 平应经 750Ω 电阻送至 LED 显示器。

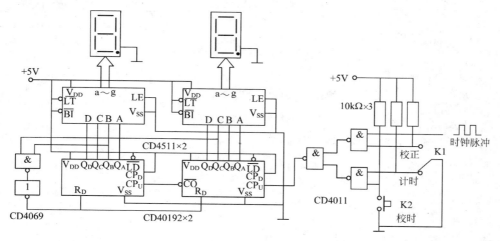

图 1-64　24 进制计数器电路原理图

1.2.6　中规模定时器

十进制同步可逆计数器 CD40192 与 K1、K2 码盘开关组成可预置初态的减法计数电路。 基本预置量 $N=1\sim99$，时钟 CP 信号的周期为 t，定时长度 $T=Nt$。改变时钟 CP 信号的周期 t， 即可改变定时长度 T。

接通电源，门 F1 输入端上电复位电路将计数器清零，有借位信号输出。此刻基本 RS 触 发器的门 F2 输出高电平，B 点为低电平，控制门 F3 被封锁，时钟信号不能送入计数器。调 节 K1、K2 开关选择预置量，将 K4 开关拨到"0"状态，LED 显示器显示预置量，将 K4 开 关拨回"1"状态，预置操作完成。如预置设置错误，可通过手动清零开关 K5 清除错误预置 量，重复上述操作，也可以直接重新预置。按动启动开关 K3 一次，基本 RS 触发器输出高电平，时钟信号经控制门 F3 送入计数器，计数电路从预置量开始作减法计数，减到"00"状态时，借位信号 $\overline{BO1}$、$\overline{BO2}$ 经非门后，再经与非门形成"或门"、RS 触发器将控制门 F3 再次封锁,定时结束。

译码器 CD4511 段输出电平应经 750Ω 限流电阻送至 LED 显示器。电路原理图见图 1-65。

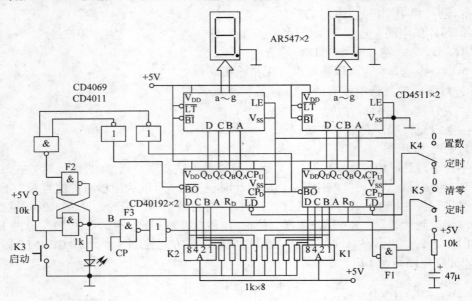

图 1-65　数字定时器电路原理图

1.2.7　脉宽、占空比可调脉冲波发生器

（1）主要实验器件
① 四位二进制同步计数器 74LS161
② 六反相器 74LS04
③ 双四输入与非门 74LS20
④ 码盘开关
⑤ 单刀一位按键开关
（2）输出脉冲指标（见图 1-66）
① 脉冲周期：$T=T_1+T_2$
脉冲宽度：T_1
占空比：T_1/T_2
② 脉冲宽度设置
K1：4μs
K2：8μs
K3：16μs
K4：32μs
③ 输出脉冲宽度、占空比调节范围
脉冲宽度：$T_1=$"K1"＋"K2"＋"K3"＋"K4"＋4μs=4Nμs＋4μs（$N=1，2，3，\cdots，15$）
占空比：$T_1/T_2=n$（$n=1，1/2，1/3，\cdots，1/9$）

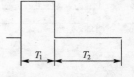

图 1-66　输出脉冲指标

（3）电路原理图（见图1-67）

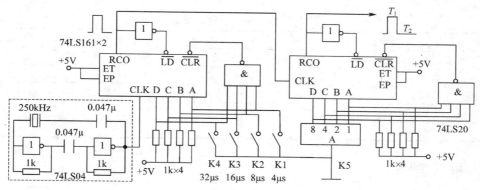

图 1-67　电路原理图

（4）禁止输出脉冲状态

① 脉冲宽度禁止设置状态：1111

② 占空比禁止设置状态（码盘开关）：0

（5）输出脉冲波形设置示例图（见图1-68）

设置量"1100"，K1、K2接通，K3、K4断开。脉冲宽度 $T_1=8\mu s+4\mu s+4\mu s=16\mu s$。

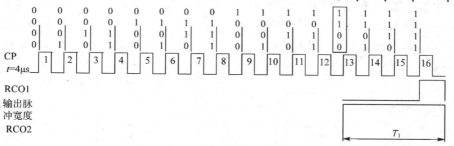

图 1-68　输出脉冲波形设置示例图

- 输出脉冲宽度 T_1 设置表（见表1-38）。

表 1-38　输出脉冲宽度 T_1 设置表

设置序号	设置 K4 K3 K2 K1				复合设置/μs	输出脉冲宽度 T_1/μs
16	1	1	1	1	禁止	无输出
15	1	1	1	0	0+0+0+4	8
14	1	1	0	1	0+0+8+0	12
13	1	1	0	0	0+0+8+4	16
12	1	0	1	1	0+16+0+0	20
11	1	0	1	0	0+16+0+4	24
10	1	0	0	1	0+16+8+0	28
9	1	0	0	0	0+16+8+4	32
8	0	1	1	1	32+0+0+0	36
7	0	1	1	0	32+0+0+4	40
6	0	1	0	1	32+0+8+0	44
5	0	1	0	0	32+0+8+4	48
4	0	0	1	1	32+16+0+0	52
3	0	0	1	0	32+16+0+4	56
2	0	0	0	1	32+16+8+0	60
1	0	0	0	0	32+16+8+4	64

● 输出脉冲占空比设置表（见表 1-39）。

表 1-39　输出脉冲占空比设置表

设置序号	设置 K5	占空比 T_1/T_2	设置序号	设置 K5	占空比 T_1/T_2
0	禁止	无输出	5	5	1/5
1	1	1	6	6	1/6
2	2	1/2	7	7	1/7
3	3	1/3	8	8	1/8
4	4	1/4	9	9	1/9

1.2.8　报警电路

（1）主要实验器件

① 四 SR 锁存器 74LS279

② 双下降沿 JK 触发器 74LS112

③ 六反相器 74LS04

④ 双 4 输入与门 74LS21

⑤ 四 2 输入或门 74LS32

⑥ 十进制计数/分频器 CD4017

⑦ 时基电路 NE555

（2）原理框图（见图 1-69）

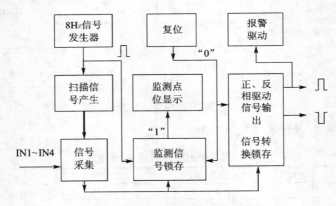

图 1-69　4 路报警电路原理框图

（3）单元电路功能

① 8Hz 信号发生器：NE555 组成多谐振荡，调节电位器 RP 可对振荡频率进行修正。该信号作为扫描信号产生电路及监测信号锁存电路的时钟信号。

② 扫描信号产生：计数/分频器 CD4017 组成 4 进制脉冲分配器，产生 4 个检测门控信号依次作用于检测门 IN1～IN4，检测周期 0.5 s。

③ 信号采集：采用 8Hz 的扫描频率对 4 个监测点进行实时监控，每个点监测率 2 次/s，采集低电平信号。

④ 监测信号锁存：被检信号以高电平作用于四 RS 锁存器 74LS279，并驱动监测点位提示灯。

⑤ 信号转换锁存：将 4 路检测信号转换为 1 路信号，作为 JK 触发器的时钟。电路可以

输出正、反驱动信号，同时控制蜂鸣声提示电路。

（4）工作波形图示例（见图 1-70，2 监控点出现瞬间故障信号，维持时间大于 0.5s）

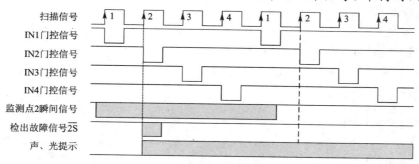

图 1-70　工作波形图

（5）电路原理图（见图 1-71）

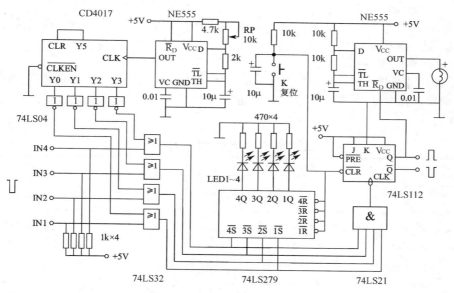

图 1-71　4 路报警电路原理图

1.3　设计型实验

设计型实验通过设计举例来介绍设计方法，要求先根据实际要求设计电路，选择器件安装电路、调试电路、测试电路性能指标，力求理论与实际紧密联系，为学生发挥创造思维能力、解决实际问题提供舞台。

设计型实验及其范例要求如下。

实验前，认真阅读教材，复习理论知识，查阅有关元器件手册及仪器的性能与使用方法。

明确本次实验的目的、任务及要求，认真写出预习报告（实验步骤、电路原理图、元件参数、参数测量电路、实验记录表格）。

搭建实验电路，测试、读取、记录实验数据。

实验报告：

① 实验名称

② 设计任务

③ 主要技术指标

④ 实验仪器

⑤ 设计电路，电路工作原理

⑥ 技术指标测试，实验数据整理

⑦ 整机电路原理图

⑧ 故障分析及解决方法

⑨ 实验结果讨论与误差分析

⑩ 思考题解答与实验研究

最后对本次实验进行总结，写出本次实验的收获、体会（创新设计思想、电路改进、成功的经验、失败的教训），要求文理通顺、字迹端正、图形美观、页面整洁。

1.3.1　三变量的判决电路

（1）设计任务

设计一个 A、B、C 三人表决电路。当表决某个提案时，多数人同意，提案通过，同时，A 具有否决权。要求用与非门实现。

（2）设计步骤及要求

① 设计任务分析　设 A、B、C 三个人表决时同意用"1"表示，不同意用"0"表示；Y 为表决结果，提案通过用"1"表示，不通过用"0"表示。根据设计要求，列出真值表如表 1-40 所示。

表 1-40　三变量判决电路真值表

输　　入			输　　出
A	B	C	Y
0	0	0	0
0	0	1	0
0	1	0	0
0	1	1	0
1	0	0	0
1	0	1	1
1	1	0	1
1	1	1	1

② 逻辑函数化简　根据真值表写出输出的逻辑函数式

$$Y = ABC + AB\overline{C} + A\overline{B}C$$

对输出逻辑函数式化简得

$$Y = AC + AB$$

将上式变换成与非表达式为

$$Y = \overline{\overline{AC + AB}} = \overline{\overline{AC} \cdot \overline{AB}}$$

③ 根据输出逻辑函数式画逻辑图　逻辑图如图 1-72 所示。

（3）实验步骤及要求

① 电路安装与调试，检验、修正电路的设计方案，记录实验现象。

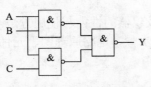

图 1-72　三变量判决电路

② 画出经实验通过的逻辑电路图，标明元器件型号与引脚名称。

1.3.2 汽车尾灯控制电路

（1）设计任务

设计一个汽车尾灯控制电路，实现对汽车尾灯显示状态的控制。汽车驾驶室一般有刹车开关、左转弯开关和右转弯开关，司机通过操作这 3 个开关控制汽车尾灯的显示状态，以表明汽车当前的行驶状态。假定汽车尾部左右两侧各有 3 个指示灯（用发光二极管模拟），根据汽车运行的情况，指示灯有以下几种状态。

① 汽车正常行驶时，尾部两侧的 6 个指示灯全灭。

② 左转弯时，左侧 3 个指示灯以左循环点亮，频率为 1Hz，右侧灯全灭。

③ 右转弯时，右侧 3 个指示灯以右循环点亮，频率为 1Hz，左侧灯全灭。

④ 临时刹车时所有指示灯同时闪烁。

（2）设计步骤及要求

① 设计任务分析　由于汽车尾灯有四种不同的状态，可以由两个开关 S_1、S_2 控制产生，开关控制与汽车状态的关系设定见表 1-41；右尾灯为 D_{R1}、D_{R2}、D_{R3}；左尾灯为 D_{L3}、D_{L2}、D_{L1}，尾灯显示状态与汽车运行状态之间的关系表，如表 1-41 所示。

表 1-41　汽车尾灯显示状态与汽车运行状态及开关控制之间的关系

开 关 控 制		运行状态	右 尾 灯 D_{R1}、D_{R2}、D_{R3}	左 尾 灯 D_{L3}、D_{L2}、D_{L1}
S_1	S_2			
0	0	正常运行	灯灭	灯灭
0	1	右转弯	按 D_{R1}、D_{R2}、D_{R3} 循环点亮	灯灭
1	0	左转弯	灯灭	按 D_{L1}、D_{L2}、D_{L3} 循环点亮
1	1	临时刹车	所有的尾灯随时钟 CP 同时闪烁	

② 设计总体框图　由于设计要求在汽车左、右转弯行驶时，3 个指示灯循环点亮，所以可以用一个三进制计数器的输出去控制译码电路顺序输出低电平，按照要求循环点亮三个指示灯。假定三进制计数器的状态用 Q_1、Q_0 表示，可得出在每种运行状态下，各指示灯与各给定条件的关系，即尾灯控制逻辑功能表如表 1-42 所示。

表 1-42　尾灯控制逻辑功能表

开关控制		三进制计数器		右 尾 灯			左 尾 灯		
S_1	S_2	Q_1	Q_0	D_{R1}	D_{R2}	D_{R3}	D_{L1}	D_{L2}	D_{L3}
0	0	×	×	0	0	0	0	0	0
0	1	0	0	1	0	0	0	0	0
		0	1	0	1	0	0	0	0
		1	0	0	0	1	0	0	0
1	0	0	0	0	0	0	1	0	0
		0	1	0	0	0	0	1	0
		1	0	0	0	0	0	0	1
1	1	×	×	CP	CP	CP	CP	CP	CP

根据以上分析，可以得出汽车尾灯控制电路的总体框图，如图 1-73 所示。

③ 总体逻辑电路及工作原理　汽车尾灯控制电路总体逻辑电路如图 1-74 所示。

a. 三进制计数器。三进制计数器电路由双 JK 触发器 74LS112 组成，它们构成一个同步

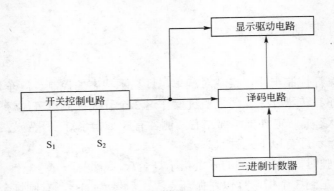

图 1-73　汽车尾灯控制电路的框图

三进制计数电路,状态图如下:

$$Q_1Q_0:\quad 00 \rightarrow 01 \rightarrow 10$$

　　b. 汽车尾灯电路。汽车尾灯电路中的显示驱动电路部分由 6 个发光二极管和 6 个与门构成;译码电路部分由 3-8 译码器 74LS138 构成。74LS138 的三个输入端 A_2、A_1、A_0 分别接 S_1,Q_1,Q_0,而 Q_1,Q_0 是三进制计数器的输出端。

　　• 当 S_1=0、S_2= "1" 时,使能信号 G= "1",计数器的 00、01、10 状态依次使 74LS138 对应的输出端 $\overline{Y_0}$、$\overline{Y_1}$、$\overline{Y_2}$ 依次为 0 有效,若此时开关控制电路输出 A= "1",则与门 G_1、G_2、G_3 的输出端依次为 0,指示灯 D_{R1}、D_{R2}、D_{R3} 顺序点亮示意汽车右转。

　　• 当 S_1= "1"、S_2=0 时,使能信号 G= "1",计数器的 00、01、10 状态依次使 74LS138 对应的输出端 $\overline{Y_6}$、$\overline{Y_5}$、$\overline{Y_4}$ 依次为 0 有效,若此时开关控制电路输出 A= "1",则与门 G_4、G_5、G_6 的输出端依次为 "0",指示灯 D_{L3}、D_{L2}、D_{L1} 顺序点亮示意汽车左转。

　　• 当 S_1=S_2= "0" 时,使能信号 G=0,若此时开关控制电路输出 A= "1",74LS138 所有的输出端全为 "1",则与门 G_1、G_2、G_3、G_4、G_5、G_6 的输出端全为 1,指示灯全灭。

　　• 当 S_1=S_2= "1" 时,使能信号 G=0,若此时开关控制电路输出 A=CP,74LS138 所有的输出端全为 "1",则与门 G_1、G_2、G_3、G_4、G_5、G_6 的输出端全为 CP,指示灯随 CP 的频率变化闪烁。

　　c. 开关控制电路。开关控制电路把汽车状态转换成对显示驱动控制信号 A 和译码使能信号 G 的控制,再结合汽车尾灯电路实现整个逻辑电路功能。开关控制与汽车状态和控制信号的逻辑功能表如表 1-43 所示。

表 1-43　开关控制与汽车状态和控制信号的逻辑功能表

开 关 控 制		CP	运 行 状 态	控 制 信 号	
S_1	S_2			G	A
0	0	×	正常运行	0	1
0	1	×	右转弯	1	1
1	0	×	左转弯	1	1
1	1	CP	临时刹车	0	CP

　　由表 1-43 经过整理得逻辑表达式为

$$G = S_1 \oplus S_2$$

$$A = \overline{S_1}\,\overline{S_2} + \overline{S_1}S_2 + S_1\overline{S_2} + S_1S_2CP = \overline{S_1}\,\overline{S_2} + S_1S_2CP = \overline{S_1 S_2} + CP = \overline{S_1 S_2 \cdot \overline{CP}}$$

（3）实验步骤及要求

① 电路安装与调试，检验、修正电路的设计方案，记录实验现象。

② 画出经实验通过的逻辑电路图，标明元器件型号与引脚名称。

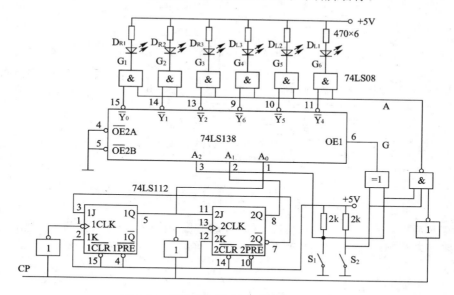

图 1-74　汽车尾灯控制电路总体逻辑电路

1.3.3　分频器

（1）设计任务

利用计数器和门电路设计装调 2~256 之间任意分频脉冲产生电路，具体要求如下。

① 分频值 N 在 2~256 之间可以通过开关任意选定。每 N 个时钟周期，输出一个高电平脉冲，高电平的持续时间应与输入脉冲一致。

② 由信号发生器提供待分频的输入时钟脉冲信号。

③ 利用示波器观察输出波形，画出时序波形图。

（2）设计步骤及要求

① 设计任务分析　根据设计要求，2~256 之间任意分频脉冲产生电路即是 2~256 计数电路，其进位输出端就是分频信号输出端，所以设计的主体是设计一个 2~256 任意进制计数器电路。

由于设计要求输出一个高电平脉冲，高电平的持续时间与输入脉冲一致，因此计数器输出应是产生让输入时钟脉冲通过的选通脉冲信号，需要添加与门逻辑使满足设计要求的信号输出。

② 设计总体框图　按照设计分析，设计分频器系统总体框图如图 1-75 所示。

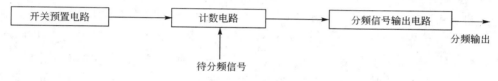

图 1-75　分频器系统总体框图

在框图中，利用两个 74LS161 级联构成 256 进制计数器，通过进位端反馈置数修改成 N

进制，而置数端通过开关选择形成不同的置数值。

　　③ 总体逻辑电路及工作原理　分频器总体逻辑电路如图 1-76 所示。

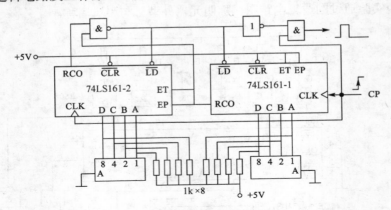

图 1-76　分频器总体逻辑电路

　　例如，通过预置开关置数 11101111，即 16 进制数 EF，待分频信号与分频输出信号波形通过示波器观察，画出时序波形图如图 1-77 所示，实现了 17 分频。

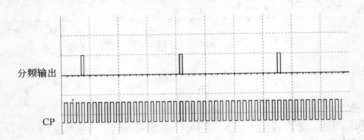

图 1-77　17 分频时序波形图

　　电路工作原理是：当两个 74LS161 计数到 16 进制数 FF 时，再来一个 CP，两个计数器都产生进位脉冲，通过与非门使两个计数器预置有效，重新回到预置数值 EF，再开始新一轮计数循环，其状态转换图如下：

$$FF \rightarrow EF \rightarrow F0 \rightarrow \cdots \rightarrow 2 \rightarrow 1 \rightarrow FE$$

改变预置数，即改变分频系数，预置数与分频系数是 16 进制的反码关系。

（3）实验步骤及要求

① 电路安装与调试，检验、修正电路的设计方案，记录实验现象。

② 画出经实验通过的逻辑电路图，标明元器件型号与引脚名称。

（4）思考题

　　上述设计电路有一个不足，想要设计一个分频值，还需要进行一些换算，例如，预置数为 EF，实现了 17 分频，使用不方便，可以修改设计，采用 8421 BCD 码计数器用同样的思路实现，其好处是码盘开关的值就是分频值，一目了然，使用方便。参考电路如图 1-78 所示，两个 4 位 BCD 减法计数器 CD4522 串行级联，进位信号反馈预置，改变预置数，可以实现 1～99 范围内任意分频。

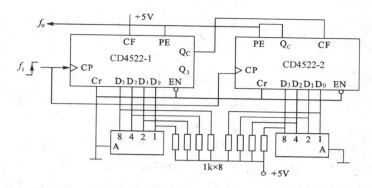

图 1-78 两个 CD4522 串行级联实现 1～99 范围内任意分频

CD4522 是 4 位 BCD 减法计数器,其管脚如图 1-79 所示,主要输入、输出脚的功能如下。

CP:时钟输入。

EN:时钟禁止输入。

Cr:清零,"1"电平有效。

PE:预置,"1"电平有效。

CF:进位(级联)反馈输入,"1"电平有效。

Q_C:进位输出,"1"电平有效。

CD4522 基本工作原理:

EN=1 时,时钟输入被禁止,不计数;

Cr="0",PE="0",CF="1"时,时钟输入,减计数。

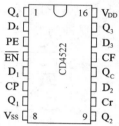

图 1-79 CD4522 管脚

1.3.4 八位顺序脉冲发生器

(1)设计任务

在一些数字装置中,有时需要按照事先规定的顺序进行一系列操作运算,这就不仅要求控制部分能正确地发出各种控制信号,而且要求这些信号有一定的先后顺序。通常由顺序脉冲发生器(或称节拍脉冲发生器)输出一组在时间上有先后顺序的脉冲,再用这组脉冲形成所需要的各种控制信号。

本节要求设计一个八位顺序脉冲发生器,依据时钟节拍在八个输出端依次发送高电平有效脉冲,循环往复。

(2)设计步骤及要求

① 设计任务分析 根据设计要求,列出输出状态表如表 1-44 所示。

表 1-44 八位顺序脉冲发生器输出状态表

CP	Q_0	Q_1	Q_2	Q_3	Q_4	Q_5	Q_6	Q_7
↑	1	0	0	0	0	0	0	0
↑	0	1	0	0	0	0	0	0
↑	0	0	1	0	0	0	0	0
↑	0	0	0	1	0	0	0	0
↑	0	0	0	0	1	0	0	0
↑	0	0	0	0	0	1	0	0
↑	0	0	0	0	0	0	1	0
↑	0	0	0	0	0	0	0	1

根据输出状态表，可以提出设计思路：

- 采用八进制计数器加译码器实现。
- 采用移位寄存器实现。

② 设计总体框图　这里采用第一种方案，第二种方案留给读者思考。设计总体框图如图1-80所示。在总体框图中，计数器要求是八进制计数器，译码器如果选择74LS138，其输出是低电平有效，需要配合设计要求添加反相器。

③ 总体逻辑电路及工作原理　八位顺序脉冲发生器总体逻辑电路如图1-81所示。

可以发现，总体逻辑电路并没有单独的计数器和单独的译码器，而采用十进制计数器/脉冲分配器CD4017芯片很简化就实现了。CD4017内部集成了计数器和译码器，每计数一次，$Q_0 \sim Q_9$依次输出高电平，且每次只有一个Q端保持高电平，该高电平持续到下一个计数脉冲到来时为止；$Q_0 \sim Q_9$端的状态变化相当于把计数输入脉冲依次从Q_0移到Q_9。因此，它同时起到了脉冲分配和计数作用。在计数到第5个脉冲时，进位输出端由"1"变"0"，待第10个计数脉冲到来时，进位输出端又由"0"变"1"。

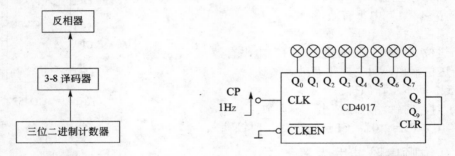

图1-80　八位顺序脉冲发生器总体框图　　　图1-81　八位顺序脉冲发生器总体逻辑电路

a. CD4017的工作原理。

- CLR = "0"、$\overline{\text{CLKEN}}$ = "0"时，计数脉冲从CLK输入，在脉冲上升沿的作用下计数。
- CLR = "0"、CLK = "1"时，计数脉冲从$\overline{\text{CLKEN}}$输入，在脉冲下降沿的作用下计数。
- CLR = "1"时，无论CLK、$\overline{\text{CLKEN}}$为任何状态，均无条件复位，此时，Q_0 = "1"。
- CLR = CLK = $\overline{\text{CLKEN}}$ = "0"，输出状态不变。

CD4017功能表如表1-45所示。

表1-45　CD4017功能表

CLR	$\overline{\text{CLKEN}}$	CLK	Q_0	Q_1	Q_2	Q_3	Q_4	Q_5	Q_6	Q_7	Q_8	Q_9
0	0	CP↑	1	0	0	0	0	0	0	0	0	0
		CP↑	0	1	0	0	0	0	0	0	0	0
		CP↑	0	0	1	0	0	0	0	0	0	0
		CP↑	0	0	0	1	0	0	0	0	0	0
		CP↑	0	0	0	0	1	0	0	0	0	0
		CP↑	0	0	0	0	0	1	0	0	0	0
		CP↑	0	0	0	0	0	0	1	0	0	0
		CP↑	0	0	0	0	0	0	0	1	0	0
		CP↑	0	0	0	0	0	0	0	0	1	0
		CP↑	0	0	0	0	0	0	0	0	0	1

续表

CLR	$\overline{\text{CLKEN}}$	CLK	Q_0	Q_1	Q_2	Q_3	Q_4	Q_5	Q_6	Q_7	Q_8	Q_9
0	CP↓	1	1	0	0	0	0	0	0	0	0	0
	CP↓		0	1	0	0	0	0	0	0	0	0
	CP↓		0	0	1	0	0	0	0	0	0	0
	CP↓		0	0	0	1	0	0	0	0	0	0
	CP↓		0	0	0	0	1	0	0	0	0	0
	CP↓		0	0	0	0	0	1	0	0	0	0
	CP↓		0	0	0	0	0	0	1	0	0	0
	CP↓		0	0	0	0	0	0	0	1	0	0
	CP↓		0	0	0	0	0	0	0	0	1	0
	CP↓		0	0	0	0	0	0	0	0	0	1
1	×	×	1	1	1	1	1	1	1	1	1	1
0	0	0	维持									

b. CD4017 的工作波形。

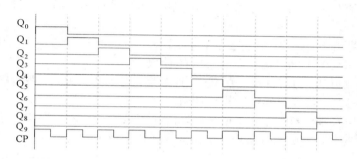

图 1-82 CD4017 正常计数工作波形

若 CLR="0"、$\overline{\text{CLKEN}}$ ="0"，计数脉冲从 CLK 输入，在脉冲上升沿的作用下计数，CD4017 的工作波形如图 1-82 所示。

c. 八位顺序脉冲发生器工作原理。由于只需要八个计数状态，采用反馈归零的方法，让 Q_8=CLR，这样在计数到第九个 CP 脉冲时，Q_8=CLR="1"，无论 CP、$\overline{\text{CLKEN}}$ 为任何状态，均无条件复位，此时，Q_0="1"；实现八位顺序脉冲发生。工作波形如图 1-83 所示。

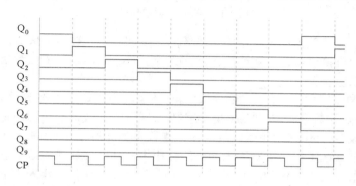

图 1-83 八位顺序脉冲发生器工作波形

（3）实验步骤及要求

① 电路安装与调试，检验、修正电路的设计方案，记录实验现象。

② 画出经实验通过的逻辑电路图，标明元器件型号与引脚名称。

1.3.5　60 s 定时器

（1）设计任务

① 设计一个定时器，定时时间为 60s，按递减方式计时，每隔 1s，定时器减 1，以数字形式显示时间。

② 设置两个外部控制开关，控制定时器的直接启动/复位计时、暂停/连续计时。

③ 当定时器递减计时到零（即定时时间到）时，定时器保持零不变，同时发出报警信号。

（2）设计步骤及要求

① 设计任务分析

a. 根据设计要求可知，计数器初值为 60，按递减方式计数，减到 0 时，输出报警信号，所以需要设计一个可预置初值的带使能控制端的递减计数器。

b. 为了保证满足系统的设计要求，控制电路应正确处理各个信号之间的时序关系，其功能如下。

● 当启动开关闭合时，控制电路封锁时钟信号 CP，同时计数器完成置数功能，译码显示电路显示 60；当启动开关断开时，计数器开始计数。

● 当暂停/连续开关拨到暂停位置上时，计数器停止计数，处于保持状态；当暂停/连续开关拨到连续位置上时，计数器继续累计计数。

● 外部操作开关都应采取去抖动措施，以防止机械抖动造成电路工作不稳定。

② 设计总体框图　60s 定时器总体框图如图 1-84 所示。

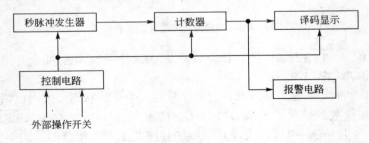

图 1-84　60s 定时器总体框图

在总体框图中，计数器和控制电路是系统的主要部分，计数器完成 60s 计时功能，控制电路完成计数器的直接清零、启动计数、暂停/连续计数、定时时间到报警等功能，报警电路可以简化为发光二极管。

③ 总体逻辑电路及工作原理　60s 定时器总体逻辑电路如图 1-85 所示。

a. 60 进制递减计数器。CD40192 是十进制加/减可逆计数器，选用两片芯片实现可预置计数初值递减计数器。60 进制递减计数器的预置数为 $N=(60)_D=(01100000)_{8421BCD}$。电路采用串行进位方式级联，在 CP 时钟脉冲上升沿的作用下，计数器在预置数的基础上进行递减计数。每当个位计数器减计数到"0"时，其借位端发出一个负脉冲，作为十位计数器减计数的时钟信号，使十位计数器减 1 计数。当十位计数器处于全"0"，同时个位计数器减计数到"0"时，其借位端发出一个负脉冲，作为十位计数器减计数的时钟信号，十位计数器借位端输出负脉冲，进行报警，同时通过与非门 G2 封锁 CP 脉冲，定时器保持零不变。

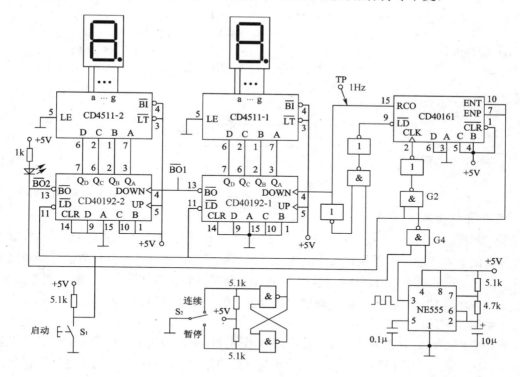

图 1-85　60s 定时器总体逻辑电路图

b. 时序控制电路。当启动开关 S_1 闭合时，计数器完成置数功能，译码显示电路显示 60；同时秒脉冲发生器十进制分频电路也处于置数功能，封锁时钟信号 CP；当启动开关断开时，计数器开始计数。

当暂停/连续开关 S_2 拨到暂停位置上时，基本 RS 触发器输出为"0"，通过与非门 G4 封锁时钟信号 CP，计数器停止计数，处于保持状态；当暂停/连续开关 S_2 拨到连续位置上时，基本 RS 触发器输出为"1"，通过与非门 G4 让时钟信号 CP 通过，计数器继续累计计数。

c. 秒脉冲发生器电路。秒脉冲发生器是电路的时钟脉冲和定时标准，采用 555 集成电路组成多谐振荡器，产生 10Hz 标准时钟，通过由 CD40161 组成的十进制计数器分频为 1Hz 标准时钟。

d. 译码显示电路由 CD4511 和共阴极七段 LED 显示器组成。

（3）实验步骤及要求

① 电路安装与调试，检验、修正电路的设计方案，记录实验现象。

② 画出经实验通过的逻辑电路图，标明元器件型号与引脚名称。

1.3.6　16 位双向循环彩灯控制器

（1）设计任务

设计一个 16 位双向循环彩灯控制电路，设置外部操作开关，实现 16 个彩灯显示状态的控制。彩灯摆放从右至左依次编号为 0、1、2、…、14、15，彩灯闪烁有以下几种状态。

① 顺序右循环

$$15 \rightarrow 14 \rightarrow 13 \rightarrow \cdots \rightarrow 2 \rightarrow 1 \rightarrow \boxed{0}$$

② 顺序左循环

$$0 \rightarrow 1 \rightarrow 2 \rightarrow \cdots \cdots \rightarrow 13 \rightarrow 14 \rightarrow \boxed{15}$$

③ 间隔右循环

$$14 \rightarrow 12 \rightarrow 10 \rightarrow \cdots \cdots \rightarrow 4 \rightarrow 2 \rightarrow \boxed{0}$$

④ 间隔左循环

$$0 \rightarrow 2 \rightarrow 4 \rightarrow \cdots \cdots \rightarrow 10 \rightarrow 12 \rightarrow \boxed{14}$$

（2）设计步骤及要求

① 设计任务分析　根据设计要求，对 16 个彩灯循环控制，可以采取 16 进制计数器配合译码器的方案实现，但是设计要求既能左循环，又能右循环，就需要计数器选择加减可逆芯片；同时，设计要求既可以连续循环，又可以间隔循环，所谓间隔循环，即按照双数循环，简单的实现就是把译码器的最低位地址端强制置"0"，则译码器不可能有单数译码输出端有效，单数编号的彩灯不可能亮。

设计要求还规定，通过外部开关实现四种不同控制的切换控制，最简化的设计是设置一个按钮开关，通过按钮控制一个四进制计数器，计数器的计数状态产生对上述四种循环的控制信号。状态表如表 1-46 所示。

表 1-46　状态表

按动开关 K 选择显示方式	1		2		3		4	
	$\overline{Q_2}$	$\overline{Q_1}$	$\overline{Q_2}$	$\overline{Q_1}$	$\overline{Q_2}$	$\overline{Q_1}$	$\overline{Q_2}$	$\overline{Q_1}$
	1	1	1	0	0	1	0	0
功能	顺序右循环		顺序左循环		间隔右循环		间隔左循环	

② 设计总体框图　总体框图如图 1-86 所示。

③ 总体逻辑电路及工作原理　总体逻辑电路如图 1-87 所示。

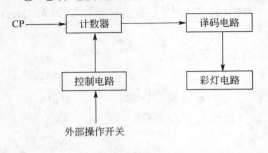

图 1-86　16 位双向循环彩灯控制器总体框图

● 控制电路。基本 RS 触发器、74LS74 构成两位加计数器与双向模拟开关 CD4066 共同组成显示模式控制电路。基本 RS 触发器把按钮开关动作变化成两位二进制加法计数器所需的上升沿脉冲；74LS74 构成两位加计数器，实现显示模式变换；双向模拟开关 CD4066 主要实现单循环和双循环的变化。

● 计数器电路。加减可逆计数器 74LS191 构成 16 进制计数器，利用计数器的可逆计数功能，实现两种工作模式：右循环 D/$\overline{U}$ = "1"、$\overline{CTNE}$ = "0"、左循环 D/$\overline{U}$ = "0"、$\overline{CTNE}$ = "0"。

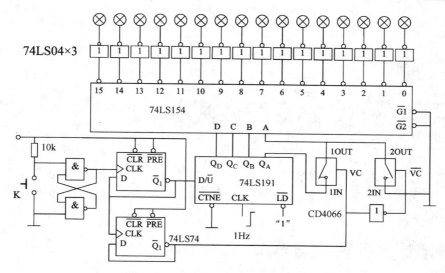

图 1-87 16 位双向循环彩灯控制器总体逻辑电路图

● 译码器电路。译码器 74LS154 组成信号分配电路，译码器 74LS154 数据输入端 A 经模拟开关选择输入方式实现"顺序"、"间隔"循环。

（3）实验步骤及要求

① 电路安装与调试，检验、修正电路的设计方案，记录实验现象。

② 画出经实验通过的逻辑电路图，标明元器件型号与引脚名称。

第**2**章
数字电子技术专题实训

数字电子技术专题实训的难度将大大超出基础实验、综合实验。它不仅要用到前面所学的知识，同时又有新的内容。每个实训项目都有重点。通过综合训练，了解电子产品设计、调试过程中的一些重要环节。

2.1 通用计时器安装与调试

2.1.1 通用计时器安装与调试实训任务

（1）实习目的
① 巩固、扩大所学的知识。
② 学习安装图绘制方法。
③ 掌握通用计时器安装、调试的基本技能。
（2）实习重点
① 绘制电路装配图。
② 电路调试。
（3）实习任务
① 绘制电路装配图（手工）。
② 电路装配。
③ 电路调试。
④ 实习报告。

2.1.2 电路工作原理

（1）原理方框图（见图 2-1）

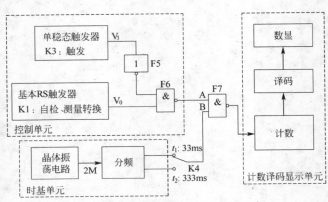

图 2-1　通用计时器原理方框图

（2）电路组成及简要工作原理

① 时基单元

• 振荡电路：非门 F1、F2 与石英晶体组成多谐振荡电路，产生频率为 2MHz 的方波信号。

• 分频电路：双 D 触发器 74LS74 组成两级二分频电路，对 2MHz 信号进行四分频，输出 500kHz 方波信号。将此信号送入 CD4060 进行 14 次二分频得到第一标准时间 $t_1 \approx 33ms$（$f_1 \approx 33Hz$），再经 74LS160（CD40192）十分频得到第二标准时间 $t_2 \approx 333ms$（$f_2 \approx 3Hz$）。

② 计数、译码、数显单元

• 计数电路：在图 2-3 电路原理图一中，74LS160 组成三位同步十进制计数器。电路设有一个公共清零端，由 K2 开关控制，置数端 $\overline{LD}$ 接高电平，低位计数器使能端 ET、EP 接高电平，当清零开关 K2 弹起时电路处于计数状态，在时钟信号的作用下进行自然数累计。低位计数器输出的进位信号 RCO 控制高位计数器使能端 ET、EP，实现计数级联。数据从 Q_D、Q_C、Q_B、Q_A 输出。在图 2-4 电路原理图二中，CD40192 组成三位异步十进制加计数器。同样设有一个公共清零端，由 K2 开关控制。时钟信号作用于低位计数器加计数时钟输入端（UP），减计数时钟输入端（DOWN）及置数端 $\overline{LD}$ 接高电平。进位信号 $\overline{CO}$ 连接高位计数器加计数时钟输入端，实现计数级联。

• 译码、数显电路：计数器输出的数据作用于译码器 74LS48 数据输入端 D、C、B、A，以十进制方式显示记录结果。

③ 控制单元　在讲控制单元前先来讲一讲主控门 F7。前面介绍了通用计时器由三个单元组成："时基单元"、"计数、译码、数显单元"、"控制单元"。可以看出，这三个单元是由二输入与非门 F7 连接起来的，最终实现电路的整体功能。门 F7 称为主控门，其作用在基础实验 "与非门对脉冲信号的控制作用" 中已讲过。在这里将再次提到输入端 A、B 之间的控制关系。在本次内容中输入端 A 称控制端，B 为信号输入端。控制端电平可以是高电平，也可以是低电平，这要取决于基本 RS 触发器电路和单稳态电路的状态配合。时基单元送出的标准时间 t_1 或 t_2 在有序控制下经主控门传输到计数电路。所以要掌握控制单元的工作原理，还要搞清楚 K1、K3 的使用配合。

• 基本 RS 触发器：与非门 F3、F4 及 K1 开关组成基本 RS 触发器。K1 开关中心端触碰 "自检" 功能端，输出端 V_0 为低电平，触碰 "测量" 功能端，输出端 V_0 为高电平。在单稳态电路输出低电平期间，主控门由基本 RS 触发器控制。

• 单稳态电路：时基集成电路 NE555 及外围阻容元件组成单稳态触发电路。电路可以输出两种状态，即稳态与暂稳态。当按动一次 K3 开关，单稳态电路被触发，输出状态从稳态变为暂稳态，V_3 由低电平跳变为高电平，NE555 的 7 脚内部放电开关断开，+5V 电源经电阻（1MΩ）对电容（10μF）充电，如电容上的充电电压达到 2/3 电源电压（约 3.3V）时，电路将从暂稳态变回到稳态，V_3 将由高电平跳变为低电平，内部放电开关接通，电容上的充电电压瞬间被放掉。

（3）计时器功能

① 清零　在图 2-3 电路原理图一中，按下 K2 开关，清零端 $\overline{CLR}$ = "0"，计数器输出 $Q_D = Q_C = Q_B = Q_A$ = "0"。在图 2-4 电路原理图二中，按下 K2 开关，清零端 CLR = "1"，计数器输出 $Q_D = Q_C = Q_B = Q_A$ = "0"。

② 标准时间选择　操作 K4 开关，选择送入主控门的标准时间 t_1 或 t_2。

③ 自检、测量　改变 K1 开关位置实现 "自检"、"测量" 功能转换。自检状态下 V_0 为低电平，主控门打开。如时基单元，计数、译码、数显单元，控制单元工作正常，显示器将显示自然数累计，说明电路整体工作正常，可以用于计时。测量状态下 V_0 为高电平，主控

门封锁不能计数。此状态可视为测量前的准备状态。

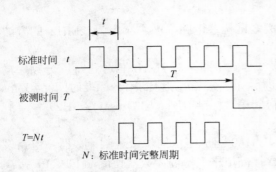

N：标准时间完整周期

图 2-2　时间测量波形图

④ 触发　在"测量"状态下按动一次 K3 开关，单稳态电路被触发，输出的暂稳态脉冲信号 T 将主控门打开，电路在被测（暂稳态脉冲宽度）时间信号控制下实现计数。开门时间 T 约为 11s。通用计时器电路中，NE555 所产生的暂稳态脉冲 T，就是被测时间。

（4）时间测量波形图（见图 2-2）

（5）电路原理图（见图 2-3 和图 2-4）

（6）集成电路外引线排列（见附录 2）

（7）器件清单（见表 2-1）

表 2-1　器件清单

名　称	电路原理图一（图 2-3）		电路原理图二（图 2-4）	
	型　号	数　量	型　号	数　量
集成电路	74LS00	2	74LS00	2
集成电路	74LS74	1	74LS74	1
集成电路	74LS48	3	CD4511	3
集成电路	74LS160	4	CD40192	4
集成电路	CD4060	1	CD4060	1
集成电路	NE555	1	NE555	1
LED 数显	AR547	3	AR547	3
石英晶体	2MHz	1	2MHz	1
电阻		10	电阻	31
电容		3	电容	3

（8）计数芯片功能比较（见表 2-2）

表 2-2　计数芯片功能比表

芯片功能	74LS160	CD40192 74LS192
集成电路供电	V_{CC}：5V	V_{DD}：3～18V V_{CC}：5V
计数方式	十进制同步加计数	十进制同步加/减计数
时钟信号作用	上升沿有效	上升沿有效
清零操作	异步清零，低电平有效	异步清零，高电平有效
置数操作	同步置数	异步置数
溢出	进位输出高电平信号	进位、借位输出低电平信号
使能端	有	无
数据输入端	D、C、B、A	D、C、B、A
数据输出端	Q_D、Q_C、Q_B、Q_A	Q_D、Q_C、Q_B、Q_A
级联方式	同步	异步

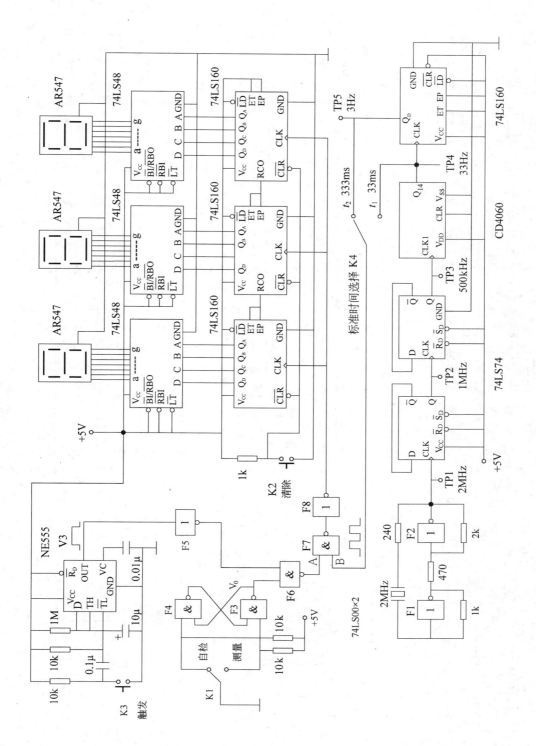

图 2-3 通用计时器电路原理图一

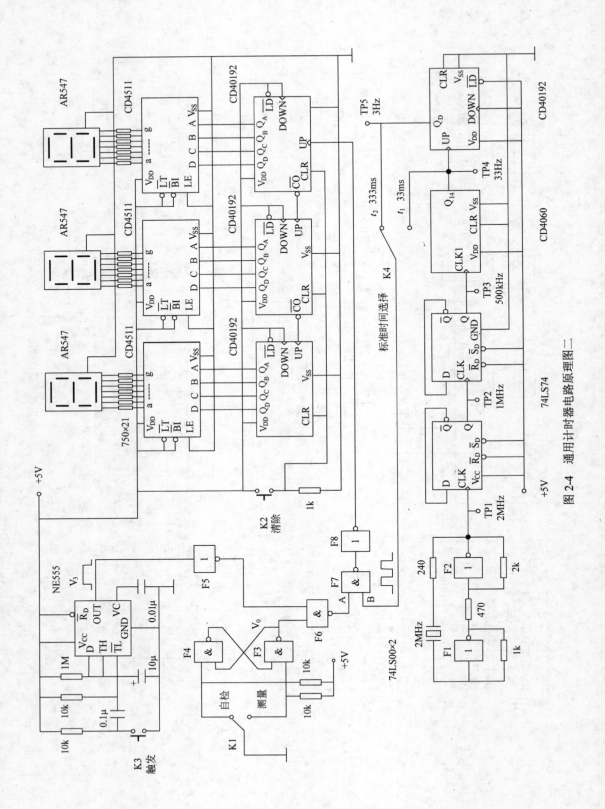

图 2-4 通用计时器电路原理图二

（9）译码器功能比较（见表 2-3）

表 2-3 译码器功能比较

芯片功能	74LS48	CD4511
集成电路供电	V_{CC}: 5V	V_{DD}: 3～18V
数据输入端	D、C、B、A	D、C、B、A
数据输入范围	0000～1001	0000～1001
数据输出端	abcdefg	abcdefg
输出驱动电平	H	H
输出端内置限流电阻	有	无
灯测	有（低电平有效）	有（低电平有效）
灭零	有（低电平有效）	有（低电平有效）
行波灭零	有（低电平有效）	无
锁存功能	无	有（高电平有效）

2.1.3 实习内容及步骤

（1）绘制电路装配图

电子产品从构思、设计、反复调试、改进到组装出合格产品，需要经过很多道生产工序。其中产品组装又分为电路板装配和整机装配，这道工序是按照预先设计的电路板装配图、整机装配图进行。这是电子产品生产过程中的重要环节。原理图以理论形式表达产品的工作原理、连线关系以及全部元器件材料。而所有元器件、连线又是通过一张或多张电路安装板装配而成。对电路板的设计非常严格，从元器件的位置、方向、引脚定位，型号、参数标注，连线的走向、宽度等都有要求。所有这些信息必须准确、清晰地在装配图上注明，并作为电路板加工的必要资料。

绘图要求如下。

① 安装图要求图面整洁，制图规范，标注清晰。首先考虑整体元件的合理布局，从各单元电路入手画出草图。导线走线短、水平、垂直、不交叉。标准图中元件、器件、线条比例均匀。应注明集成电路型号、方向，电阻、电容参数。"安装图示例"选择电路原理图中个位计数局部电路（左侧图），按要求绘制出装配图（右侧）。这里仅仅为了表达绘图方法，与实物尺寸并非 1∶1 比例。

② 部分元器件实物引脚尺寸图见图 2-5。

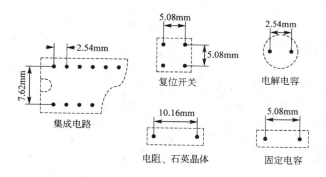

图 2-5 部分元器件实物引脚尺寸图

③ 绘制正面（元件面）电路装配图，参考多功能电路安装板结构图（见图 2-6）。图 2-3 "电路原理图一局部电路装配图示例见图 2-7，图 2-4 电路原理图二局部电路装配图示例见图 2-8，图中底层金属条未标出，仅画出顶层布线。

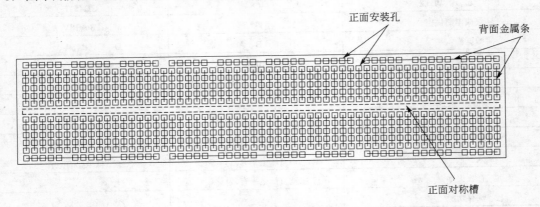

图 2-6 多用途电路安装板结构图

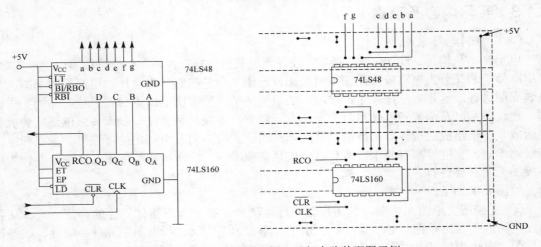

图 2-7 图 2-3 电路原理图一局部电路装配图示例

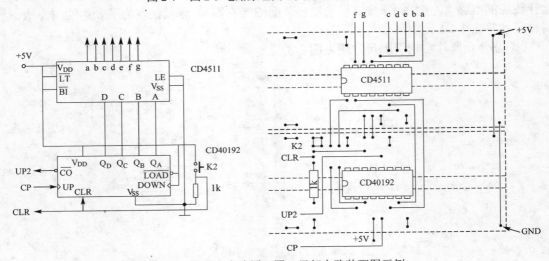

图 2-8 图 2-4 电路原理图二局部电路装配图示例

（2）电路装配

电路安装应严格参照装配图进行。导线长度合适，走线水平、垂直、不交叉。为保证接触良好，裸线头长度在 4～6mm 之间。多功能电路安装板上一个安装孔插一根导线。

（3）电路调试

计数器的调试是一项较为复杂的工作，需要所学的理论知识，也需要实验的积累。首先应认真阅读电路原理图，了解各部分电路的工作原理，信号流程及开关之间的使用配合。这一切对于调试是非常必要的。"调试工作流程"是一种方法，起一个引导作用，使学生逐步建立正确的调试思路，少走弯路。通用计数器的调试中可能会遇到很多问题，那么，什么问题应先解决，不要因为某些表面现象影响调试思路。花去大量时间去解决一个不重要的故障（不影响电路功能），而验收功能确无法实现。在阅读单元电路及工作原理、"调试工作流程"后可以得到启发，知道调试的重点应放在什么地方。核心是时基电路，其次是控制电路，计数电路，译码、显示电路。调试流程共 9 点，应按顺序逐条对应仔细检查。

TTL 与 CMOS 数字集成电路在主要性能指标上存在着一些差异，如芯片供电、输出逻辑电平幅度、负载能力、工作频率。在使用方法上也有区别，TTL 芯片在焊接装配时应控制好焊接温度，其他并无特殊要求。而 CMOS 芯片不但要求控制好焊接温度，同时电烙铁应具有良好的接地，或者电烙铁应断电利用余温焊接。在综合应用中 TTL、CMOS 芯片的逻辑输入端是不允许"空置"的，当部分功能不用时其相应的输入端必须按逻辑关系接入"高电平"或"低电平"。这一点对 CMOS 芯片特别重要，以保证正常使用。

（4）调试工作流程

① 静态检查（通电前）

• 实验板上所有集成电路电源供电回路连接是否正确。+5V 是否连通，地线是否连通。这两条通路中如有断线、错线，将使某个或某几个集成电路失电而不能工作，更无法实现芯片功能。检查方法用万用表 $R \times 1$ 量程，以+5V 电源输入点（外电源连接电路板）为参考点，用一支表笔紧贴这一点，另一支表笔逐个触碰每只集成电路电源供电端。每次测得的电阻应接近 0Ω，这一结果说明电源+5V 通路连接正常。以同样的方法再一次测试地线通路是否连接正常。

• 测量实验板上+5V 通路与地线通路之间等效电阻，判断是否因安装错误造成电源两极之间短路。用指针万用表（指针表）$R \times 10$ 量程测量正、反向等效电阻均应大于 $100\,\Omega$，数字表显示超量程。

② 电源电压设定　认真检查稳压电源工作是否正常。空载设定稳压电源输出电压值为 5V，并用万用表直流电压量程测试，满足 $4.8V \leqslant V_{CC} \leqslant 5.2V$。如果电源电压过低将影响集成电路正常工作，过高会增加集成电路功耗，造成发热损坏。

③ 通电观察

• 将 5V 电源作用于实验板上，如正常数显应点亮，则继续下一点调试。

• 如数显不能点亮，并出现电源保护现象（输出电压值显示回到 0V），应从以下两方面检查：首先检查稳压电源恒流（稳压电源输出电流值设定）调整是否正确；再检查实验板上+5V 通路与地线通路之间存在短路。可采用分割法找出故障位置。

④ 检查时基电路工作状态　时基电路的工作状态是振荡、分频，各测试点信号电压不是静态的"高电平"或"低电平"，而是一个动态信号。用万用表直流电压量程只能测出平均值，如信号为方波，其值约为 1/2 高电平。如实际测量值与参考值偏差过大，可视为电路存在故障，应仔细检查故障点电路及相邻电路。

各测试点正常电压参考值

TP1：第一级二分频 CP 点（2MHz）　　1.5～1.8V　　　　　稳定值

TP2：第二级二分频 CP 点（1MHz）　　1.8～2V　　　　　　稳定值

TP3：CD4060　11 脚（500kHz）　　　1.8～2V　　　　　　稳定值

TP4：十分频 CP 点（33Hz）　　　　　2～2.5V　　　　　　稳定值

TP5：3Hz 信号输出点　　　　　　　　电表指针摆动　　　　非稳定值

⑤　基本 RS 触发器电路工作状态　用万用表直流电压量程监测基本 RS 触发器输出端 V_0 电平值，当 K1 开关触碰"自检"位置时，V_0 应为低电平，触碰"测量"位置时，V_0 应为高电平。两种输出状态都具有保持功能。

⑥　检查单稳态电路工作状态　用万用表直流电压量程监测单稳态电路输出端 V_3 电平值，按动 K3 开关单稳态电路被触发，电路状态从稳态变为暂稳态，V_3 由低电平跳变为高电平。如定时电路工作正常，约 11s 后电路将从暂稳态变回稳态，V_3 由高电平跳变为低电平。

⑦　检测自检功能　将 K1 开关触碰"自检"位置，此时主控门 F7 的控制端 A 为高电平，标准时间信号脉冲从 B 输入端传输到输出端并送到计数单元时钟端。当 $\overline{CLR}$ = "1"（图 2-4 原理图二中 CLR="0"）时，数显将显示脉冲数累计。

⑧　检测清零功能　按动 K2 开关，计数器输出状态"000"。

⑨　检测时间测量功能　K1 开关选择"测量"位置，按动一次 K2 开关，对计时器进行"清零"。此时电路处于测量等待状态。当按动一次 K3 开关后，单稳态电路被触发，输出的暂稳态脉冲信号 T 将主控门打开，电路进入计时状态。当暂态脉冲消失后，主控门被封锁停止计时。读出测量结果 N，则 $T=Nt$（t 为标准时间脉冲周期）。

（5）调试注意事项

①　稳压电源使用应严格按照（4）中第②点要求操作。

②　数显 LED 应按图 2-9 所示正确方法进行测试。内部发光二极管正常发光强度时电流 I 取 5mA 左右，管压降约 1.5V，$R \approx \dfrac{5V-1.5V}{5mA}$ (kΩ)。

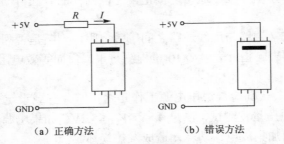

（a）正确方法　　　　　　　　（b）错误方法

图 2-9　数显 LED 正确与错误测试图

（6）常见故障

①　总电流过大　通用计时器正常工作时总电流应小于 200mA，当电路板上电源回路出现短路（数显不能点亮），部分器件损坏，输出端错线时，都会使总电流增大。前一种故障还会使稳压电源自动保护，出现这种情况时应立即断电停止调试，避免故障扩大造成更多损失。遇到此故障首先检查稳压电源恒流设置是否正确，用分割法将电路分成几个部分，局部短时间通电观察确定故障位置。不要盲目采用其他方法，只要思路清楚总能找到故障原因。

②　数显不能点亮（稳压电源未自动保护）或显示字符"8"　当电源回路出现断路，译码器 74LS48、计数器 74LS160 失电及数显 AR547 地线断路都可能造成此类故障。采用"调试工作流程"第①点仔细检查供电回路。当译码器输入信号超出 BCD 码范围时，数显将

灭灯。

③ 无标准时间输出 故障范围包含整个时基电路。寻找故障从振荡电路开始，从前往后一级一级进行。用万用表测量时基电路各测试点电压值，并与"调试工作流程"第④点提供的参考值进行比较确定故障点。时基电路的工作特点是某级电路有故障时，其输出电压一定是"高电平"或"低电平"，其后各测试点电压一定不正常。例如 TP2 电压不正常，则 TP3、TP4、TP5 的电压都不会正常。而故障在第一级二分频电路，仔细检查外围连线，不要直接判断芯片损坏。

④ 有标准时间输出但不能计数 用万用表直接测量 TP5（3Hz）信号输出点，电表指针能摆动，说明时基电路工作正常。

- 标准时间脉冲 t_2 经主控门传输到计数器时钟输入端。信号传输受基本 RS 触发器控制。
- 观察计数器是否满足计数条件，清零端 $\overline{CLR}$，使能端 ET、EP，置数端 $\overline{LD}$ 是否都为高电平（图 2-4 原理图二中清零端 CLR 应为低电平，减计数时钟端 DOWN、置数端 $\overline{LD}$ 接高电平）。
- 计数芯片损坏。

⑤ 某位计数器不能清零，也不能正常计数，只能按某种规律变化 当计时器清零时，输出端 Q_D、Q_C、Q_B、Q_A 都输出低电平并传输到译码器，数显显示十进制数 "0"，如四条传输线中有一条断路，则正确的 BCD 码就不能送给译码电路，必然显示错误结果。第二种原因是译码芯片损坏。

⑥ 计数不能进位 用万用表检测低位片进位输出信号 RCO，观察低位计数到 "9" 时应有一高电平脉冲输出，宽度为一个 CP 脉冲周期（图 2-4 原理图二中，低位计数到 "9" 时，进位输出信号 $\overline{CO}$ 有一低电平脉冲输出，宽度为半个 CP 脉冲周期）。74LS160 芯片级联后，构成同步计数电路，高、低位计数器接收同一个时钟脉冲，用低位计数器的进位信号 RCO 控制高位片使能端 ET、EP，检测低位是否输出进位信号，高位是否有 CP 信号。CD40192 则构成异步计数电路，低位片输出的进位信号 $\overline{CO}$ 直接作为高位片的时钟脉冲。检测低位输出的进位信号及传输线。

74LS160 进位波形图见图 2-10。

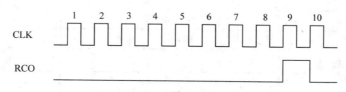

图 2-10　74LS160 进位波形图

CD40192 进位波形图见图 2-11。

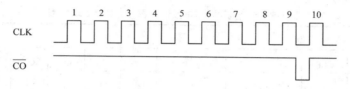

图 2-11　CD40192 进位波形图

⑦ 两位同步计数 74LS160 进位输出端 RCO 与高位片使能端 ET、EP 连接线漏接或断路。74LS160 进位输出端损坏，持续输出高电平。以 CD40192 组成的计数电路不会出现此类故障，否则可能是将电路误接成同步计数电路。

⑧ 计数不正常　如偶尔能从零开始计几个数，但很快又回到零，或是闪烁。用电表测试清零端电压，在计数状态下，电压值大约在 1～2V 之间。这种故障是清零线接触不良，使清零端"空置"，造成计数不稳定。

⑨ 计数过快或无法看清数字　选 3Hz 信号送入主控门，个位计数是很容易判断的。当个位显示已无法判断，显示过快，或各位计数都无法判断，检查 CD4060 外围连线。

⑩ 基本 RS 触发器失控　"自检"和"测量"两个状态不能转换，或能转换但其中一个状态不能保持。检查芯片供电，外围连线是否接触不良，或芯片损坏。

⑪ 单稳态电路不能被触发　检查 NE555 供电是否正常，外围连线、10μF 电容是否连接良好。用高内阻电表测电容 10μF 上的电压，触发后是从 0 V 逐渐上升，终止于 $2/3V_{CC}$（约 3.3V），观察有无此过程。

⑫ 单稳态电路被触发后不能自行恢复到稳态　检查定时元件中电阻（1MΩ）、电容（10μF）与时基电路 6、7 脚是否连接良好，电容极性是否接反。触发后观察 10μF 电容上有无充电过程，如充电正常，应检查 6 脚 $2/3V_{CC}$ 电压检测端。如无充电过程，应仔细检查充电通路。

⑬ 显示器某段不亮　该段已损坏或译码器段输出损坏。

（7）思考题

利用通用计时器电路配置的器件，将其改进为数字钟。

2.1.4　专题实习报告要求

① 简要阐述通用计时器工作原理。

② 安装、调试体会。

2.1.5　主要集成电路功能表

功能表见表 2-4～表 2-7。

表 2-4　四位十进制同步计数器 74LS160 功能表

输　入								输　出				状　态
CLK	$\overline{CLR}$	$\overline{LD}$	EP	ET	D	C	B	A	Q_D	Q_C	Q_B	Q_A	
×	0	×	×	×	×	×	×	×	0	0	0	0	清零
∫	1	0	×	×	d	c	b	a	d	c	b	a	置数
×	1	1	1	0	—	—	—	—					保持
×	1	1	0	1	—	—	—	—					保持
∫	1	1	1	1	×	×	×	×					计数

表 2-5　十进制同步加/减计数器 CD40192 功能表

输　入								输　出				状　态
UP	DOWN	CLR	$\overline{LD}$	D	C	B	A		Q_D	Q_C	Q_B	Q_A	
×	×	1	×	×	×	×	×	0	0	0	0	清零
×	×	0	0	d	c	b	a	d	c	b	a	置数
∫	1	0	1	×	×	×	×					加计数
1	∫	0	1	×	×	×	×					减计数

表 2-6　4 线-七段译码器/驱动器 **74LS48** 功能表（BCD 码：0000～1001）

输　入							输　出							状态	功能
D	C	B	A	$\overline{LT}$	$\overline{RBI}$	$\overline{BI}/\overline{RBO}$	a	b	c	d	e	f	g		
0	0	0	0	1	1	1	1	1	1	1	1	1	0	0	
0	0	0	1	1	×	1	0	1	1	0	0	0	0	1	
0	0	1	0	1	×	1	1	1	0	1	1	0	1	2	
0	0	1	1	1	×	1	1	1	1	1	0	0	1	3	译
0	1	0	0	1	×	1	0	1	1	0	0	1	1	4	
0	1	0	1	1	×	1	1	0	1	1	0	1	1	5	
0	1	1	0	1	×	1	0	0	1	1	1	1	1	6	码
0	1	1	1	1	×	1	1	1	1	0	0	0	0	7	
1	0	0	0	1	×	1	1	1	1	1	1	1	1	8	
1	0	0	1	1	×	1	1	1	1	0	0	1	1	9	
1010～1111				1	×	1	0	0	0	0	0	0	0	暗	消隐
×	×	×	×	×	×	0	0	0	0	0	0	0	0	暗	灭灯
0	0	0	0	1	0	1	0	0	0	0	0	0	0	暗	灭零
×	×	×	×	0	×	1	1	1	1	1	1	1	1	日	灯测

表 2-7　4 线-七段译码器/驱动器 **CD4511** 功能表（BCD 码：0000～1001）

输　入							输　出							状态	功能
D	C	B	A	$\overline{LT}$	$\overline{BI}$	LE	a	b	c	d	e	f	g		
0	0	0	0	1	1	0	1	1	1	1	1	1	0	0	
0	0	0	1	1	1	0	0	1	1	0	0	0	0	1	
0	0	1	0	1	1	0	1	1	0	1	1	0	1	2	
0	0	1	1	1	1	0	1	1	1	1	0	0	1	3	译
0	1	0	0	1	1	0	0	1	1	0	0	1	1	4	
0	1	0	1	1	1	0	1	0	1	1	0	1	1	5	
0	1	1	0	1	1	0	0	0	1	1	1	1	1	6	
0	1	1	1	1	1	0	1	1	1	0	0	0	0	7	码
1	0	0	0	1	1	0	1	1	1	1	1	1	1	8	
1	0	0	1	1	1	0	1	1	1	0	0	1	1	9	
1010～1111				1	1	0	0	0	0	0	0	0	0	暗	消隐
×	×	×	×	1	0	×	0	0	0	0	0	0	0	暗	灭灯
×	×	×	×	0	×	×	1	1	1	1	1	1	1	日	灯测
×	×	×	×	1	1	1	—	—	—	—	—	—	—	保持	锁存

2.2 智力竞赛抢答器

2.2.1 智力竞赛抢答器实训任务

（1）实习目的

① 数字电子技术知识综合应用。

② 学习电路调试的基本技能。

（2）实习重点

编写详细调试流程。

（3）实习任务

① 阐述电路工作原理。

② 编写操作说明书。

③ 电路安装及调试。

④ 编写详细调试流程。

2.2.2 电路工作原理

（1）原理方框图（见图 2-12）

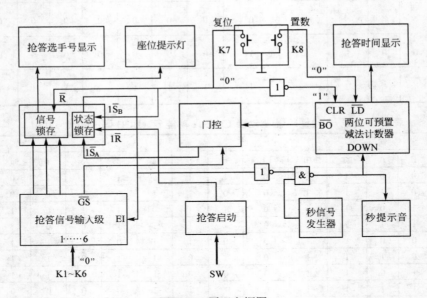

图 2-12 原理方框图

（2）电路原理图（见图 2-13）

（3）单元电路组成及工作原理简介

① 复位操作开关 K7   复位操作开关 K7 由主持人控制。上电复位电路（47kΩ、47μF）是保证开机后 74LS279 内部的触发器 2、3、4 被置为"0"状态输出，抢答选手显示器显示数据"0"，所有选手座位提示灯熄灭，计时器显示时间"00"。同时 74LS279 内部的触发器 1 被置为"1"状态输出，并作用于 74LS148 的使能输入端 EI，使其处于禁止工作状态，此时不接受抢答信号。手动复位功能是清除之前的抢答信息，再次进入抢答准备时段。

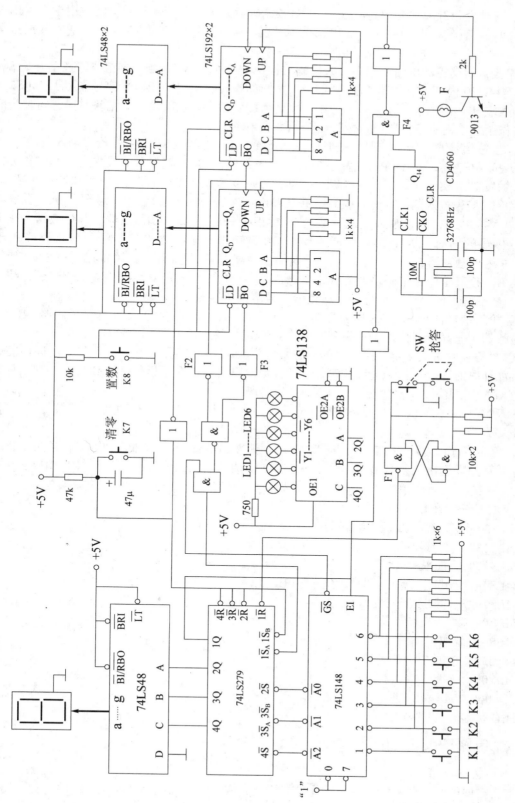

图 2-13　六位抢答器电路原理图

② 置数操作开关 K8　与计数器 74LS192、码盘开关实现计数预置功能，用于设置抢答时段时间。设置量范围 1～99s。如出现设置错误，可按动复位按钮 K7 一次，清除数据重新设置。

③ 抢答启动控制电路　由主持人控制的按钮 SW 与基本 RS 触发器组成，按动开关 SW 一次，74LS279 内部的触发器 1 被置成"0"状态输出，1Q 输出的低电平信号作用于 74LS279 使能输入端 EI（高电平禁止编码）使由静止转为编码状态，也就是进入抢答时段。同时此信号还将作用于秒提示音控制门，倒计时开始并有声音提示。

④ 抢答信号输入级　按钮开关 K1～K6 及优先编码器 74LS148 组成抢答输入级。

⑤ 抢答信号锁存　四 RS 触发器 74LS279 内部的 2、3、4 触发器对最先进入的信号进行锁存，触发器 1 实现对编码器的控制。按动抢答启动按钮 SW，电路进入抢答时段。编码器 74LS148 对最先抢入的信号进行编码，并从输出端 $\overline{A2}$、$\overline{A1}$、$\overline{A0}$ 输出，送至四 RS 触发器 74LS279 内部的 4、3、2 触发器的置数端 $4\overline{S}$、$3\overline{S}_A$、$3\overline{S}_B$、$2\overline{S}$，由触发器锁存该数据。在上述信号传输的同时，74LS148 使能输出端 $\overline{GS}$ 将输出一个低电平信号经与门电路作用于 74LS279 内部触发器 1 的置数端 $1\overline{S}_A$，1Q 端输出的高电平信号再作用于编码器 74LS148 使能输入端 EI，使其工作由编码转变为静止状态，这样 74LS148 不能对后续的输入信号进行编码输出。1Q 端输出的高电平信号同时封锁秒信号停止抢答时间。

⑥ 抢答信息提示　四 RS 触发器 74LS279 的输出信号 4Q、3Q、2Q 送至译码器 74LS48 驱动抢答选手号显示器，送至译码器 74LS138 驱动抢答选手号座位提示灯。

⑦ 抢答计时时间设定　抢答时间设置是由第② 步操作实现，选手应在设定时间内完成抢答，如计时时间耗尽仍无选手抢答，此时计数电路将输出两个借位信号 $\overline{BO_2}$、$\overline{BO_1}$，复合后经与门送至 74LS279 置数端 $1\overline{S}_A$，终止抢答时段。

⑧ 秒时基　CD4060 及 32768Hz 石英晶体构成秒脉冲发生器，驱动减法计时器及秒声音提示电路。

⑨ 禁止编码　第一条路径是 74LS148 的使能输出端 $\overline{GS}$ 输出的低电平，第二条是抢答时间结束，计数器送出的复合借位信号 $\overline{BO_2}$、$\overline{BO_1}$。两条路径的信号经与门作用于 74LS279 置数端 $1\overline{S}_A$→1Q→EI，实现禁止功能。

（4）器件清单

74LS148	8 线-3 线优先编码器
74LS138	3 线-8 线译码器
74LS279	四 RS 触发器
74LS48	4 线-七段译码器/驱动器（BCD 码）
74LS192	同步可逆计数器
74LS04	六反相器
74LS08	四 2 输入与门
74LS32	四 2 输入或门
74LS00	四 2 输入与非门
CD4060	14 位二进制计数/分配器
LED 数显	（共阴）

2.2.3　电路安装与功能测试

（1）电路安装

本次实训电路在逻辑实验箱与功能扩展板上完成，不需画电路装配图，器件位置不设装配标准。安装方法可按单元电路逐一完成，并测试单元功能，待正常后进入下一单元装配。

（2）单元电路调试

① 秒脉冲单元　CD4060 与石英晶体组成 32768Hz 振荡电路，在经芯片内进行 14 次二分频，从 Q_{14} 输出秒脉冲信号。也可以直接选用实验箱时钟单元连续脉冲信号。

② 抢答信息提示　锁存器 74LS279 输出信号 4Q、3Q、2Q 送至译码器 74LS48 显示抢答选手号，送至译码器 74LS138 驱动抢答选手号座位提示灯。完成电路连线后，将 74LS48 的输入端 C、B、A 与 74LS138 的输入端 C、B、A 同位相连，再分别接到 3 只逻辑开关上。接通电路供电，用逻辑开关设置输入数据（001～110），数显将依次显示 1、2、3、4、5、6。座位提示灯从 1 号开始，每个灯按顺序各点亮一次。注意 74LS138 输出反码信号，以低电平驱动指示灯。

③ 计时单元　先完成 74LS192 外围连线，译码电路直接选用实验箱上两位十进制译码单元，计数器时钟输入端 DOWN 连接实验箱上单脉冲信号，置数端 LD 连接开关 K8，借位输出端 $\overline{BO_2}$、$\overline{BO_1}$ 各接一只状态指示灯，数据输出端 Q_D、Q_C、Q_B、Q_A 按位分别连接到译码单元的输入端 D、C、B、A。按动码盘开关分别设置个位、十位输入数据。接通电路供电，按动一次开关 K8，数显与码盘开关上的十进制数应相同，按动单脉冲按钮观察减计数是否正常，当减到 "00" 状态时应有借位信号输出，状态指示灯将熄灭。

④ 抢答输入级　输入级抢答按钮 K1～K6 可直接选用实验箱上逻辑开关，将 74LS148 使能输入端 EI 直接接地，输出端 $\overline{A2}$、$\overline{A1}$、$\overline{A0}$ 各接一只状态指示灯。编码优先顺序是 7、6、5、4、3、2、1、0，依次按动 K1～K6 按钮，观察编码输出信号（反码输出）是否正确。

⑤ 抢答信号锁存

a. 完成下列芯片间导线连接。

• 74LS148 的数据输出端 $\overline{A2}$、$\overline{A1}$、$\overline{A0}$ 与 74LS279 的输入端 $4\overline{S}$、$3\overline{S}_A$、$3\overline{S}_B$、$2\overline{S}$ 分别相连。

• 74LS279 的输出端 4Q、3Q、2Q 与 74LS48 输入端 C、B、A 分别相连。

• 74LS148 $\overline{GS}$ 与 74LS279 的 $1\overline{S}_A$ 相连。

• 74LS279 输出端 1Q 接状态指示灯。

b. 通电前应认真阅读 74LS148、74LS279 功能表。接通电路供电后，按下列步骤操作。

• 按动一次清零开关 K7，74LS279 内 4、3、2 触发器被置成 "0" 状态输出，数显将显示 "0"。触发器 1 被置成 "1" 状态输出，指示灯点亮。

• 按动一次抢答启动按钮 SW，74LS279 内触发器 1 被置成 "0" 状态输出，指示灯熄灭。

• 任意按动一个抢答按钮（例如 K3），数显将显示数据 "3"，74LS148 使能输出端 $\overline{GS}$ 输出低电平将 74LS279 内触发器 1 置成 "1" 状态输出，指示灯再次点亮。如不能实现上述关系，先测试 74LS148 输出状态是否为 "100"（反码输出）。如是，再测试 74LS279 输出状态是否为 "011"。

• 断开 74LS148 使能输入端 EI 与地线的连接，将 EI 与 74LS279 的 1Q 端相连，并断开状态指示灯。

再次完成上述操作步骤。

• 按动一次清零开关 K7，74LS279 内 4、3、2 触发器被置成 "0" 状态输出，数显将显示 "0"。触发器 1 被置成 "1" 状态输出，该信号作用于 74LS148 使能输入端 EI，其状态为禁止编码，任意按动一个抢答按钮不会有编码信号输出。这个状态是抢答前的准备时段。

• 按动一次抢答启动按钮 SW，74LS279 内触发器 1 被置成 "0" 状态输出，该信号作用于 74LS148 使能输入端 EI，进入编码状态。

● 任意按动一个抢答按钮，74LS148 使能输出端 $\overline{GS}$ 输出低电平将 74LS279 内触发器 1 置成 "1" 状态输出并作用于 74LS148 使能输入端 EI，编码器再次进入禁止状态。

⑥ 完成所有单元间的连线，测试整体功能。

（3）主要器件功能表

① 8 线-3 线优先编码器 74LS148（见表 2-8）

表 2-8　8 线-3 线优先编码器 74LS148 功能表

逻辑输入	数据输入								数据输出			使能输出	
EI	0	1	2	3	4	5	6	7	$\overline{A2}$	$\overline{A1}$	$\overline{A0}$	$\overline{GS}$	EO
1	×	×	×	×	×	×	×	×	1	1	1	1	1
0	1	1	1	1	1	1	1	1	1	1	1	1	0
0	×	×	×	×	×	×	×	**0**	0	0	0	0	1
0	×	×	×	×	×	×	**0**	1	0	0	1	0	1
0	×	×	×	×	×	**0**	1	1	0	1	0	0	1
0	×	×	×	×	**0**	1	1	1	0	1	1	0	1
0	×	×	×	**0**	1	1	1	1	1	0	0	0	1
0	×	×	**0**	1	1	1	1	1	1	0	1	0	1
0	×	**0**	1	1	1	1	1	1	1	1	0	0	1
0	**0**	1	1	1	1	1	1	1	1	1	1	0	1

② 四 RS 触发器 74LS279（见表 2-9）

表 2-9　四 RS 触发器 74LS279 功能表

输入		输出	输入		输出
$\overline{S}$	$\overline{R}$	Q	$\overline{S}$	$\overline{R}$	Q
1	1	Q^n	1	0	0
0	1	1	0	0	不定

③ 3 线-8 线译码器 74LS138（见表 2-10）

表 2-10　3 线-8 线译码器 74LS138 功能表

使能输入			数据输入			输出							
OE1	$\overline{OE\,2A}$	$\overline{OE\,2B}$	C	B	A	$\overline{Y0}$	$\overline{Y1}$	$\overline{Y2}$	$\overline{Y3}$	$\overline{Y4}$	$\overline{Y5}$	$\overline{Y6}$	$\overline{Y7}$
×	**1**	×	×	×	×	1	1	1	1	1	1	1	1
×	×	**1**	×	×	×	1	1	1	1	1	1	1	1
0	×	×	×	×	×	1	1	1	1	1	1	1	1
1	0	0	0	0	0	**0**	1	1	1	1	1	1	1
1	0	0	0	0	1	1	**0**	1	1	1	1	1	1
1	0	0	0	1	0	1	1	**0**	1	1	1	1	1
1	0	0	0	1	1	1	1	1	**0**	1	1	1	1
1	0	0	1	0	0	1	1	1	1	**0**	1	1	1
1	0	0	1	0	1	1	1	1	1	1	**0**	1	1
1	0	0	1	1	0	1	1	1	1	1	1	**0**	1
1	0	0	1	1	1	1	1	1	1	1	1	1	**0**

④ 4 线-七段译码器/驱动器 74LS48（见表 2-6）

⑤ 同步可逆计数器 74LS192（见表 2-11）

表 2-11　同步可逆计数器 74LS192 功能表

输　入								输　出				状　态
UP	DOWN	CLR	$\overline{LD}$	D	C	B	A	Q_D	Q_C	Q_B	Q_A	
×	×	1	×	×	×	×	×	0	0	0	0	清　零
×	×	0	0	d	c	b	a	d	c	b	a	置　数
⌐	1	0	1	×	×	×	×					加计数
1	⌐	0	1	×	×	×	×					减计数

2.3　交通灯控制电路

2.3.1　交通灯控制电路实训任务

（1）实习目的
① 数字电子技术知识综合应用。
② 学习识别双面电路安装图。
③ 学习电路调试的基本技能。
（2）实习重点
① 电路调试。
② 绘制时序图。
（3）实习任务
① 详细阐述电路工作原理。
② 电路装配。
③ 电路调试。
④ 绘制时序图。

2.3.2　电路原理框图、原理图及装配图

（1）原理框图（见图 2-14）

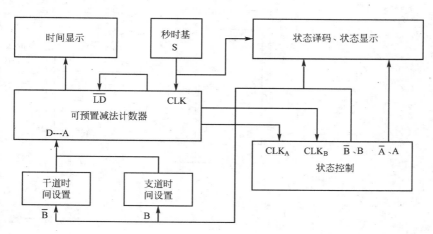

图 2-14　交通灯电路原理框图

（2）电路原理图（见图 2-15）

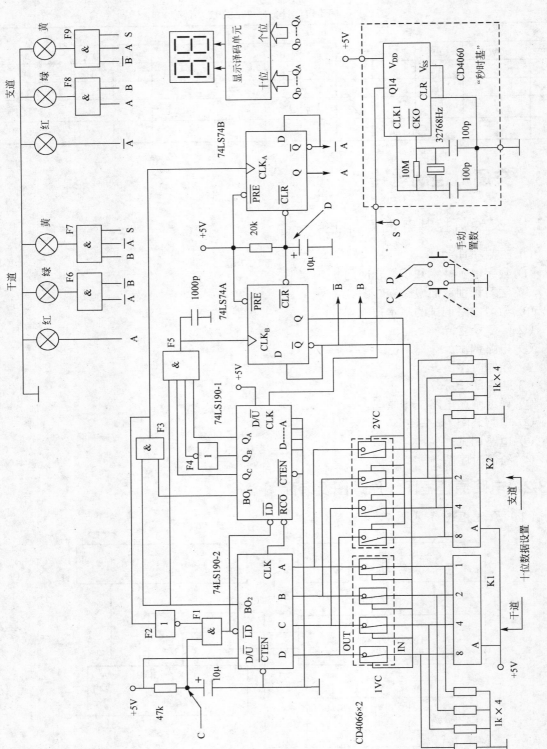

图 2-15　电路原理图

（3）电路装配图（见图 2-16）

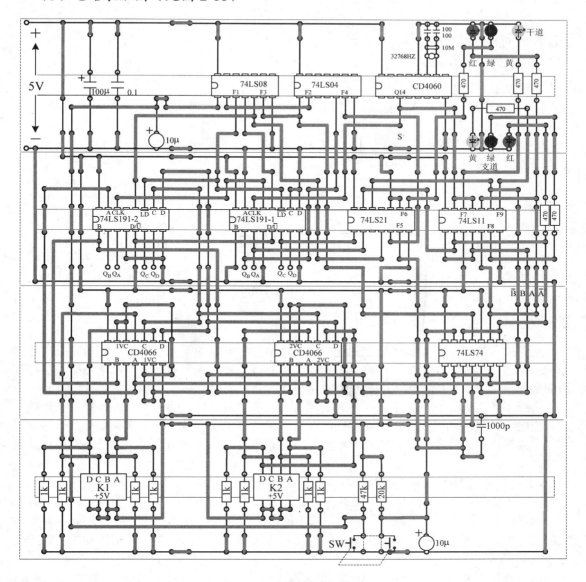

图 2-16　电路装配图

图中浅色粗线为顶层布线，深色细线为底层布线（安装板原有金属条）。

（4）主要实验器件

74LS190（集成电路外引线图参见 74LS191）；

74LS74；

74LS11；

74LS08；

74LS21；

74LS04；

CD4060；

CD4066；

码盘开关。

2.3.3　时间设定及信号灯显示方式

（1）最长时间设定

干道 90s；支道 90s。

（2）预置时间步进量

Δt：10s。

（3）时间设定方式

干道时间设定 K1；支道时间设定 K2。

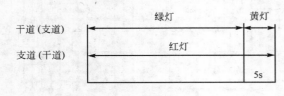

图 2-17　状态灯显示方式

（4）状态灯显示方式（见图 2-17）

① 行车时段

通行道路：绿灯长亮。

禁行道路：红灯长亮。

② 警示行车时段（通行道路最后 5s）

通行道路：绿灯熄灭，黄灯闪烁 5s。

禁行道路：红灯长亮。

2.3.4　实习要求

电路安装应严格参照标准装配图进行，整个电路的连线由正面安装导线与电路板底层部分金属条共同组成。在图中，电路板正面安装的导线是以浅色粗实线表示，电路板底层被利用的金属条是以深色细实线表示。导线安装分两步进行，第一步学会剪线，直线条及转一个直角弯线条的下线方法。为了保证安装导线与金属条接触良好，同时在正面不能留有过长的金属裸线，裸线头的长度要控制在 6mm 左右。第二步电路安装，导线必须是长度合适，水平、垂直走向，直线条要按连接点的距离下线，直角弯线条要先整形再去掉线头绝缘层后进行装配。

（1）单元电路装配及功能测试

① 状态控制器、时间预置量设置及手动置数按钮（测试手动复位功能）电路　状态控制器由 74LS74 组成，内部触发器 A、B 输出的两组信号 A、$\overline{A}$ 和 B、$\overline{B}$ 与秒信号 S 经译码后驱动干道、支道红、绿、黄信号灯。同时 B、$\overline{B}$ 还将作为双向模拟开关 CD4066 的选通信号 1VC、2VC。

时间预置量由 4 双向模拟开关 CD4066 及 K1、K2 四位拨动开关组成，交替选择由 K1 开关设置的干道通行时间量，K2 开关设置的支道通行时间量。

该单元装配完成后就可以进行功能测试，74LS74 组成两个独立 T′触发器，具有上电复位功能，上升沿驱动触发器翻转。电路板的直流供电、时钟信号可在实验箱上选择 5V 电源及单脉冲，并用状态指示灯监测触发器 A、B 的输出状态。先将两个 T′触发器时钟端 CLK 接在一起连接于实验箱单脉冲输出口上，通电后两个 T′触发器都输出"0"状态，B 作为选通信号 2VC，$\overline{B}$ 作为选通信号 1VC。双向模拟开关 CD4066 选通信号为高电平，此时 K1 开关的设置量被选出，输出端 OUT 与 K1 开关在相对应的位上电平应相同。如结果正确可以按动实验箱上的单脉冲按钮送一个时钟信号观察下一个状态，触发器 A、B 将同时翻转，此时另一组输出端 OUT 与 K2 开关也具有上述的逻辑关系。调节 K1、K2 开关改变设置量（设置范围 0001～1001），重复上述操作再次观察结果，判断电路的功能是否正确。按动手动置数按钮测试手动复位功能。

② 译码显示电路 该电路直接选用实验箱上两位十进制译码、显示单元。

③ 计时电路安装与功能测试 由两片 74LS190 与输入预置电路组成可预置（高位片）减法计数器，最大预置时间干道为 90s、支道为 90s，预置时间步进量 10s。计数器 74LS190 采用异步置数法，完成置数需要两个条件，先在输入端 D、C、B、A 给定计数起点的输入量代码（例如起点为"6"，输入量"0110"），然后在置数端 $\overline{LD}$ 作用低电平，完成置数操作。撤消置数端低电平进入计数状态。

整个计时单元是由状态控制器、时间预置量设置、手动置数按钮、计数、译码显示电路组成一个闭环控制电路，调试有一定的难度。这就需要先将电路局部化，有针对性地测试、排除故障，最后完成交替可预置减法计时器功能测试。在电路中被读出的"05"秒信号用来控制时间预置量的选择输入，被读出"00"秒信号作为预置电平作用于置数端 $\overline{LD}$。

门 F4、F5 用于倒计时"05"秒信号的读出，4 个被读输入量 BO_2、Q_C、Q_B、Q_A，当高位片减计数到 0 时，BO_2 将输出高电平 1 状态，低位片减计数到 5 时输出量"101"，将 Q_B 求反得到"111"。此刻门 F5 输出一个上升沿，并作为时钟信号驱动状态控制器中触发器 B，使其产生第一次翻转（B="1"、$\overline{B}$="0"），该信号具有两个作用，其一作为通行道路绿灯、黄灯转换控制信号，二是作为选通信号（1VC="0"、2VC="1"）选择支道预置量送入计数器数据输入端。门 F2、F3 用于倒计时"00"秒信号的读出，当减计数到"00"状态时，借位输出信号 BO_2、BO_1 为"11"状态（此信号持续时间非常短暂，无法用指示灯或电表观察），经门 F3、F2、F1 作用于置数端 $\overline{LD}$，完成置数，此刻借位信号 BO_2、BO_1 的输出又将变为 00 状态。计数器将以支道预置量为起点进入减法计数状态。同时该信号也将作为时钟信号驱动状态控制器中触发器 A，使其产生第一次翻转（A="1"、$\overline{A}$="0"），并驱动干道、支道信号灯状态转换。

一个周期（干道、支道各通行一次）工作流程图见图 2-18。

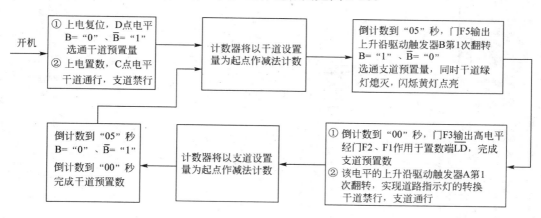

图 2-18 一个周期（干道、支道各通行一次）工作流程图

电路安装完成后，第一步测试计数功能。断开门 F1 与计数器置数端 $\overline{LD}$ 的连线，并将 $\overline{LD}$ 连接于 +5V 电源（暂不测试预置功能），断开门 F3 输出端与触发器 A 的时钟连接线，断开门 F5 输出端与触发器 B 的时钟连接线。将低位计数器时钟端 CLK 连接于实验箱上连续时钟脉冲输出口，上电后计数器以"00"起点开始作顺序减法计数。

第二步测试"05"秒、"00"秒输出量读取。将门 F5 的输出端接一只状态指示灯，观察减计数到"05"秒时门 F5 将有一个短暂高电平信号输出，指示灯会闪亮一次，持续时间 1s。

减计数到"00"秒时门 F3 将输出一高电平，且持续时间非常短暂，无法点亮指示灯，此时可以将门 F3 与触发器 A 的时钟连接线接通，观察触发器 A 能否翻转，用电压表监测触发器 A 的输出端电平。

恢复门 F5 与触发器 B 的时钟连接线，将计数器置数端 $\overline{LD}$ 与+5V 电源相连的导线断开并与门 F1 的输出端连线，测试手动置数功能。拨动 K1、K2 开关，任意设置两组输入量（范围 0001～1001），按动手动置数按钮一次，数显应显示 K1 设置量数据。在秒时钟信号的作用下进行减计数，到"00"状态瞬间，数显将显示 K2 的预置量并以此为起点作减计数。应观察两个计时周期，如干道、支道计时起点与设置量相符，电路工作状态正确。

④ 秒脉冲发生器　CD4060 与石英晶体组成秒脉冲发生器，振荡频率为 32768Hz，在内部完成 14 次二分频，得到秒脉冲 S。

⑤ 信号灯译码电路　门 F6、F7、F8、F9 对来自于状态控制电路的信号 A、$\overline{A}$、B、$\overline{B}$ 及秒信号 S 进行分配，驱动信号灯。

（2）绘制时序图（见图 2-19）

干道预置时间 30s，支道预置时间 20s。

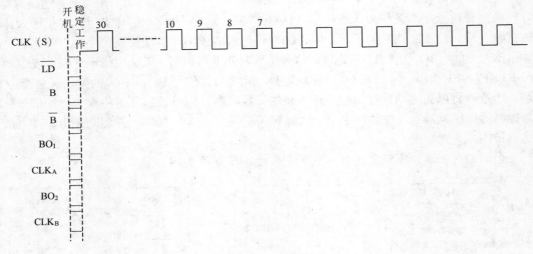

图 2-19　时序图

第3章
Multisim 10 计算机虚拟仿真技术简介

随着计算机技术的发展和人们对电子系统设计的新需求，推动了电子线路设计方法和手段的进步。电子设计自动化（EDA：Electronic Design Automation）逐渐取代了传统的设计方法。目前常见的 EDA 软件有 Protel、Orcad、Pspice 和 Multisim 系列软件。

Multisim 10 是一种计算机用于电子电路设计仿真与分析的软件，它是为电子工程师开发而设计的一种功能强大、使用便捷的专业软件，对电子电路设计的初学者同样适用。Multisim 10 软件很容易上手，它的工作界面非常直观，原理图与各种工具都在同一个窗口内，稍加学习就可以熟练地应用该软件；它提供了用虚拟元件创建电路，用虚拟仪器进行各种参数和性能指标的测试，它的元件库不仅提供了数千种电路元件供选用，而且可以自己新建和扩展已有的元件库，给设计者提供了更大的方便，具有很大的灵活性。

Multisim 10 软件不仅仅局限于电子电路的虚拟仿真，其在 Labview 虚拟仪器、单片机仿真、VHDL 和 VerilogHDE 建模、Ultiboard 设计电路板等技术方面有更多的创新和提高，属于 EDA 技术的高层次范畴。本章着重介绍 Multisim 10 软件在数字电子技术中的应用。

3.1 Multisim 10 基本界面介绍与设置

3.1.1 Multisim 10 基本界面介绍

Multisim10 的安装过程，这里不再阐述，读者可以从网上下载安装软件或购买光盘，按照安装说明进行安装。启动 Windows 操作系统后，在桌面上双击 Multisim10 的图标或 Windows "开始" 菜单程序中单击 Multisim10 的图标即可进入 Multisim10 的基本界面，如图 3-1 所示。

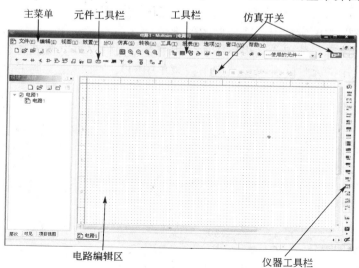

图 3-1　Multisim10 基本界面

（1）主菜单栏

主菜单栏与所有 Windows 应用程序类似，菜单中提供了本软件几乎所有的功能命令。在每个主菜单下都有一个下拉菜单，显示该选项下的各种操作命令。

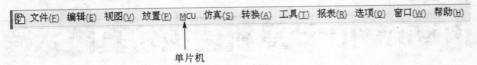

（2）工具栏

工具栏包括系统工具栏、设计工具栏、元件工具栏、仪器工具栏等。

① 系统工具栏

② 设计工具栏　设计工具栏是 Multisim10 的核心部分，使人们能容易地完成各种复杂的功能。能够进行电路的建立、仿真、分析并输出设计数据，而且它还能执行设计功能，使用设计工具栏进行电路设计更加方便快捷。

设计工具栏按钮从左至右分别为：

- 显示工程文件管理窗口；
- 打开元件对照表，该表位于电路工作区下方，可以显示当前工作区所有元件的细节并可对其进行编辑；
- 打开元件数据库管理窗口；
- 打开创建新元件向导；
- 显示图表和仿真分析列表；
- 后处理；
- 电气规则检查；
- 屏幕捕捉范围；
- 根据 Ultiboard 中对电路图的编辑情况，将所修改的部分返回到原理图中；
- 根据对电路图的编辑情况，将所修改的部分送入 Ultiboard 布线软件中；
- 元件列表列出了当前工作区电路中所使用的全部元件，可以通过其下拉菜单检查当前电路工作区中所使用的元件，并可以选中下拉菜单中的某一元件重复调用该元件到电路工作区中。

③ 元件工具栏

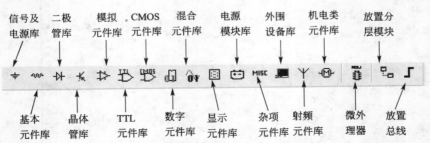

④ 仪器工具栏　用来对电路工作状态进行测试的仪器仪表，习惯上将其竖放于电路工

作区的右边。

仪器工具栏从左到右分别为：数字万用表、函数信号发生器、功率表（瓦特表）、示波器、四踪示波器、波特图仪、频率计、字信号发生器、逻辑分析仪、逻辑转换仪、电流电压分析仪、失真分析仪、频谱分析仪、网络分析仪、安捷伦函数发生器、安捷伦数字万用表、安捷伦示波器、泰克示波器、测量探针、Labview 仪器、电流探针。

（3）仿真开关

仿真开关有两处：

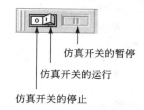

3.1.2　Multisim 10 基本界面设置

在进行调出元件组建仿真电路前，有必要对 Multisim10 基本界面进行一些设置，设置完成后保存起来，以后再次打开软件可以不必再作设置。基本界面设置通过主菜单"选项"的下拉菜单进行。

① 单击菜单"选项"，将出现其下拉菜单，如图 3-2 所示。

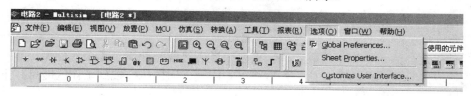

图 3-2　主菜单"选项"的下拉菜单

选其中的第一项"Global Preferences"，打开全局参数设置选择对话框，按图 3-3 所示设置，设置好后单击"确定"按钮退出。

② 仍在图 3-2 所示的"选项"下拉菜单中，选第二项"Sheet Properties"，单击该菜单，打开电路参数设置选择对话框，按图 3-4 所示设置，设置好后单击"确定"按钮退出。

③ 关于基本界面上的"网格点"，软件默认的设置是显示"网格点"，即打开的基本界面的电路编辑区有许多"网格点"，它们对元件和元件之间的连线非常有用，元件和元件之间的边线是沿着"网格点"进行的。若不需要"网格点"，可单击主菜单"图视"按钮，在其下拉菜单中将"显示网格"项前的"√"去掉（用鼠标左键单击），如图 3-5 所示。

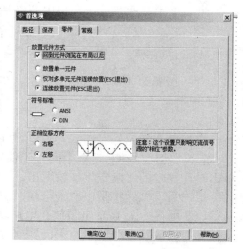

图 3-3　全局参数设置选择对话框

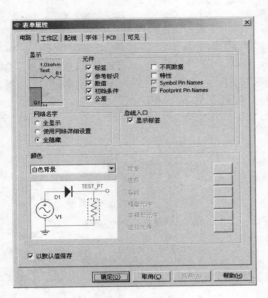

图 3-4　电路参数设置选择对话框

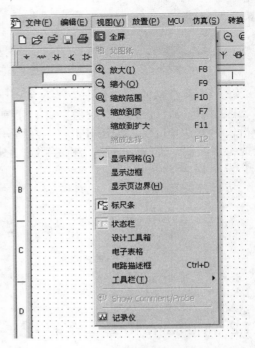

图 3-5　网格点显示和去除操作

3.2　调用元器件和连接元器件操作

3.2.1　调用元器件操作

从元件工具栏的元件库中选取元件，先要知道所选取元件属于哪个元件库，然后将光标指向所要选取的元件，单击该元件，然后点击 OK 键，用鼠标拖拽到工作区即可。下面以调用电阻、开关、三极管等元件为例说明。

（1）调用电阻元件

单击基本界面元件工具栏中的放置基本元件按钮，如图 3-6 所示。

基本元件库

图 3-6　放置基本元件按钮

将弹出选择元件对话框，如图 3-7 所示。先在对话框左侧的"系列"栏中选中"RESISTOR（电阻）"，然后拉动对话框中间"元件"栏下右侧的滚动条，可以从中选出所需的电阻 10，单击对话框中的"确定"按钮退出。

退出后，鼠标将带出一个电阻，用鼠标拖拽到电路编辑区，在电路编辑区单击一下鼠标左键，即可将一个 10Ω 电阻放在电路编辑区内，移开鼠标箭头，仍可以连续在电路编辑区单击鼠标左键放置多个电阻，不需要放置时单击鼠标右键，即可退出放置电阻操作。放置电阻如图 3-8 所示。

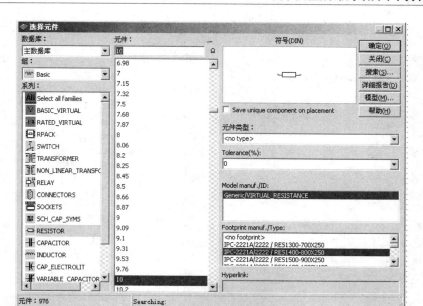

图 3-7　选择元件对话框

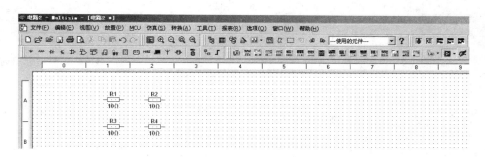

图 3-8　放置电阻示意图

（2）修改元件参数

用鼠标左键双击需要修改的电阻元件，弹出该器件的对话框如图 3-9 所示，拉动对话框中间"Resistance（R）"栏右侧的滚动条，可以从中选出所需修改的电阻 10k，并单击鼠标左键，最后单击对话框中的"确定"按钮退出，R2 的阻值改为 10kΩ。

（3）删除元器件

用鼠标右键单击需要删除的电阻元件（如图 3-8 中的 R2），弹出一对话框如图 3-10 所示，选择"剪切"或"删除"均可将该元件删除；或用鼠标左键单击需要删除的电阻元件 R2，该元件四周将出现虚线框，即该元件处于"激活"状态，如图 3-11 所示，这时点击工具栏上的剪切按钮，或按一下键盘上的删除键，也可将其删除。

① 如果要一次性地删除多个元件，可以按住 Shift 键，用鼠标左键逐个单击需要删除的元件，使它们选中激活，周围都出现虚线框，如图 3-12 所示，然后用鼠标右键单击选中的任一元件，在弹出图 3-10 所示的对话框中选"剪切"或"删除"，即可将它们一起删除。

② 如果要一次性地删除全部元件，则可将鼠标左键移到全部元件电路的左上角，然后按住鼠标左键向右下角拉出一矩形框，将所有要删除的元件都圈在矩形框内，如图 3-13 所示；放开鼠标后，所有要删除的元件被选中，如图 3-14 所示，这时只要用鼠标右键单击选中的任一元件，在弹出图 3-10 所示的对话框中选"剪切"或"删除"，即可将它们一起删除。

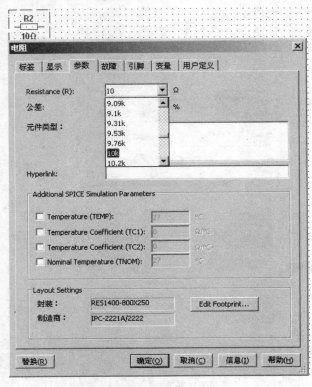

图 3-9　电阻属性对话框

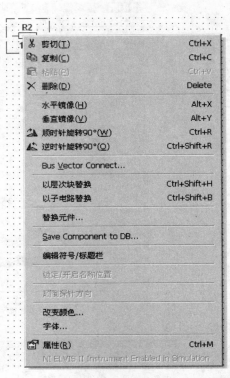

图 3-10　用鼠标右键单击电阻后弹出的对话框

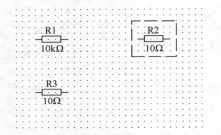

图 3-11　用鼠标左键单击电阻呈"激活"

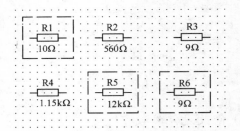

图 3-12　选中多个元件

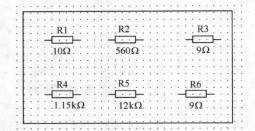

图 3-13　按住鼠标左键向右下角拉出一矩形框

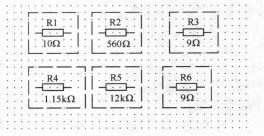

图 3-14　全部元件选中

（4）移动元器件

① 垂直或水平移动元件　只需将光标移动到该元件上，按住鼠标左键，拖动元件到需要的位置松开即可。

② 旋转元件　用鼠标右键单击需要旋转的晶体管 Q1 元件，弹出一对话框如图 3-10 所

示，选择"顺时针旋转 90°"可使该元件顺时针旋转 90°放置；选择"逆时针旋转 90°"可使该元件逆时针旋转 90°放置，操作前后的对比图如图 3-15 所示。

图 3-15　顺时针旋转 90°、逆时针旋转 90°操作前后对比图

③ 水平翻转元件　用鼠标右键单击需要翻转的晶体管 Q1 元件，弹出一对话框如图 3-10 所示，选择"水平镜像（水平翻转）"可使该元件水平翻转；选择"垂直镜像（垂直翻转）"可使该元件垂直翻转，操作前后的对比图如图 3-16 所示。

图 3-16　水平翻转、垂直翻转操作前后对比图

④ 对多个元件实施转向、翻转　例如对多个电阻实施垂直竖放，可以按住 Shift 键，用鼠标左键逐个单击需要竖放的元件，使它们选中激活，周围都出现虚线框，如图 3-12 所示，然后用鼠标右键单击选中的任一元件，在弹出图 3-10 所示的对话框中选"顺时针旋转 90°"，即可实现一次性将多个元件竖放，如图 3-17 所示。

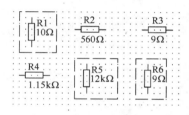

图 3-17　多个元件竖放

（5）复制元件

可用鼠标右键单击需要复制的电阻元件（如图 3-8 中的 R1），弹出一对话框如图 3-18 所示，选择"复制"项后，此时该元件处于"激活"状态，元件四周出现虚线框；再次右击该元件，弹出对话框如图 3-18 所示，选择"粘贴"项，这时鼠标箭头即带出一个被复制的元件，如图 3-19（a）所示，在电路编辑区内单击鼠标左键即可得到复制的元件，并自动生成序号为 R2，如图 3-19（b）所示。

图 3-18　选"粘贴"项

若电路中有多个相同的元件，也可用鼠标单击选中元件，采用键盘组合键【Ctrl+C】复制该元件，再多次按下键盘组合键【Ctrl+V】粘贴该元件，可得到多个元件。

（6）交互式元件的鼠标单击支持

① 图 3-20（a）为调出的一只单刀双掷开关，将鼠标移近它时鼠标呈现手指状，并且单刀双掷开关的活动臂线条变粗，如图 3-20（b）所示，这时如果单击鼠标左键，开关的活动臂即打到下方，如图 3-20（c）所示，即可以用鼠标控制开关。按键盘上的"空格键"相当于控制键，

按动它也能控制开关的开和关。

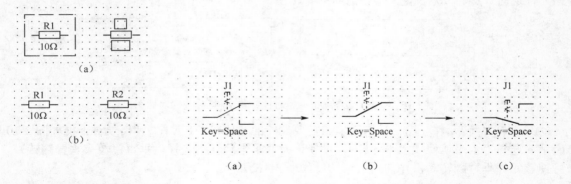

图 3-19　复制元件　　　　　　　　　　　图 3-20　用鼠标控制开关

开关控制键是可以修改的，用鼠标左键双击单刀双掷开关，弹出该器件对话框，如图 3-21 所示，拉动对话框中间的滚动条，可以从中选出需修改成的新控制键"A"，并单击鼠标左键，最后单击对话框中的"确定"按钮退出，开关控制键改为了 A 键。

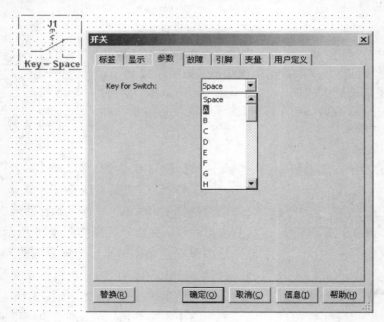

图 3-21　开关控制键的修改

② 图 3-22（a）图为调出的一只电位器，将鼠标移近它时出现电位器的滑动槽和滑动块，如图 3-22（b）所示，这时按着鼠标左键可以使电位器的滑动块在滑槽中随意移动，同时电位器的百分比跟着变化，从而达到改变电位器阻值的目的，如图 3-22（c）所示。按键盘上的 A 键，同样也能改变电位器的百分比和电阻值。

（7）利用鼠标缩放电路图

直接向前推动三键鼠标的中间滚动圆形键，可使电路图放大，向后推动三键鼠标的中间滚动圆形键，可使电路图缩小。

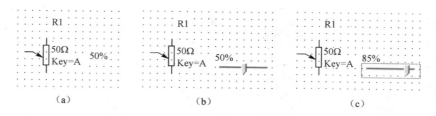

图 3-22　用鼠标控制电位器

3.2.2　连接元器件操作

以数字电路中与非门逻辑功能测试电路为例说明。

（1）调出元件

① 放置与非门：在 Multisim10 的基本界面上，单击元件工具栏中 TTL 按钮，如图 3-23 所示，将弹出元件选择对话框，如图 3-24 所示，选择"系列"栏中的"74LS"选项，在中间"元件"列表栏中选中"74LS00D"，点击"确定"按钮，或双击 74LS00D，则在电路编辑区中弹出如图 3-25（a）所示的元件部件条，其中有 A、B、C、D 四个按钮，表示 74LS00D 中有 4 个独立的与非门部件，如单击其中的"A"按钮，鼠标箭头带出一个与非门，如图 3-25（b）所示；再单击一下鼠标左键，又将弹出元件部件条，如图 3-26 所示，此时图中的"A"已虚化，表示已调用，可继续单击其他部件，再次调出与非门，若不需要，单击"取消"按钮，元件部件条消失，回到图 3-24 所示的元件选择对话框，关闭该对话框，在电路编辑区中可以得到一个图标为"U1A"的与非门。

图 3-23　放置 TTL 元件按钮

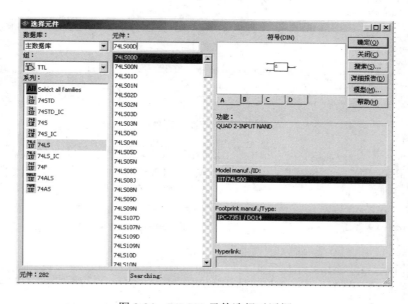

图 3-24　74LS00 元件选择对话框

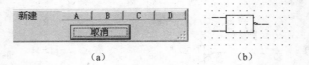

（a）　　　　　　　　　　（b）

图 3-25　元件部件条和鼠标箭头带出一个与非门

图 3-26　元件部件条

② 放置开关：在"元件"工具栏上单击"基本元件库"按钮，将弹出元件选择对话框，选择"系列"栏中的"SWITCH（开关）"选项，如图 3-27 所示，在中间元件列表栏中双击"SPDT（单刀双掷开关）"，则在电路编辑区中弹出开关图标，放置开关元件在电路编辑区的合理位置。同时自动弹出元件选择对话框，可供用户连续多次选取元件。这里放置两个开关，开关控制键修改为 A 和 B。

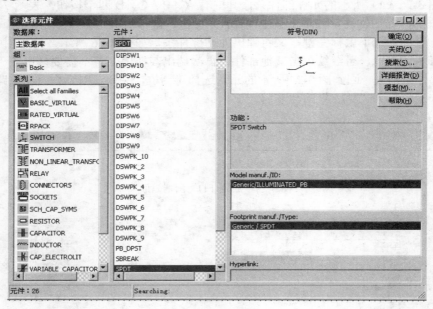

图 3-27　开关元件选择对话框

③ 在"元件"工具栏上单击"信号及电源库"按钮，将弹出元件选择对话框，选择"系列"栏中的"POWER_SOURCES（电源）"选项，如图 3-28 所示，在中间"元件"列表栏中双击"VCC"，则在电路编辑区中将弹出电源图标，将电源放置在电路编辑区合适的位置，双击电源图标，可弹出一对话框，在"参数"选项栏中可修改电压值；拉动图 3-28 中间"元件"列表栏的滚动条，双击"GROUND（地）"，则在电路编辑区中将弹出接地图标，将地放置在电路编辑区合适的位置。

④ 放置指示灯：单击"元件"工具栏上的"显示器件库"按钮，将弹出元件选择对话框，选择"系列"栏中的"PROBE（指示灯）"选项，如图 3-29 所示，在中间"元件"列表栏中双击"PROBE_RED（红色指示灯）"，则在电路编辑区中弹出指示灯图标，将其放置在

电路编辑区合适的位置；双击电路编辑区中的指示灯图标，弹出指示灯属性对话框，修改"参数"标签页中 Threshold Voltage（门槛电压）为 5V，如图 3-30 所示，或保持其默认的设置 2.5V 也可。

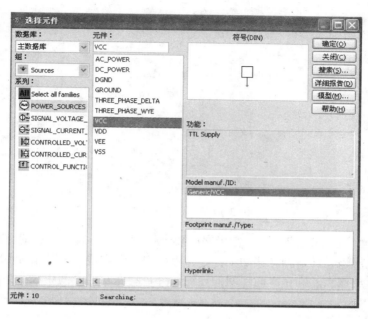

图 3-28　电源选择对话框

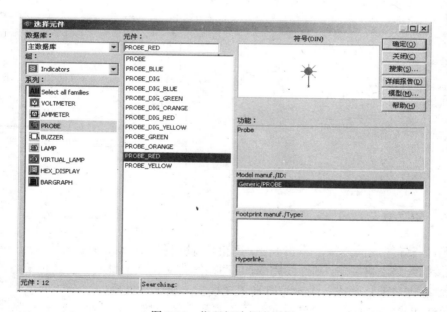

图 3-29　指示灯选择对话框

调出并放置全部元件到适当位置，如图 3-31 所示，等待连线。

（2）连接元件

把元件放置到合适的位置后，需要用导线将其连接起来，主要包括元件的连接和调整等。

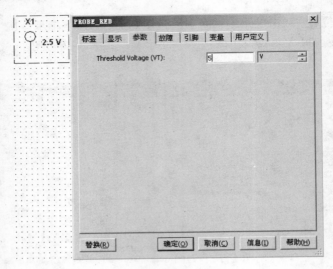

图 3-30 指示灯参数修改

① 元件与元件间的连接 将鼠标指向所要连接的元件引脚上，此时鼠标指针会变成十字形小圆点，单击该元件引脚并移动鼠标，即可拉出一条虚线，移动鼠标到达要连接的另外元件的引脚时单击该点，则完成两点间的连线，并自动在它们之间生成一条红色连线，如图3-32 所示。

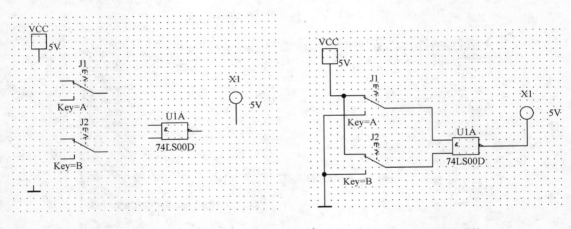

图 3-31 放置全部元件   图 3-32 元件连接

② 元件与导线间的连接 单击开始连线的元件引脚并移动鼠标，即可拉出一条虚线，到达要连接的线路上再单击，则连线完成，自动在线路交叉点上形成一个红色节点，如图 3-32 所示。如没有红色节点形成，表示没有真正连接上，属于"虚接"。

③ 元件和导线的调整 如果对元件的位置和已经连接好的导线轨迹不满意，可以调整连线的位置。使电路更整洁规范，便于仿真。

• 调整元件位置：选定元件，按住鼠标左键并将其拖到合适位置，此时元件引脚的导线会相应地移动。

• 改变元件标号或属性：双击元件，在属性对话框中可改变元件的标号或属性。

• 调整导线的位置：将鼠标指向欲调整的导线，单击鼠标左键选中该导线，则鼠标所在的导线处出现一个双向箭头，按下鼠标左键拖动即可改变导线的位置。

④ 导线和节点的删除   用鼠标右击想要删除的导线，从弹出的快捷菜单中执行"删除"命令即可删除，如图 3-33 所示；或用鼠标单击要删除的导线，电线上将产生一些蓝色小方块，按下键盘"Delete"键也可删除该导线。如想删除某节点，则将鼠标指向所要删除的节点并右击，从弹出的快捷菜单中执行"删除"命令即可。

⑤ 导线颜色设定   用鼠标右击想要改变颜色的导线，弹出一快捷菜单如图 3-33 所示；从弹出的快捷菜单中执行"改变颜色"命令，即弹出一颜色属性的对话框，从中选择需要的颜色，则导线颜色就设定好了。

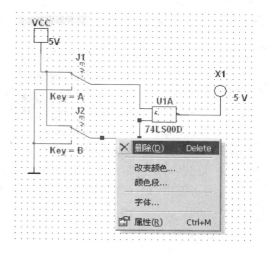

图 3-33   删除导线操作

3.3   数字电路中常用的虚拟仪器调用和设置

在 Multisim10 的虚拟仪器库中（见图 3-34），常用于数字电路测试的有数字万用表（Multimeter）、函数信号发生器（Function Generator）、双通道示波器（Oscilloscope）、数字频率计（Frequency Counter）、字信号发生器（Word Generator）、逻辑分析仪（Logic Analyzer）、逻辑转换仪（Logic Converter）等，本节将对这些仪器的使用作详细介绍。

使用虚拟仪器时只需在仪器栏单击选用仪器的图标，然后将该仪器拖动到电路编辑区即可（类似元器件的拖放），再双击该图标即可打开该仪器的控制面板设置其参数，使用较为简便。虚拟仪器的连线过程类似元器件的连接，只需将仪器图标上的连接端（接线柱）与相应电路的连接点相连即可。

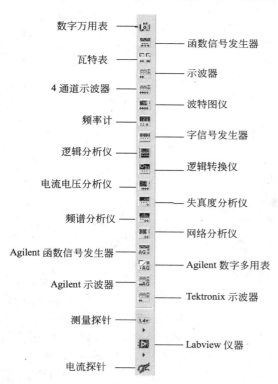

图 3-34   Multisim10 的虚拟仪器库

3.3.1   数字万用表

数字万用表是一种可以用来测量交直流电压、交直流电流、电阻及电路中两点之间的分贝损耗，自动调整量程的数字显示多用表。

（1）数字万用表的调出和控制面板

在仪器栏单击数字万用表，然后拖动到电路编辑区，双击数字万用表图标，可以放大数字万用表面板，如图 3-35 所示。

该控制面板的各个按钮的功能如下所述。

① A：测量对象为电流。

② V：测量对象为电压。

③ Ω：测量对象为电阻。

④ dB：将数字万用表切换到分贝显示。

⑤ ～：表示测量对象为交流参数。

⑥ ——：表示测量对象为直流参数。

⑦ ＋：对应万用表的正极。

⑧ －：对应万用表的负极。

⑨ 设置：单击数字万用表面板上的设置按钮，则弹出参数设置对话框窗口，可以设置数字万用表的电流表内阻、电压表内阻、电阻表电流及测量范围等参数。参数设置对话框如图 3-36 所示。

图 3-35　数字万用表图标和面板

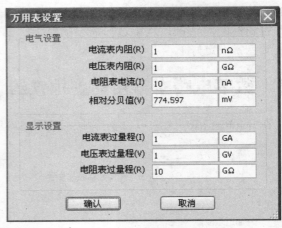

图 3-36　参数设置对话框

（2）数字万用表的设置

① 电流表内阻：设置电流表的表头内阻。

② 电压表内阻：设置电压表的表头内阻。

③ 电阻表内阻：设置电阻表的表头内阻。

④ 显示设置：数字万用表的显示设置，主要用来设定测量量程。

理想的万用表的内部电阻对测量结果无影响。而在实际测量中，测量结果在一定程度上受到内阻的影响。在 Multisim10 中可以通过内部参数的设置来模拟实际测量的结果。

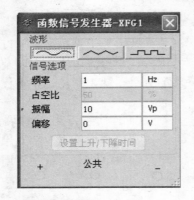

图 3-37　函数信号发生器图标和面板

3.3.2　函数信号发生器

（1）函数信号发生器的调出和设置

函数信号发生器是可提供正弦波、三角波、方波三种不同波形信号的电压信号源。在仪器栏单击函数信号发生器，然后拖动到电路编辑区，双击函数信号发生器图标，可以放大函数信号发生器的面板。函数信号发生器的面板如图 3-37 所示。

函数信号发生器的输出波形、工作频率、占空比、幅度和直流偏置可以通过参数设置改变。可用鼠标通过波形选择按钮改变波形，可以在工作频率、占空比、幅度和直流偏置各窗口设置相应参数。频率设置范围为 1fHz~1000THz ；占空比调整值为 1%~99%（仅对方波和三角波有效）；幅度设置范围为 1fVp~1000TVp；偏移设置范围为 1fV~1000TV。在选择方波时可以通过设置上升/下降时间设置上升沿和下降沿的时间。如图 3-38 所示。

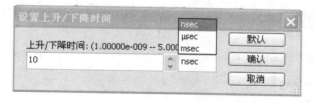

图 3-38　在选择方波时通过设置上升/下降时间设置上升沿和下降沿的时间

"公共"表示公共接地端，"+"表示波形电压信号的正极性输出端，"－"表示波形电压信号的负极性输出端。

（2）函数信号发生器的使用

函数信号发生器的使用在以下双通道示波器和数字频率计的使用中结合说明。

3.3.3　双通道示波器

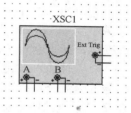

（1）双通道示波器的调出和设置

示波器是用来显示电信号波形的形状、大小、频率等参数的仪器。在仪器栏单击双通道示波器，然后拖动到电路编辑区，双击示波器图标（见图 3-39），放大的示波器面板如图 3-40 所示。

A、B 表示两个信号输入通道，Ext Trig 表示外接触发信号输入端，－表示示波器的接地端。在 Multisim10 中，示波器不接接地端也能使用。

图 3-39　示波器图标

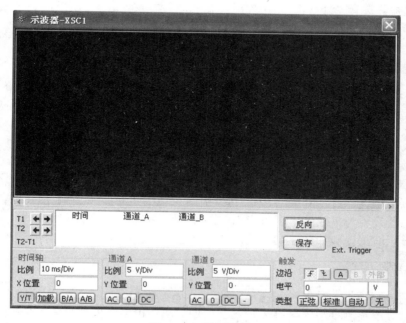

图 3-40　示波器面板

示波器面板上各按键的作用、调整及参数设置与实际的示波器类似。

① 时间轴控制部分的调整

● 时间基准比例。X轴刻度显示示波器的时间基准，其基准为1fs/Div~1000Ts/Div可供选择。

● X轴位置控制。X轴位置控制X轴的起始点。当X位置调到0时，信号从显示器的左边沿缘开始；X位置正值使起始点右移，X位置负值使起始点左移。X位置的调节范围为-5.00~+5.00。

● 显示方式选择。显示方式选择示波器的显示，可以从"幅度/时间（Y/T）"切换到"A通道/B通道（A/B）"、"B通道/A通道（B/A）"或"加载"方式。

Y/T方式：X轴显示时间，Y轴显示电压值。

A/B、B/A方式：X轴和Y轴都显示电压值。

加载方式：X轴显示时间，Y轴显示A通道、B通道的输入电压之和。

② 示波器输入通道（通道A/B）的设置

● Y轴刻度比例。Y轴电压刻度范围为1fV/Div～1000TV/Div，可以根据输入信号大小来选择Y轴刻度值的大小，使信号波形在示波器显示屏上显示出合适的幅度。

● Y轴位置。Y轴位置控制Y轴的起始点。当Y的位置调到0时，Y轴的起始点与X轴重合，如果将Y轴位置增加到1.00，Y轴原点位置从X轴向上移一大格；如果将Y轴位置减小到-1.00，Y轴原点位置从X轴向下移一大格。Y轴位置的调节范围为-3.00～+3.00。改变A、B通道的Y轴位置有助于比较或分辨两通道的波形。

● Y轴输入方式。Y轴输入方式即信号输入的耦合方式。当用AC耦合时，示波器显示信号的交流分量；当用DC耦合时，显示的是信号的AC和DC分量之和；当用0耦合时，在Y轴设置的原点位置显示一条水平直线。

③ 触发方式调整

● 触发信号类型选择。触发信号选择一般选择自动触发"A"或"B"，用相应通道的信号作为触发信号。选择"外部"，则由外触发输入信号触发。选择"正弦"为单脉冲触发。选择"标准"为一般脉冲触发。

● 触发边沿选择。触发边沿可选择上升沿或下降沿触发。

● 触发电平选择。触发电平选择触发电平范围。

④ 示波器显示波形读数 要显示波形读数的精确值时，可用鼠标将垂直光标拖到需要读取数据的位置。显示屏幕下方的方框内，显示光标与波形垂直相交点处的时间和电压值，以及两光标位置之间的时间、电压的差值。

单击"反向"按钮，可改变示波器屏幕的背景颜色。单击"保存"按钮，可按ASCII码格式存储波形读数。

（2）示波器的使用

示波器应用举例：在Multisim10的仿真电路窗口中建立如图3-41所示的仿真电路。将函数信号发生器设置为正弦波，幅值为10V，频率为1kHz（见图3-42）。

示波器显示波形读数如图3-43所示。

3.3.4 数字频率计

（1）数字频率计的调出和设置

频率计可以用来测量数字信号的频率、周期、相位以及脉冲信号的上升沿和下降沿。

在仪器栏单击数字频率计，然后拖动到电路编辑区，双击频率计图标，放大的频率计如

图 3-44 所示。

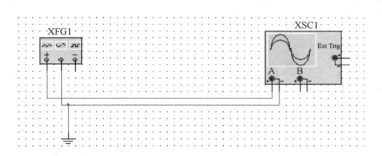

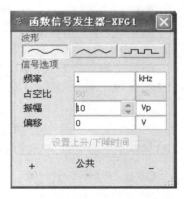

图 3-41　示波器显示波形读数举例的仿真电路　　　　　图 3-42　函数信号发生器设置

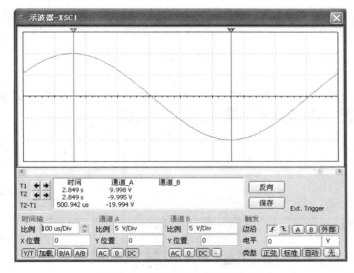

图 3-43　示波器显示波形读数

图 3-44　频率计图标及频率计面板

① 参数测量区：测量
频率测量：频率

周期测量：周期

测量正/负脉冲的持续时间：脉冲；

测量上升沿/下降沿的时间：上升/下降；

② 用于选择电流耦合方式：耦合

选择交流耦合方式：AC

选择直流耦合方式：DC

③ 用于灵敏度的设置：灵敏度

④ 用于设置触发器：触发电平

⑤ 用于动态地显示被测的频率值：缓变信号

（2）频率计的使用

频率计应用实例：在 Multisim10 的电路仿真窗口建立如图 3-45 所示的仿真电路图。对于图中的两个仪表的控制面板参数设计如下所述。函数信号发生器产生的信号为 1kHz，幅度为 10mV 的方波信号。由于函数信号发生器设定的信号幅度较小，在频率计的灵敏度设置相应调整。

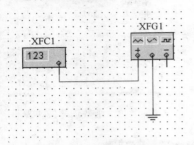

图 3-45　频率计应用实例的仿真电路图

参数设置情况如图 3-46 所示。

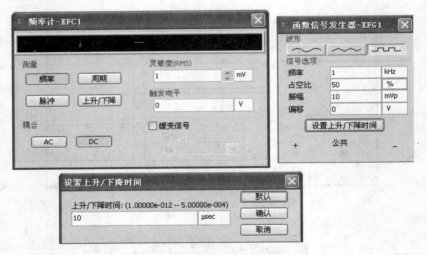

图 3-46　频率计应用实例的参数设置

参数设置完毕后，进行仿真并观察测量结果，如图 3-47 所示。

众所周知，任何频率计都存在误差，这个误差的存在使得频率计在测量低频信号时误差较大，在 Multisim10 中，对于频率低于 3Hz 的信号不能使用虚拟仪器进行仿真测量。

3.3.5　字信号发生器

（1）字信号发生器的调出和设置

字信号发生器是能产生 32 路（位）同步逻辑信号的一个多路逻辑信号源，用于对数字逻辑电路进行测试。

在仪器栏单击字信号发生器，然后拖动到电路编辑区，字信号发生器的图标如图 3-48 所示，左右各有 16 个端子，可连接 32 路测试电路的输入端。R 端表示信号准备好输出端子，输出与字信号同步的时钟脉冲，T 端表示外触发信号输入端。一般情况下采用内触发方式，即将 R、T 端悬空。

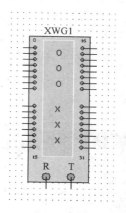

图 3-47　频率计应用实例的仿真观测结果　　　图 3-48　字信号发生器图标

双击字信号发生器图标，放大的字信号发生器如图 3-49 所示。

① 字信号的输入　在字信号编辑区，32 位的字信号以 8 位十六进制数编辑和存放，可以存放 1024 条字信号，地址编号为 0000～03FF。

字信号输入操作：将光标指针移至字信号编辑区的某一位单击，由键盘输入如二进制数码的字信号，光标自左至右，自上至下移位，可连续地输入字信号。

在字信号显示编辑区可以编辑或显示字信号格式有关的信息。字信号发生器被激活后，字信号按照一定的规律逐行从底部输出

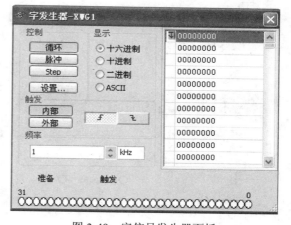

图 3-49　字信号发生器面板

端送出，同时在面板的底部对应于各输出端的小圆圈内，实时显示输出字信号各个位的值。

② 字信号的输出方式　字信号的输出方式分为单步（Step）、脉冲、循环三种方式。

单击"Step"按钮，字信号输出一条。这种方式可用于对电路进行单步调试。

单击"脉冲"按钮，则从首地址开始至本地址连续逐条地输出字信号。

单击"循环"按钮，则循环不断地进行脉冲方式的输出。

脉冲和循环情况下的输出节奏由输出频率的设置决定。

脉冲输出方式时，当运行至该地址时输出暂停，再单击 Pause，则恢复输出。

③ 字信号的触发方式　字信号的触发分为内部和外部两种触发方式。当选择内部触发方式时，字信号的输出直接由输出方式按钮启动。当选择外部触发方式时，则需接入外触发

脉冲，并定义"上升沿触发"或"下降沿触发"。然后单击输出方式按钮，待触发脉冲到来时才启动输出。此外，在数据准备好后，输出端还可以得到与输出字信号同步的时钟脉冲输出。

④ 字信号的存盘、重用、清除等操作　单击"设置"按钮，弹出设置对话框（见图 3-50），在对话框中，清字信号编辑区（清除缓冲器）、打开字信号文件（加载）、保存字信号文件（保存）3 个选项用于对编辑区的字信号进行相应的操作。字信号存盘文件的后缀为".DIP"。对话框中的按递增编码（加计数）、按递减编码（减计数）、按右移编码（右移）、按左移编码（左移）4 个选项用于生成一定规律排列的字信号。例如，选择按递增编码，则按 0000~03FF 排列；如果选择按右移编码，则按 8000、4000、2000 等逐步右移一位的规律排列；其余类推。

（2）字信号发生器的使用

字信号发生器应用实例：建立如图 3-51 所示的仿真电路，如图 3-52 所示设置字信号发生器参数，输出显示如图 3-53 所示。

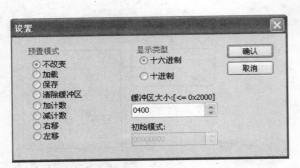

图 3-50　字信号的存盘、重用、清除等
操作设置对话框

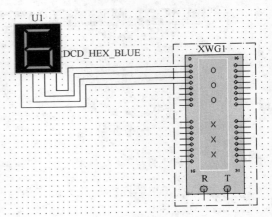

图 3-51　仿真电路

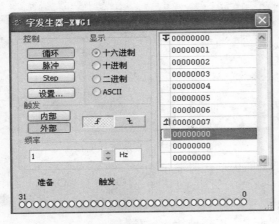

图 3-52　字信号发生器参数设置

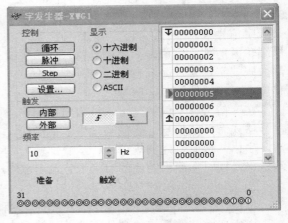

图 3-53　字信号发生器输出显示

3.3.6　逻辑分析仪

（1）逻辑分析仪的调出和设置

逻辑分析仪用于对数字逻辑信号进行高速采集和时序分析，可以同步记录和显示 16 路

数字信号。逻辑分析仪的面板如图 3-54 所示。

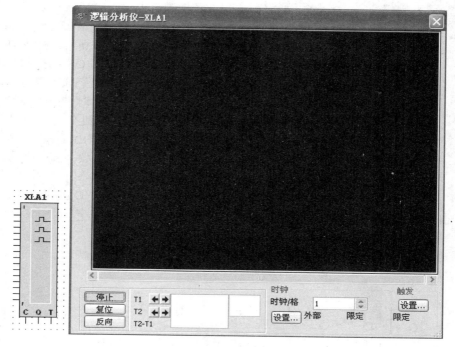

图 3-54　逻辑分析仪的图标及面板

① 数字逻辑信号与波形的显示、读数　面板左边的 16 个小圆圈对应 16 个输入端，各路输入逻辑信号的当前值在小圆圈内显示，按从上到下排列依次为最低位至最高位。16 路输入的逻辑信号的波形以方波形式显示在逻辑信号波形显示区。通过设置输入导线的颜色可修改相应波形的显示颜色。波形显示的时间轴刻度可以通过面板下边的时钟/格设置。读取波形的数据可以通过拖放读数指针完成。在面板下部的两个方框内显示指针所处位置的时间读数和逻辑读数（4 位十六进制数）。

② 触发方式设置　单击触发区的"设置"按钮，可以弹出触发方式设置对话框，如图 3-55 所示。触发方式有多种选择。对话框中可以输入 A、B、C 三个触发字。逻辑分析仪在读到一个指定字或几个字的组合后触发。触发字的输入可单击标为 A、B 或 C 的编辑框，然后输入二进制的字（0 或 1）或者×，×代表该位为"任意"（0、1 均可）。单击对话框中混合触发方框右边的按钮，弹出由 A、B、C 组合的 8 组触发字，选择 8 种组合之一，并单击"确认"后，在混合触发方框中就被设置为该种组合触发字。

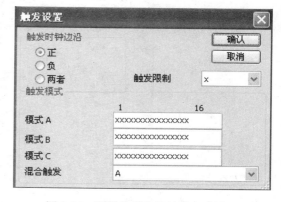

图 3-55　逻辑分析仪的触发方式设置

3 个触发字的默认设置均为×××××××××××××××××，表示只要第一个输入逻辑信号到达，无论是什么逻辑值，逻辑分析仪均被触发开始波形的采集，否则必须满足触发字条件才被触发。此外，触发限制字对触发有控制作用。若该位设为×，触发控制不起作用，触发完全由触发字决定；若该位设为"1"（或"0"），则仅当触发控制输入信号为"1"

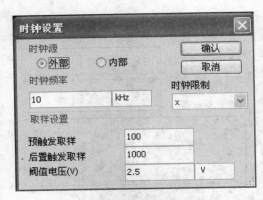

图 3-56　逻辑分析仪的触发时钟设置

（或"0"）时，触发字才起作用；否则，即使触发字组合条件满足也不能引起触发。

③ 采样时钟设置（见图 3-56）　单击对话框面板下部时钟区的设置按钮，会弹出时钟设置对话框。在对话框中，波形采集的控制时钟可以选择内时钟或者外时钟。如果选择内时钟，内时钟频率可以设置。此外，对时钟限制的设置决定时钟控制输入对时钟的控制方式。若该位设置为"1"，表示时钟控制输入为"1"时开放时钟，逻辑分析仪可以进行波形采集；若该位设置为"0"，表示时钟控制输入为"0"时开放时钟；若该位设置为"×"，表示时钟总是开放的，不受时钟控制输入的限制。

（2）逻辑分析仪的使用

逻辑分析仪应用实例如图 3-57 和图 3-58 所示。

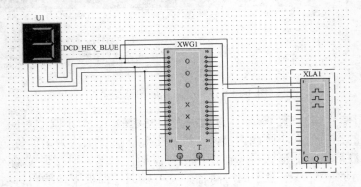

图 3-57　逻辑分析仪应用实例的仿真电路

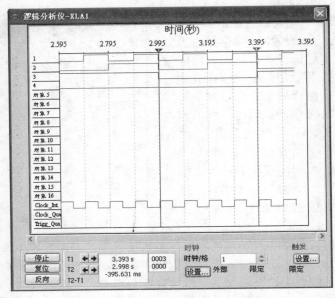

图 3-58　逻辑分析仪应用实例的仿真结果

3.3.7　逻辑转换仪

（1）逻辑转换仪的调出和设置

逻辑转换仪能够完成真值表、逻辑表达式和逻辑电路三者之间的相互转换，实际中不存在与此对应的设备。逻辑转换仪图标及逻辑转换仪面板如图 3-59 所示。

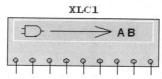

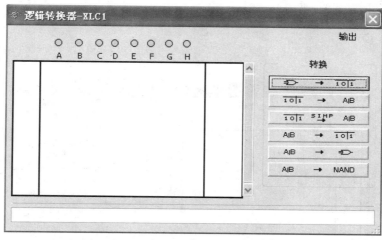

图 3-59　逻辑转换仪图标及逻辑转换仪面板

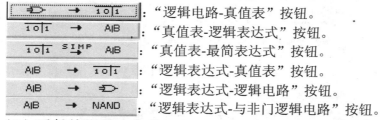

："逻辑电路-真值表"按钮。

："真值表-逻辑表达式"按钮。

："真值表-最简表达式"按钮。

："逻辑表达式-真值表"按钮。

："逻辑表达式-逻辑电路"按钮。

："逻辑表达式-与非门逻辑电路"按钮。

（2）逻辑转换仪的使用

① 逻辑电路-真值表　逻辑转换仪可以导出多路（最多 8 路）输入一路输出的逻辑电路的真值表。首先画出逻辑电路，并将其输入端接至逻辑转换仪的输入端，输出端连至逻辑转换仪的输出端，如图 3-60 所示。双击逻辑转换仪图标，弹出逻辑转换仪面板，单击逻辑转换仪面板中的"逻辑电路-真值表"按钮，在逻辑转换仪的显示窗口，即真值表区出现该电路的真值表，如图 3-61 所示。

② 真值表-逻辑表达式　真值表的建立：一种方法是根据输入端数，单击逻辑转换仪面板顶部代表输入端的小圆圈，选定输入信号（由 A 至 H）。此时其真值表区自动出现输入信号的所有组合，而输出列的初始值全部为零，可根据所需要的逻辑关系修改真值表的输出值而建立真值表；另一种方法是由电路图通过逻辑转换仪转换过来的真值表。

对已在真值表区建立的真值表，单击"真值表-逻辑表达式"按钮，在面板的底部逻辑表达式栏出现相应的逻辑表达式。如果要简化该表达式或直接由真值表得到简化的逻辑表达式，单击"真值表-最简表达式"按钮后，在逻辑表达式栏中出现相应的该真值表的最简逻辑函数表达式，如图 3-62 所示。

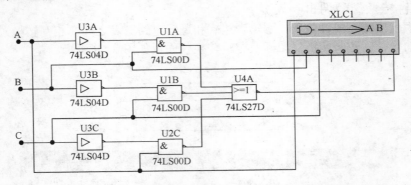

图 3-60　逻辑电路-真值表应用举例的仿真电路

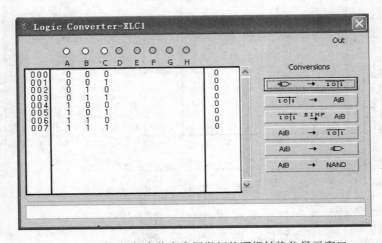

图 3-61　逻辑电路-真值表应用举例的逻辑转换仪显示窗口

注意：在逻辑转换仪中的"非"用"'"表示。例如：逻辑转换仪中"AB+A'"表示的是"$AB+\overline{A}$"。

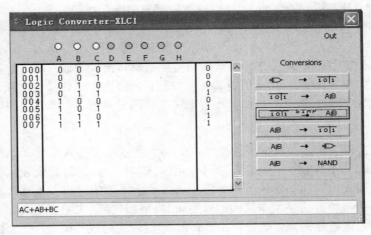

图 3-62　真值表-最简表达式应用举例

③ 逻辑表达式-真值表、逻辑电路或与非门逻辑电路　可以直接在逻辑表达式栏中输入逻辑表达式,"与或"或"或与"式均可,然后单击"逻辑表达式-真值表"按钮,得到相应的真值表;按下"逻辑表达式-逻辑电路"按钮得到相应的逻辑电路,如图 3-63 所示;单击"逻辑表达式-与非门逻辑电路"按钮,得到由与非门构成的逻辑电路,如图 3-64 所示。

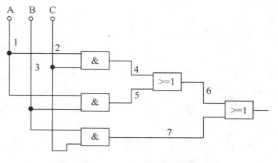

图 3-63　逻辑表达式-逻辑电路

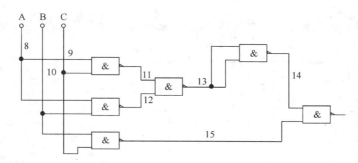

图 3-64　逻辑表达式-与非门逻辑电路

3.4　Multisim10 在数字电路中的虚拟仿真

"数字电子技术"课程是研究数字电路理论、分析和设计方法的学科,它主要包括组合逻辑电路和时序逻辑电路两部分内容。本节结合数字电路仿真实例,理解数字电路中编码器、译码器、触发器、寄存器、计数器、555 定时器等器件的逻辑功能,掌握数字电路测试和仿真的常用方法,为真实电路设计和调试奠定基础。

3.4.1　组合逻辑电路仿真

(1) 组合逻辑门电路仿真

① 组合逻辑门电路的仿真分析　对于给定的数字逻辑电路的分析是:根据电路写出输出变量与输入变量的逻辑函数式,并将其化简成最简的逻辑函数式,列写真值表后可以直观地判定该电路的功能。

在 Multisim10 的电路窗口中建立所要分析的组合逻辑电路的仿真电路,借助于逻辑转换仪,把所要分析电路的输入和输出分别接到逻辑转换仪的输入和输出端,单击"逻辑电路图-真值表"按钮、"真值表-函数式"按钮、"真值表-最简函数式"按钮即可分析其功能。具体内容见上节"逻辑转换仪的使用"。

② 组合逻辑门电路的仿真设计　组合逻辑电路的设计就是根据逻辑功能要求设计出能够实现该功能的电路。其设计方法如下所述:

- 明确理解电路的逻辑功能,确定电路的逻辑输入变量和逻辑输出变量;
- 将电路的逻辑功能抽象成真值表,由真值表写出对应的逻辑表达式,并化简成最简表达式；

● 根据最简的逻辑表达式，画出逻辑电路图。

组合逻辑电路的设计复杂繁琐，当输入与输出变量的个数很多时，处理起来更加麻烦。利用 Multisim10 的相关功能，可以大大简化和缩短设计过程，以下以一位全加器的设计来简要地说明。

● 真值表确定。单击常用仪器中的逻辑转换仪，在弹出的控制面板中完成参数设置，如图 3-65 所示。

单击 A、B、C 输入变量，决定本设计的输入为 A、B、C（A、B 为两个本位的加数，C 为来自低位的进位），同时在真值表中出现 3 个输入变量的 8 种取值组合，而输出端的值全为"？"，依次单击各个"？"，修改其输出真值为全加器"本位和"的输出，完成真值表。

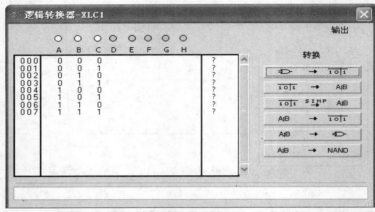

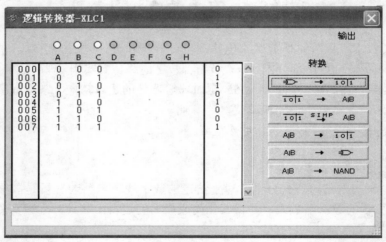

图 3-65　一位全加器本位和真值表确定

● 真值表-逻辑电路。单击"真值表-最简函数式"按钮，再单击"函数式-逻辑电路图"按钮，在电路窗口出现逻辑电路图，单击鼠标，完成对电路的放置。如图 3-66 所示。

由于一位全加器有两个输出，分别是本位和进位，进位真值表确定如图 3-67 所示。按照以上步骤，同理设计进位电路如图 3-68 所示。

（2）8 线-3 线编码器 74LS148 仿真

① 8 线-3 线编码器 74LS148 功能仿真测试

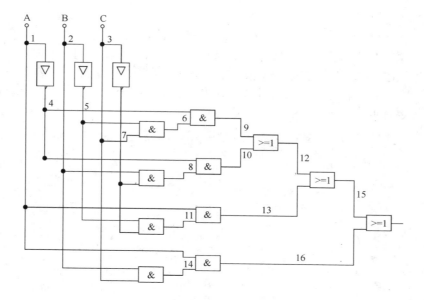

图 3-66　一位全加器本位和逻辑电路

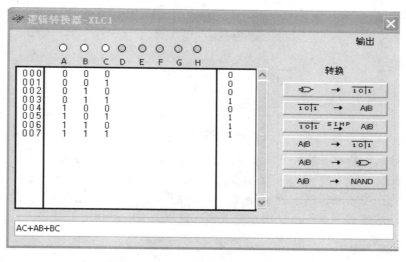

图 3-67　一位全加器进位真值表确定

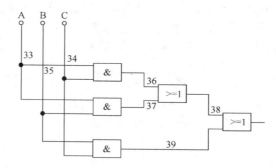

图 3-68　一位全加器进位逻辑电路

a. 画仿真电路图。

• 在 Multisim10 软件的基本界面上，单击元件工具栏中"TTL"按钮，弹出元件选择对话框，选择"系列"栏中的"74LS"选项，如图 3-69 所示，在中间"元件"列表栏中选中"74LS148D"，点击"确定"按钮，则在电路编辑区中弹出选定元件（8 线-3 线编码器 74LS148D）部件条，编码器跟随光标移动，将元件放置在电路编辑区的合适位置即可，元件部件条再次弹出，若不需要选取元件，则单击"取消"按钮即可。

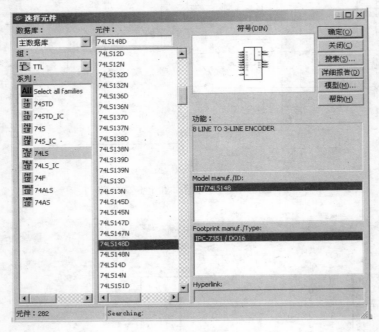

图 3-69　选择 74LS148

• 在"元件"工具栏上单击"基本元件库"按钮，将弹出元件选择对话框，选择"系列"栏中的"SWITCH（开关）"选项，如图 3-27 所示，在中间元件列表栏中双击"SPDT（单刀双掷开关）"，则在电路编辑区中弹出开关图标，放置开关元件在电路编辑区的合适位置。同时自动弹出元件选择对话框，可供用户连续多次选取元件。这里放置 9 个开关，开关控制键修改为 0、1、2、3、4、5、6、7 和 S。

• 在"元件"工具栏上单击"信号及电源库"按钮，将弹出元件选择对话框，选择"系列"栏中的"POWER_SOURCES（电源）"选项，如图 3-28 所示，在中间"元件"列表栏中双击"VCC"，则在电路编辑区中将弹出电源图标，将电源放置在电路编辑区合适的位置，双击电源图标，可弹出一对话框，在"参数"选项卡中可修改电压值；拉动中间"元件"列表栏的滚动条，双击"GROUND（地）"，则在电路编辑区中将弹出接地图标，将"地"放置在电路编辑区合适的位置。

• 单击"元件"工具栏上的"显示器件库"按钮，将弹出元件选择对话框，选择"系列"栏中的"PROBE（指示灯）"选项，如图 3-29 所示，在中间"元件"列表栏中双击"PROBE_DIG_RED（红色指示灯）"，则在电路编辑区中弹出指示灯图标，将其放置在电路编辑区合适的位置。

将所调出的元件放置到合适的位置后，用导线将其连接起来，完成电路图连接，如图 3-70 所示。

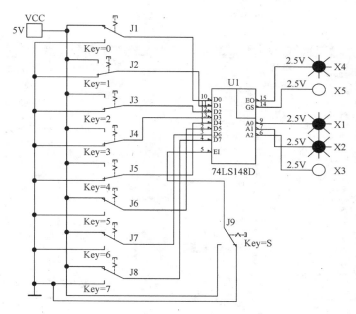

图 3-70　8 线-3 线编码器 74LS148 功能仿真测试

　　b. 进行仿真。

● 使能端控制作用功能测试：开启仿真开关，开关 S 接高电平，即 EI = "1"，观察此时无论其余开关如何变化，所有指示灯全亮。

● 优先编码逻辑功能测试：开启仿真开关，开关 S 接地，即 EI = "0"，改变 8 个输入开关的状态，观察此时指示灯的变化，验证优先编码逻辑功能。

● 无有效输入信号功能测试：开启仿真开关，开关 S 接地，即 EI = "0"，8 个输入开关选择为 "1"，此时无有效信号输入，观察指示灯的值，特别是 EO= "0"。

74LS148 的逻辑真值表如表 3-1 所示。

表 3-1　74LS148 的逻辑真值表

EI	输　入								输　出				
	D0	D1	D2	D3	D4	D5	D6	D7	A2	A1	A0	GS	EO
1	×	×	×	×	×	×	×	×	1	1	1	1	1
0	1	1	1	1	1	1	1	1	1	1	1	1	0
0	×	×	×	×	×	×	×	0	0	0	0	0	1
0	×	×	×	×	×	×	0	1	0	0	1	0	1
0	×	×	×	×	×	0	1	1	0	1	0	0	1
0	×	×	×	×	0	1	1	1	0	1	1	0	1
0	×	×	×	0	1	1	1	1	1	0	0	0	1
0	×	×	0	1	1	1	1	1	1	0	1	0	1
0	×	0	1	1	1	1	1	1	1	1	0	0	1
0	0	1	1	1	1	1	1	1	1	1	1	0	1

　　② 用两片 74LS148 构成 16 线-4 线编码器　当多片 74LS148 级联时，可以完成多个信号的优先编码。

　　将仿真电路接成图 3-72 所示，由于输入开关数量多，图中调用了多路按钮开关，使电路简化。在元器件库中选择 8 路按钮开关，如图 3-71 所示。此类开关在仿真软件中的特性是：按钮上拨是开关闭合，按钮下拨是开关断开；开关闭合时，输出等于输入电压；开关断开时，输出电压为"地"。

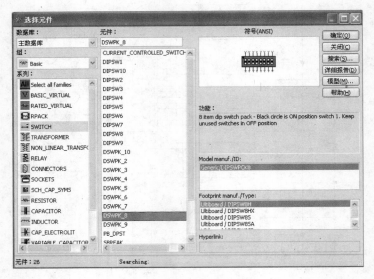

图 3-71　8 路开关元器件选择

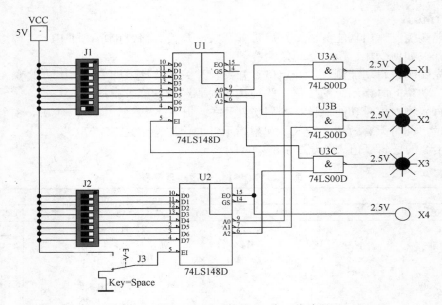

图 3-72　两片 74LS148 构成 16 线-4 线编码器

分析仿真电路，图 3-72 中的 16 个开关从上到下分别代表编号 0～15 输入，15 的优先级最高，0 的优先级最低。例如电路中只有 7 输入端接"地"，编码输入有效，指示灯显示编码值为 111。

（3）3 线-8 线译码器 74LS138 仿真

① 3 线-8 线译码器 74LS138 功能仿真测试

a. 画仿真电路图。

• 在 Multisim10 软件的基本界面上，单击元件工具栏中"TTL"按钮，弹出元件选择对话框，选择"系列"栏中的"74LS"选项，如图 3-73 所示，在中间"元件"列表栏中选中

"74LS138D"，点击"确定"按钮，则在电路编辑区中弹出选定元件（译码器 74LS138D）部件条，译码器跟随光标移动，将元件放置在电路编辑区的合适位置即可，元件部件条再次弹出，若不需要选取元件，则单击"取消"按钮即可。

- 在"元件"工具栏上单击"基本元件库"按钮，将弹出元件选择对话框，选择"系列"栏中的"SWITCH（开关）"选项，在中间元件列表栏中双击"DSWPK-6（6 路开关）"，则在电路编辑区中弹出开关图标，放置开关元件在电路编辑区的合适位置。

- 在"元件"工具栏上单击"信号及电源库"按钮，选择"系列"栏中的"POWER_SOURCES（电源）"选项，在中间"元件"列表栏中双击"VCC"，将电源放置在电路编辑区合适的位置。

- 单击"元件"工具栏上的"显示器件库"按钮，将弹出元件选择对话框，选择"系列"栏中的"PROBE（指示灯）"选项，如图 3-29 所示，在中间"元件"列表栏中双击"PROBE_DIG_RED（红色指示灯）"，则在电路编辑区中弹出指示灯图标，将其放置在电路编辑区合适的位置。

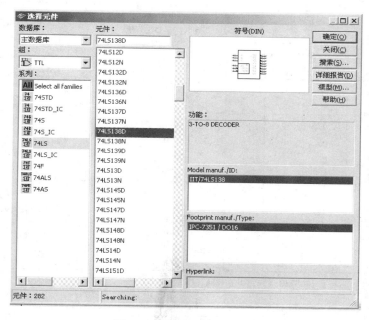

图 3-73　74LS138 元件选择

将所调出的元件放置到合适的位置后，用导线将其连接起来，完成电路图连接，如图 3-74 所示。

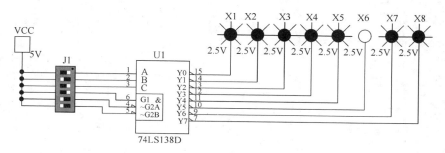

图 3-74　3 线-8 线译码器 74LS138 功能仿真测试

图 3-75　元件设置

b．进行仿真。改变多路开关的状态，验证 74LS138 的控制管脚功能和译码输出功能，与功能表对应。注意，在输入端，C 是高位，A 是低位；在输出端，"0"表示译中，指示灯不亮。

可以在软件中右键点击 74LS138，打开元件设置，如图 3-75 所示，单击"信息"按钮，可以得到 74LS138 功能表，如表 3-2 所示。

② 用 74LS138 实现一位全加器　如图 3-76 所示，用 74LS138 实现一位全加器，为了全面反映一位全加器所有输入组合的真值关系，在电路中添加字信号发生器，循环产生 8 种不同的取值组合，如图 3-77 所示；同时添加逻辑分析，全面直观地观察输入与输出的对应关系，如图 3-78 所示。

表 3-2　74LS138 功能表

$\overline{GL}$	G1	$\overline{G2}$	SELECT			Y0	Y1	Y2	Y3	Y4	Y5	Y6	Y7
			C	B	A								
×	×	1	×	×	×	1	1	1	1	1	1	1	1
×	0	×	×	×	×	1	1	1	1	1	1	1	1
0	1	0	0	0	0	0	1	1	1	1	1	1	1
0	1	0	0	0	1	1	0	1	1	1	1	1	1
0	1	0	0	1	0	1	1	0	1	1	1	1	1
0	1	0	0	1	1	1	1	1	0	1	1	1	1
0	1	0	1	0	0	1	1	1	1	0	1	1	1
0	1	0	1	0	1	1	1	1	1	1	0	1	1
0	1	0	1	1	0	1	1	1	1	1	1	0	1
0	1	0	1	1	1	1	1	1	1	1	1	1	0
1	1	0	×	×	×	Output corresponding to stored address 0; all others 1							

注：表中的 $\overline{GL}$ 和 $\overline{G2}$ 相当于 74LS138 逻辑图中的 G2A、G2B。

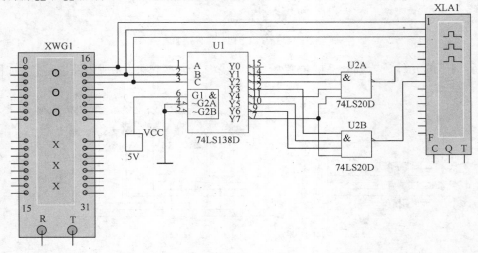

图 3-76　用 74LS138 实现一位全加器仿真电路

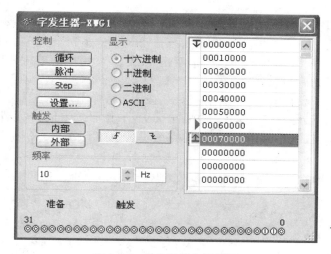

图 3-77　字信号发生器设置

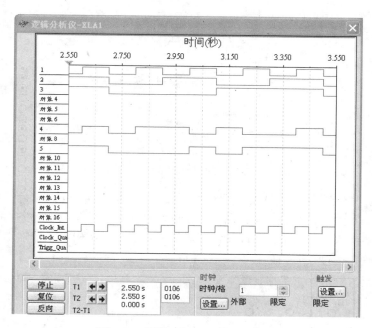

图 3-78　逻辑分析仪仿真分析结果

（4）全加器的仿真

① 4 位二进制加法器 74LS283 功能仿真测试

a．画仿真电路图。

● 在 Multisim10 软件的基本界面上，单击元件工具栏中"TTL"按钮，弹出元件选择对话框，选择"系列"栏中的"74LS"选项，如图 3-79 所示，在中间"元件"列表栏中选中"74LS283D"，点击"确定"按钮，则在电路编辑区中弹出选定元件（加法器 74LS283D）部件条，加法器跟随光标移动，将元件放置在电路编辑区的合适位置即可，元件部件条再次弹出，若不需要选取元件，则单击"取消"按钮即可。

● 在"元件"工具栏上单击"基本元件库"按钮，将弹出元件选择对话框，选择"系列"栏中的"SWITCH（开关）"选项，在中间元件列表栏中双击"DSWPK-9（9 路开关）"，则在电路编辑区中弹出开关图标，放置开关元件在电路编辑区的合适位置。

• 在"元件"工具栏上单击"信号及电源库"按钮，选择"系列"栏中的"POWER_SOURCES（电源）"选项，在中间"元件"列表栏中双击"VCC"，将电源放置在电路编辑区合适的位置。

• 单击"元件"工具栏上的"显示器件库"按钮，将弹出元件选择对话框，选择"系列"栏中的"PROBE（指示灯）"选项，如图 3-29 所示，在中间"元件"列表栏中双击"PROBE_DIG_RED（红色指示灯）"，则在电路编辑区中弹出指示灯图标，将其放置在电路编辑区合适的位置。

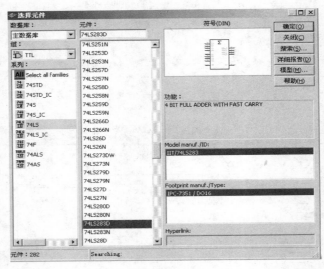

图 3-79　74LS283 元器件选择

• 单击"元件"工具栏上的"显示器件库"按钮，将弹出元件选择对话框，选择"系列"栏中的"DISPLAY（数码管）"选项，如图 3-80 所示，在中间"元件"列表栏中双击"DCD-HEX（自带译码器的七段数码管，输入允许 4 位二进制）"，则在电路编辑区中弹出数码管图标，将它放置在电路编辑区合适的位置。

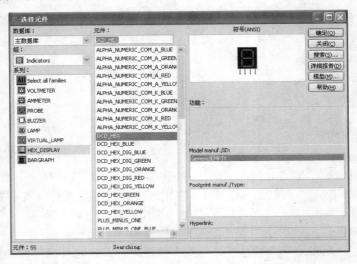

图 3-80　数码显示器选择

　　将所调出的元件放置到合适的位置后,用导线将其连接起来,完成电路图连接,如图 3-81 所示。

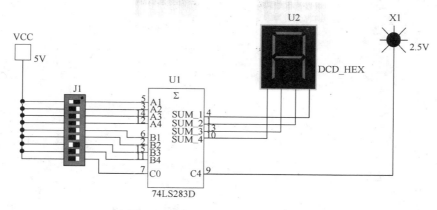

图 3-81　74LS283 加法器仿真电路

　　b. 进行仿真。用鼠标控制多路开关改变加法器的输入值,观察显示器及指示灯的显示,验证 4 位二进制加法功能。此时,一组加数是 1110,另一组加数是 1011,低位的进位输入为 1,加法器结果为:进位输出为 1,本位和为 A,即 1010。此结果与二进制加法完全一致。

　　② 用两片 74LS283 实现 8421BCD 码加法器　如果想把上例中的加法结果用十进制表示,可以再加一个加法器 74LS283,实现二进制加法结果“加六判断修正”,如图 3-82 所示,此时加法结果数码显示为 0,指示灯亮表示为 1,说明此时加法本位和是十进制数 10。

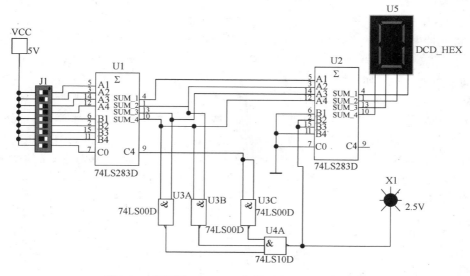

图 3-82　用两片 73LS283 实现 8421BCD 码加法器

　　（5）数据选择器 74LS151 的仿真

　　① 数据选择器 74LS151 功能仿真测试

　　a. 画仿真电路图。

　　● 在 Multisim10 软件的基本界面上,单击元件工具栏中“TTL”按钮,弹出元件选择对话框,选择“系列”栏中的“74LS”选项,如图 3-83 所示,在中间“元件”列表栏中选中“74LS151D”,点击“确定”按钮,则在电路编辑区中弹出选定元件（数据选择器 74LS151D）

部件条，数据选择器跟随光标移动，将元件放置在电路编辑区的合适位置即可，元件部件条再次弹出，若不需要选取元件，则单击"取消"按钮即可。

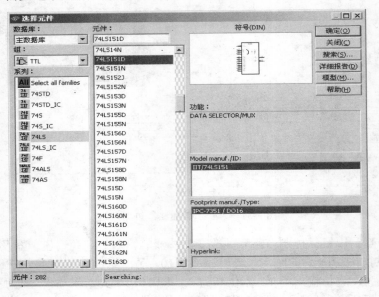

图 3-83　74LS151 元件选择

- 在"元件"工具栏上单击"基本元件库"按钮，将弹出元件选择对话框，选择"系列"栏中的"SWITCH（开关）"选项，在中间元件列表栏中双击"DSWPK-3（三路开关）"，则在电路编辑区中弹出开关图标，放置开关元件在电路编辑区的合适位置。

- 在"元件"工具栏上单击"信号及电源库"按钮，选择"系列"栏中的"POWER_SOURCES（电源）"选项，在中间"元件"列表栏中双击"VCC"，将电源放置在电路编辑区合适的位置。拉动中间"元件"列表栏的滚动条，双击"GROUND（地）"，则在电路编辑区中将弹出接地图标，将"地"放置在电路编辑区合适的位置。

- 单击"元件"工具栏上的"显示器件库"按钮，将弹出元件选择对话框，选择"系列"栏中的"PROBE（指示灯）"选项，在中间"元件"列表栏中双击"PROBE_DIG_RED（红色指示灯）"，则在电路编辑区中弹出指示灯图标，将它放置在电路编辑区合适的位置。

　　将所调出的元件放置到合适的位置后，用导线将其连接起来，完成电路图连接，如图 3-84 所示。

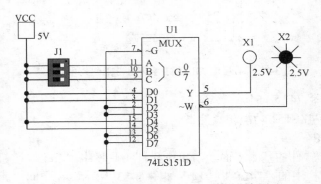

图 3-84　数据选择器 74LS151 功能仿真测试

　　b. 进行仿真。改变多路开关的状态，验证 74LS151 的根据地址输入译码选择数据输出功能，与功能表对应。注意，在输入端，C 是高位，A 是低位；在输出端，Y 表示选中数据原码输出，W 表示选中数据反码输出。打开 74LS151 信息窗口，功能表如表 3-3 所示。

　　② 用数据选择器 74LS151 实现逻辑函数功能

　　a. 画仿真电路图。例如，$F(A,B,C,D) = \sum m(0, 2,4,7,8,10,12,13)$，用 74LS151 实现，设计电路如图 3-85 所示。

　　b. 进行仿真。仿真时，打开逻辑转换仪可以看到真值表，如图 3-86 所示。从真值表中可以看出，ABCD 取值组合为 0000，0010，0100，0111，1000，1010，1100，1101 时，输出为 1，对应最小项 m_0, m_2, m_4, m_7, m_8, m_{10}, m_{12}, m_{13}。实现了 $F(A,B,C,D) = \sum m(0,2,4,7,8,10,12,13)$ 函数功能。

表 3-3　74LS151 功能表

地址输入			$\overline{G}$	输　出	
C	B	A		Y	W
×	×	×	1	0	1
0	0	0	0	D0	$\overline{D0}$
0	0	1	0	D1	$\overline{D1}$
0	1	0	0	D2	$\overline{D2}$
0	1	1	0	D3	$\overline{D3}$
1	0	0	0	D4	$\overline{D4}$
1	0	1	0	D5	$\overline{D5}$
1	1	0	0	D6	$\overline{D6}$
1	1	1	0	D7	$\overline{D7}$

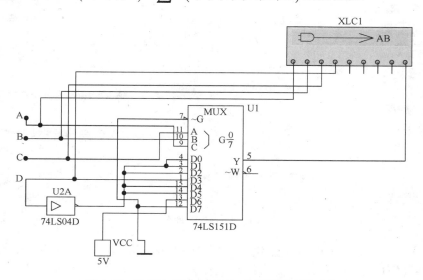

图 3-85　数据选择器 74LS151 实现逻辑函数功能

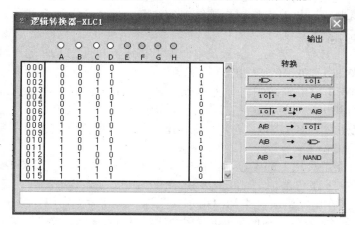

图 3-86　逻辑转换仪的真值输出

3.4.2　时序逻辑电路仿真

（1）JK 触发器逻辑功能及应用的虚拟仿真

① JK 触发器逻辑功能仿真测试

a. 画仿真电路图。

• 在 Multisim10 软件的基本界面上，单击元件工具栏中"TTL"按钮，弹出元件选择对话框，选择"系列"栏中的"74LS"选项，如图 3-87 所示，在中间"元件"列表栏中选中"74LS112D"，点击"确定"按钮，则在电路编辑区中弹出选定元件（触发器 74LS112D）部件条，选中任一触发器，则触发器跟随光标移动，将元件放置在电路编辑区的合适位置即可，元件部件条再次弹出，若不需要选取元件，则单击"取消"按钮即可。

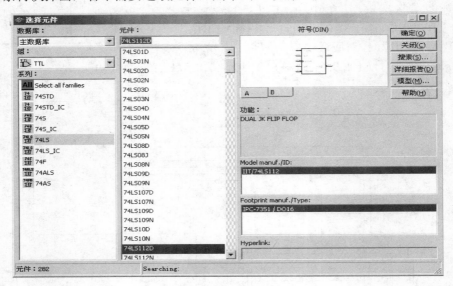

图 3-87 元件部件条

• 在"元件"工具栏上单击"基本元件库"按钮，将弹出元件选择对话框，选择"系列"栏中的"SWITCH（开关）"选项，如图 3-27 所示，在中间元件列表栏中双击"SPDT（单刀双掷开关）"，则在电路编辑区中弹出开关图标，放置开关元件在电路编辑区的合适位置。同时自动弹出元件选择对话框，可供用户连续多次选取元件。这里放置 5 个开关，开关控制键修改为 A、B、Space、C、D。

• 在"元件"工具栏上单击"信号及电源库"按钮，将弹出元件选择对话框，选择"系列"栏中的"POWER_SOURCES（电源）"选项，如图 3-28 所示，在中间"元件"列表栏中双击"VCC"，则在电路编辑区中将弹出电源图标，将电源放置在电路编辑区合适的位置，双击电源图标，可弹出一对话框，在"参数"选项卡中可修改电压值；拉动中间"元件"列表栏的滚动条，双击"GROUND（地）"，则在电路编辑区中将弹出接地图标，将"地"放置在电路编辑区合适的位置。

• 单击"元件"工具栏上的"显示器件库"按钮，将弹出元件选择对话框，选择"系列"栏中的"PROBE（指示灯）"选项，如图 3-29 所示，在中间"元件"列表栏中双击"PROBE_RED（红色指示灯）"，则在电路编辑区中弹出指示灯图标，将其放置在电路编辑区合适的位置。

将所调出的元件放置到合适的位置后，用导线将其连接起来，完成电路图连接，如图 3-88 所示。

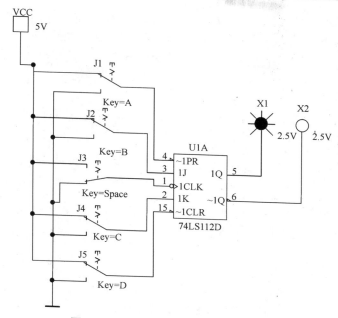

图 3-88　JK 触发器逻辑功能测试仿真图

b. 进行仿真。

• 异步置位 PR($\overline{S}_D$)及异步复位 CLR($\overline{R}_D$)功能测试：开启仿真开关，开关 A 和 D 分别按表 3-4 设定，而 B、C、Space 为任意状态，观察指示灯 X1（Q）、X2（$\overline{Q}$）的变化情况，应如同表 3-4 中所示。

表 3-4　异步置位和异步复位功能测试

PR	CLR	Q	$\overline{Q}$	功能
1	1→0	0（灯灭）	1（灯亮）	置 0
	0→1	0（不变）	1（不变）	
1→0	1	1（灯亮）	0（灯灭）	置 1
0→1		1（不变）	0（不变）	

结论：PR 为异步置"1"端，CLR 为异步置"0"端。

• JK 触发器逻辑功能测试：开启仿真开关，按表 3-5 接入输入信号，观察指示灯 X1（Q）、X2（$\overline{Q}$）的变化情况，应如同表 3-5 中所示。

注：Q^n 为现态，Q^{n+1} 为次态。Q^n=0→先将触发器清"0"，后 PR（A 键）和 CLR（D 键）接"1"；Q^n=1→先将触发器置"1"，后 PR 和 CLR 接"1"。

表 3-5　JK 触发器逻辑功能测试

J	K	CLK(CP)	Q^{n+1}	
			Q^n=0（初态灯灭）	Q^n=1（初态灯亮）
0	0	0→1	0（不变）	1（不变）
		1→0	0（不变）	1（不变）
0	1	0→1	0（不变）	1（不变）
		1→0	0（不变）	0（灯灭）
1	0	0→1	0（不变）	0（不变）
		1→0	1（灯亮）	1（不变）
1	1	0→1	1（不变）	1（不变）
		1→0	0（灯灭）	0（灯灭）

结论：逻辑功能——J、K 同为 0 时输出保持不变，J、K 同为 1 时输出翻转，J、K 不同时输出同 J。输出 Q 发生变化在 CLK 的下降沿 1→0 的时刻。

② JK 触发器接成二分频电路（J=K=1） 将仿真电路接成图 3-89 所示，图中调用了脉冲信号源、示波器。

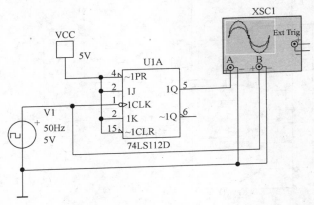

图 3-89　JK 触发器二分频仿真电路

图 3-89 中脉冲信号源调用：在 Multisim10 软件的基本界面上，单击元件工具栏中 "信号及电源库" 按钮，弹出一选择对话框，选择 "系列" 栏中的 "SIGNAL- VOLTAGE-SOURCES（电压信号）" 选项，在中间元件列表栏中双击 "CLOCK- VOLTAGE（时钟电压源）"，则在电路编辑区中得到时钟电压源 V1，双击它，弹出一对话框如图 3-90 所示，可改变时钟电压源的频率和幅值参数。

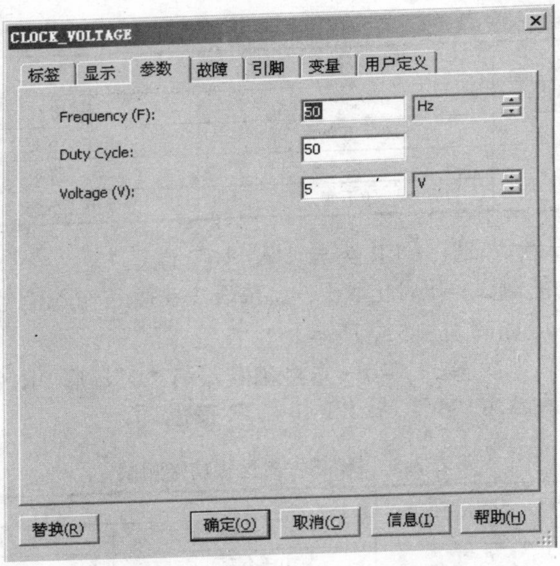

图 3-90　时钟信号源的参数修改

图 3-89 中示波器的调用：在 Multisim10 软件的基本界面上，单击虚拟仪器工具栏中示波器，将示波器拖动到电路编辑区即可，再双击该图标即可打开该仪器的控制面板设置其参数。

开启仿真开关，双击示波器 XSC1 图标，示波器控制面板打开，如图 3-91 所示。

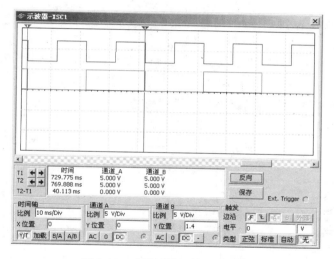

图 3-91　虚拟示波器控制面板图

在图 3-91 示波器控制面板图屏幕上，B 通道是 50Hz 的脉冲 CLK 信号波形（上），A 通道是 JK 触发器输出 Q 的波形（下），从屏幕上可得出：每来一个脉冲 CLK 的下降沿，JK 触发器的 Q 都翻转；JK 触发器的输出信号 Q（A 通道）的频率是输入信号 CLK（B 通道）频率的 1/2，故图 3-89 是一个二分频电路。

（2）D 触发器构成四进制计数器的虚拟仿真

① 画仿真电路图　在 Multisim10 软件的基本界面上，单击元件工具栏中"TTL"按钮，弹出元件选择对话框，选择"系列"栏中的"74LS"选项，在中间"元件"列表栏中选中"74LS74D（片内有 2 个 D 触发器）"，点击"确定"按钮，则在电路编辑区中弹出选定触发器 74LS74D 部件条，选中任一触发器，则触发器跟随光标移动，将触发器 U1A 放置在电路编辑区的合适位置即可，元件部件条再次弹出，再选取第二个触发器 U1B 放在电路编辑区的合适位置；若不需要选取元件，则单击"取消"按钮即可。

从元件工具栏上的"信号及电源库"中调出"电源 VCC"、"地"和"CLOCK- VOLTAGE（时钟电压源）"；单击虚拟仪器工具栏上"逻辑分析仪"，将逻辑分析仪拖动到电路编辑区即可。

将所调出的元器件放置到合适的位置后，用导线将其连接起来，完成电路图连接，如图 3-92 所示。

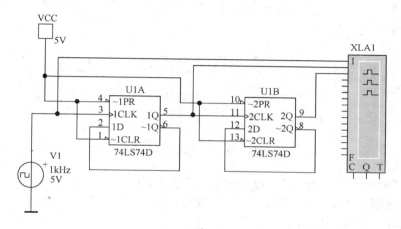

图 3-92　四进制计数器的仿真电路

从图 3-92 中可知：时钟电压源 V1 作为第一个触发器脉冲（时钟）CLK 信号，而第一个触发器的输出作为第二个触发器的脉冲 CLK 信号。

② 进行仿真　开启仿真开关，双击逻辑分析仪 XLA1 图标，逻辑分析仪控制面板打开，如图 3-93 所示。

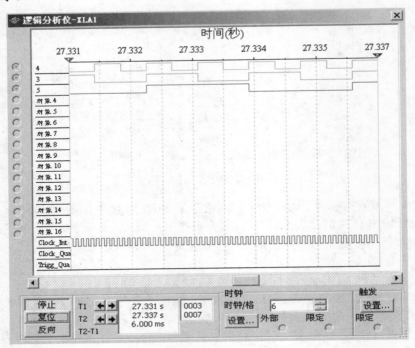

图 3-93　逻辑分析仪控制面板图

在图 3-93 逻辑分析仪控制面板图屏幕上，通道 1 是 1kHz 的脉冲信号波形（上），通道 2 是第一个 D 触发器输出 Q_1（1Q）的波形（中），通道 3 是第二个 D 触发器输出 Q_2（2Q）的波形（下）。从屏幕上可得出：每来一个脉冲 CLK 的上升沿，第一个（D_1）触发器的 Q_1 翻转；D_1 触发器的输出 Q_1 上升沿到来时刻，第二个（D_2）触发器的 Q_2 翻转。D_1 触发器的输出信号 Q_1 的频率是输入信号 CLK 频率的 1/2，D_2 触发器的输出信号 Q_2 的频率是输入信号 CLK 频率的 1/4，图 3-92 是一个四分频电路，同时也是一个四进制减法计数器。逻辑分析仪输出结果剪切图如图 3-94 所示。

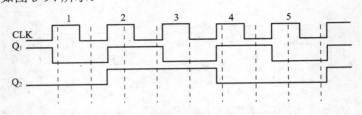

图 3-94　逻辑分析仪输出结果

第 1 个 CLK 的上升沿到来后，Q_2Q_1=00，第 2 个 CLK 的上升沿到来后 Q_2Q_1=11，第 3 个 CLK 的上升沿到来后，Q_2Q_1=10，第 4 个 CLK 的上升沿到来后，Q_2Q_1=01，第 5 个 CLK 的上升沿到来后，Q_2Q_1=00，即

$$Q_2Q_1: \quad 11 \rightarrow 10 \rightarrow 01 \rightarrow 00$$

电路完成的逻辑功能：两位二进制（四进制）减法计数器。

（3）移位寄存器 74LS194 逻辑功能及应用的虚拟仿真

① 74LS194 移位寄存器逻辑功能仿真测试

a．画仿真电路图。在 Multisim10 软件的基本界面上，单击元件工具栏中"TTL"按钮，弹出元件选择对话框，选择"系列"栏中的"74LS"选项，在中间"元件"列表栏中选中 74LS194D，点击"确定"按钮，则在电路编辑区中弹出选定元件（74LS194D），将元件放置在电路编辑区的合适位置即可。

从元件工具栏上的"信号及电源库"中调出"电源 VCC"、"地"；从元件工具栏上的"基本元件库"中调出 8 个单刀双掷开关（A~H）；从元件工具栏上的"显示器件库"中调出 4 个指示灯（X1~X4）；

将所调出的元器件放置到合适的位置后，用导线将其连接起来，完成电路图连接，如图 3-95 所示。

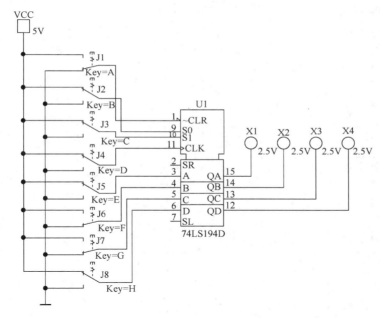

图 3-95　74LS194 并行输出逻辑功能仿真电路

74LS194 移位寄存器逻辑符号中引脚介绍：CLR 为异步清 0 端，S0、S1 为使能端，A、B、C、D 为并行输入端，SR 为右移串行输入端，SL 为左移串行输入端，QA、QB、QC、QD 为并行输出端。

b．进行仿真。

● 开启仿真开关，开关 A（CLR）为"0"，开关 B~H 为任意时，观察指示灯 X1~X4（QA~QD）不亮，即为"0000"。实现"异步清 0"功能：CLR 为"0"时，寄存器输出清"0"。

● 将 74LS194 清"0"后，开关 A 置于"1"，且使能开关 B、C（S0、S1）置于"1、1"状态，ABCD 并行数据输入设为"1001"，观察在 CLK（CP）加单脉冲时，输出指示灯 X1~X4（QA~QD）的变化情况，应如同表 3-6 中所示。

表 3-6　并行输出功能测试

脉冲 CLK	S1　S0	QA	QB	QC	QD
未加脉冲	×　×	不亮	不亮	不亮	不亮
加单脉冲 0→1（∫）	1　1	亮	不亮	不亮	亮

实现并行输出功能：S0S1=11 时，在 CLK 的上升沿完成并行输出。

● 将 74LS194 清 0 后，开关 A 置于"1"，且使能开关 B、C（S0、S1）置于"0、0"状态，ABCD 并行数据输入设为"1001"，观察在 CLK（CP）加单脉冲时，输出指示灯 X1~X4（QA~QD）的变化情况，应如同表 3-7 中所示。

表 3-7　保持功能测试

脉冲 CLK	S1　S0	QA	QB	QC	QD
未加脉冲	×　×	不亮	不亮	不亮	不亮
加单脉冲 0→1（∫）	0　0	不亮	不亮	不亮	不亮

实现保持功能：S1S0=00 时，在 CLK 的上升沿输出保持不变。

● 将 74LS194 的 QA 端与 SL 端相连，如图 3-96 所示。

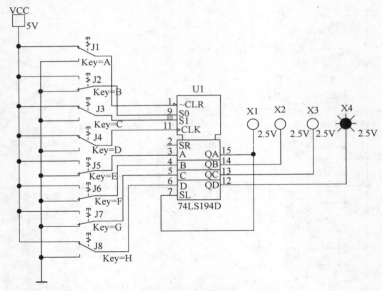

图 3-96　74LS194 左移逻辑功能仿真电路

在开启仿真开关的情况下，先给 QA~QD 送数据"0001"；然后观察在 CLK（CP）加单脉冲时，输出指示灯 X1~X4（QA~QD）的变化情况，应如同表 3-8 中所示。

表 3-8　左移功能测试

S1	S0	脉冲 CLK	QA	QB	QC	QD
1	1	未加脉冲	不亮	不亮	不亮	亮
1	0	加 1 个（∫）	不亮	不亮	亮	不亮
1	0	加 2 个（∫）	不亮	亮	不亮	不亮
1	0	加 3 个（∫）	亮	不亮	不亮	不亮
1	0	加 4 个（∫）	不亮	不亮	不亮	亮
1	0	加 5 个（∫）	不亮	不亮	亮	不亮

完成了：QA QB QC QD：0001→0010→0100→1000

实现左移功能：S1S0=10 时，在 CLK 的上升沿作用下输出信号依次左移。

- 将 74LS194 的 QD 端与 SR 端相连，如图 3-97 所示。

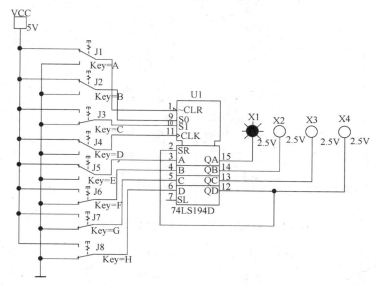

图 3-97　74LS194 右移逻辑功能仿真电路

在开启仿真开关的情况下，先给 QA~QD 送数据"1000"；然后观察在 CLK（CP）加单脉冲时，输出指示灯 X1~X4（QA~QD）的变化情况，应如同表 3-9 中所示。

表 3-9　右移功能测试

S1	S0	脉冲 CLK	QA	QB	QC	QD
1	1	未加脉冲	亮	不亮	不亮	不亮
0	1	加 1 个（⌐）	不亮	亮	不亮	不亮
0	1	加 2 个（⌐）	不亮	不亮	亮	不亮
0	1	加 3 个（⌐）	不亮	不亮	不亮	亮
0	1	加 4 个（⌐）	亮	不亮	不亮	不亮
0	1	加 5 个（⌐）	不亮	亮	不亮	不亮

完成了：QA QB QC QD：1000→0100→0010→0001

实现右移功能：S1S0=01 时，在 CLK 的上升沿作用下输出信号依次右移。

结论：74LS194 的逻辑功能如表 3-10 所示。

表 3-10　74LS194 逻辑功能表

CLR	S1	S0	脉冲 CLK	逻辑功能
0	×	×	×	异步清 0
1	1	1	⌐	并行输出
1	1	0	⌐	左移
1	0	1	⌐	右移
1	0	0	⌐	保持

② 移位寄存器型分频器（计数器）的仿真　用 4 位双向移位寄存器 74LS194 构成七进制计数器。将仿真电路接成图 3-98 所示，图中调用了脉冲信号源、示波器、逻辑分析仪等。

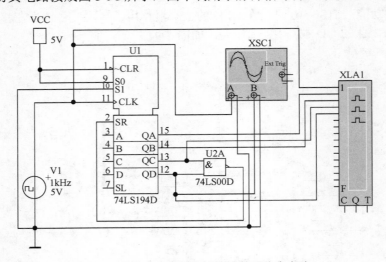

图 3-98　移位寄存器型七进制计数器仿真电路

开启仿真开关，双击示波器 XSC1 图标，示波器控制面板打开，如图 3-99 所示；双击逻辑分析仪 XLA1 图标，逻辑分析仪控制面板打开，如图 3-100 所示。

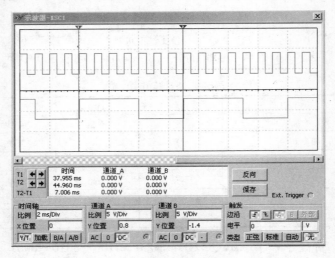

图 3-99　移位寄存器型七分频电路的波形

在图 3-99 示波器控制面板图屏幕上，A 通道是 1kHz 的脉冲 CLK 信号波形（上），B 通道是移位寄存器 74LS194 输出 QD 的波形（下），从屏幕上可得出：每来 7 个 CLK 脉冲出现一个周期的 QD 脉冲波形，QD 脉冲频率是 CLK 脉冲频率的 1/7，图 3-98 是一个七分频电路。

在图 3-100 逻辑分析仪控制面板图屏幕上，第一个波形是 1kHz 的脉冲 CLK 信号波形，第二个波形是 QA 的波形，第三个波形是 QB 的波形，第四个波形是 QC 的波形，第五个波形是 QD 的波形，从屏幕上可得出：每来一个脉冲 CLK 的上升沿，QAQBQCQD 依次作如下变化：

$$1000 \rightarrow 1100 \rightarrow 1110 \rightarrow 1111 \rightarrow 0111 \rightarrow 0011 \rightarrow 0001$$

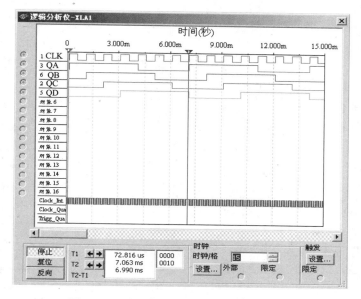

图 3-100　移位寄存器型七进制计数器波形

可见，图 3-98 电路利用 74LS194 的右移实现了七进制环形计数器功能。

（4）一位计数、译码和显示虚拟仿真

① 画仿真电路图　在 Multisim10 软件的基本界面上，从元件工具栏上"TTL 元件库"中调出 74LS190D、74LS48D；从元件工具栏上的"信号及电源库"中调出"电源 VCC"、"地"；从元件工具栏上的"基本元件库"中调出两个单刀双掷开关（A、B）和电阻 R1。

单击元件工具栏上的"显示器件库"按钮，弹出元件选择对话框，选择"系列"栏中的"HEX-DISPLAY（显示器）"选项，在中间"元件"列表栏中选中"SEVEN-SEG-COM-K（七段显示器）"，点击"确定"按钮，则在电路编辑区中弹出选定七段显示元件，将元件放置在电路编辑区的合适位置即可。

将所调出的元器件放置到合适的位置后，用导线将其连接起来，完成电路图连接，如图 3-101 所示。

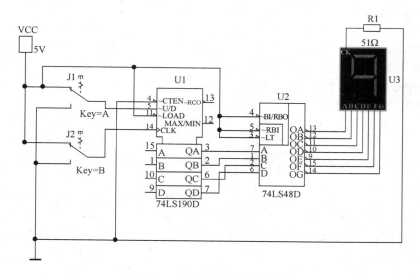

图 3-101　一位计数译码显示仿真

74LS190 加/减计数器逻辑符号中引脚介绍：LOAD 为置数端，低电平有效；CTEN 为使能端，低电平有效，即 CTEN 接"0"时，74LS190 为工作状态；U/D 为加/减计数器控制端；CLK 为时钟端，上升沿有效；MAX/MIN 为进位/借位输出端；QD~QA 为输出端。

74LS48 七段显示译码器逻辑符号中引脚介绍：LT 为灯测试端，低电平有效；RBI 为灭零输入端，低电平有效；BI/RBO 为灭灯输入/灭零输出端；D~A 为 BCD 码输入端；OA~OF 为七段输出端，高电平有效；74LS48 七段显示译码器由于输出高电平有效，应与共阴数码显示器配。

② 进行仿真　开启仿真开关，开关 A（U/D）置于"1"时，B（CLK）加单脉冲"0→1"，观察七段显示器变化如表 3-11；开关 A（U/D）置于"0"时，B（CLK）加单脉冲"0→1"，观察七段显示器变化如表 3-12。

表 3-11　十进制减法计数功能测试

A (U/D)	单脉冲 B (CLK)	七段 显示器
1	⌐	9
	⌐	8
	⌐	7
	⌐	6
	⌐	5
	⌐	4
	⌐	3
	⌐	2
	⌐	1
	⌐	0

表 3-12　十进制加法计数功能测试

A (U/D)	单脉冲 B (CLK)	七段 显示器
1	⌐	0
	⌐	1
	⌐	2
	⌐	3
	⌐	4
	⌐	5
	⌐	6
	⌐	7
	⌐	8
	⌐	9

结论：U/D 端接"0"时，在时钟 CLK 上升沿的作用下，作十进制加法计数；U/D 端接"1"时，在时钟 CLK 上升沿的作用下，作十进制减法计数。

（5）60 进制计数器的虚拟仿真

① 画仿真电路图　在 Multisim10 软件的基本界面上，单击元件工具栏中"CMOS"按钮，弹出元件选择对话框，选择"系列"栏中的"CMOS-5V"选项，在中间"元件"列表栏中选中 40160BD-5，点击"确定"按钮，则在电路编辑区中弹出选定元件（40160BD-5），放置两个在电路编辑区的合适位置；再单击元件工具栏中"CMOS"按钮，弹出元件选择对话框，选择"系列"栏中的"TinyLogic-5"选项，在中间"元件"列表栏中选出"NC7S00-5"一个，"NC7S04-5"一个，并放置在电路编辑区的合适位置。

在元件工具栏上从"信号及电源库"中调出"电源 VCC"、"地"和"CLOCK- VOLTAGE（时钟电压源）"；从"显示器件库"中调出"DCD-HEX（带译码器的七段显示器）"。

将所调出的元器件放置到合适的位置后，用导线将其连接起来，完成电路图连接，如图 3-102 所示。

40160 计数器逻辑符号中引脚介绍：是一个十进制加法计数器，CP 为时钟信号端，上升沿有效；CET、CEP 为两个使能端，高电平有效，即 CET、CEP 同接"1"时，40160 为工作状态；MR 为异步清零端，低电平有效；PE 为同步置数端，低电平有效；P0~P3 为置数输入端，O0~O3 为 BCD 码输出端。

NC7S00 是一个两输入端的与非门，NC7S04 是一个非门。

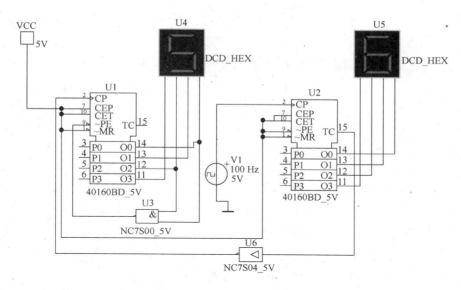

图 3-102　60 进制计数器仿真电路

② 进行仿真　开启仿真开关，会看到数码管从 00 开始显示到 59，实现了 60 进制计数器的功能。

3.4.3　脉冲波形的产生与变换电路仿真

（1）石英晶体多谐振荡器的仿真

① 画仿真电路图　在 Multisim10 软件的基本界面上，单击元件工具栏中"杂项元件"按钮，弹出元件选择对话框，选择"系列"栏中的"CRYSTAL（晶体）"选项，在中间"元件"列表栏中选中"R38-32.768kHz"，点击"确定"按钮，则在电路编辑区中弹出选定晶体（R38-32.768kHz），将元件放置在电路编辑区的合适位置即可。

从元件工具栏上"TTL"中调出两个"74LS04D"；从元件工具栏上的"信号及电源库"中调出"电源 VCC"、"地"；从元件工具栏上的"基本元件库"中调出四个电阻 R1~R4；在虚拟仪器栏中调用示波器。

将所调出的元器件放置到合适的位置后，用导线将其连接起来，完成电路图连接，如图 3-103 所示。

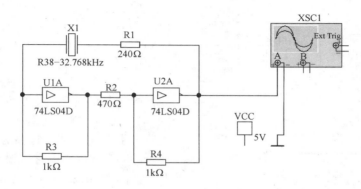

图 3-103　石英晶体振荡仿真电路

② 进行仿真 开启仿真开关,双击示波器 XSC1 图标,示波器控制面板打开,如图 3-104 所示。

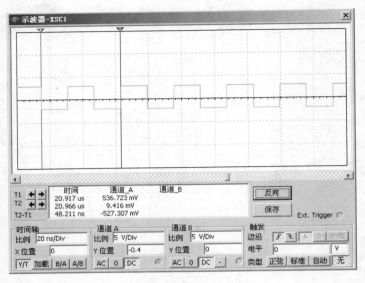

图 3-104 示波器控制面板

从图 3-104 示波器控制面板图屏幕上可以看出,电路产生了周期约为 48ns 的脉冲波形。

(2)555 振荡电路仿真

① 画仿真电路图 在 Multisim10 软件的基本界面上,单击元件工具栏中"混合元件"按钮,弹出元件选择对话框,选择"系列"栏中的"TIMER(定时器)"选项,在中间"元件"列表栏中选中"LM555CM",点击"确定"按钮,则在电路编辑区中弹出选定元件(LM555CM),将元件放置在电路编辑区的合适位置即可。

从元件工具栏上的"信号及电源库"中调出"电源 VCC"、"地";从元件工具栏上的"基本元件库"中调出两个电阻 R1 和 R2;两个电容 C1 和 C2;在虚拟仪器栏中调用示波器 XSC1、频率计 XFC1。

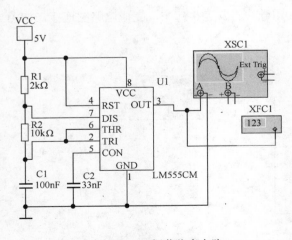

图 3-105 555 振荡仿真电路

将所调出的元器件放置到合适的位置后,用导线将其连接起来,完成电路图连接,如图 3-105 所示。

LM555 定时器逻辑符号中引脚介绍:RST 为复位端,DIS 为放电端,THR 和 TRI 为触发输入端,CON 为控制电压端,OUT 为输出端。

② 进行仿真 开启仿真开关,双击示波器 XSC1 图标,示波器控制面板打开,如图 3-106 所示,在示波器控制面板图屏幕上,电路产生了周期约为 1.56ms 的脉冲波信号。双击频率计 XFC1 图标,频率计控制面板打开,如图 3-107 所示,通过频率计测量输出信号频率约为 646Hz。

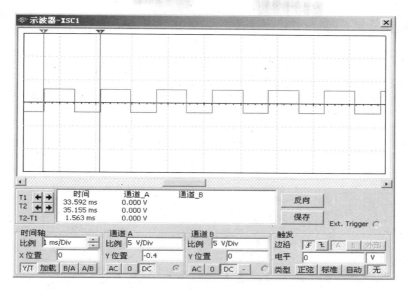

图 3-106　示波器控制面板

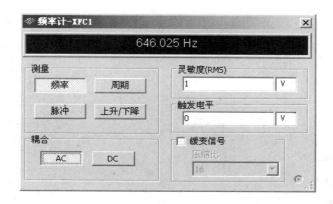

图 3-107　频率计控制面

（3）单稳态电路仿真

① 555 定时器构成单稳态电路仿真

a. 画仿真电路图。在 Multisim10 软件的基本界面上，从元件工具栏上"混合元件"中调出 555 定时器"LM555CM"；从元件工具栏上的"信号及电源库"中调出"电源 VCC"、"地"；从元件工具栏上的"基本元件库"中调出单刀双掷开关 A、电阻 R1、R2 及电容 C1~C3；在虚拟仪器栏中调用示波器 XSC1。

将所调出的元器件放置到合适的位置后，用导线将其连接起来，完成电路图连接，如图 3-108 所示。

b. 进行仿真。开启仿真开关，开关 A 给出下降沿（1→0）的触发信号。双击示波器 XSC1 图标，示波器控制面板打开，如图 3-109 所示。

在图 3-109 示波器控制面板图屏幕上，A 通道是由开关 A 给出的输入信号（上），B 通道是 555 定时器构成的单稳触发器输出 OUT 的波形（下）。从屏幕上可得出：开关 A 每给出一个下降沿（1→0）的触发信号，单稳态触发器的输出由稳态"0"进入暂稳态"1"，并维持一段时间（$t_w \approx 5.65$ms）后自动返回到稳态"0"。理论上 555 定时器构成单稳态触发器的暂稳态

时间 $t_w \approx 1.1R_2C_2$ 。

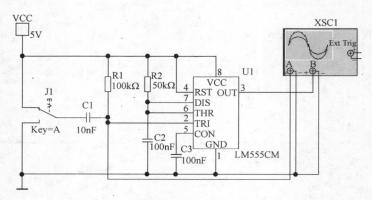

图 3-108　单稳态触发仿真电路

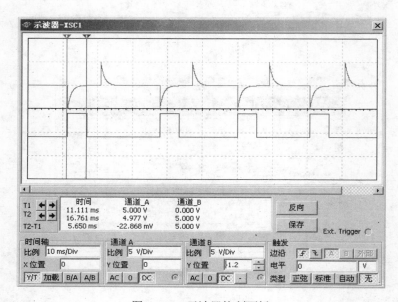

图 3-109　示波器控制面板

② SN74121 单稳态触发器仿真

a. 画仿真电路图。在 Multisim10 软件的基本界面上，单击元件工具栏中"混合元件"按钮，弹出元件选择对话框，选择"系列"栏中的"MULTIVIBRATORS（单稳态触发器）"选项，在中间"元件"列表栏中选中"SN74121N"，点击"确定"按钮，则在电路编辑区中弹出该选定元件，将其放置在电路编辑区的合适位置即可。

从元件工具栏上的"信号及电源库"中调出"电源 VCC"、"地"；从元件工具栏上的"基本元件库"中调出三个单刀双掷开关（A、B、C）和电容 C1；在虚拟仪器栏中调用四踪示波器 XSC3。

将所调出的元器件放置到合适的位置后，用导线将其连接起来，完成电路图连接，如图 3-110 所示。

注：SN74121 单稳态触发器的 RINT 和 RTCT 端内部接有一电阻 $R=2k\Omega$，暂稳态时间 $t_w \approx 0.7RC_1$。

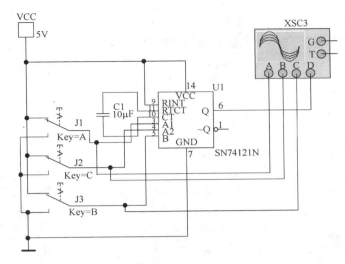

图 3-110　单稳态触发器仿真电路

b. 进行仿真。开启仿真开关。

● 将开关 C、B 置于"1"，开关 A 给出下降沿（1→0）的触发信号。双击示波器 XSC3
图标，示波器控制面板打开，如图 3-111 所示。

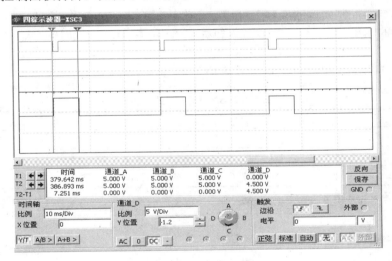

图 3-111　四踪示波器控制面板一

图 3-111 四踪示波器控制面板图屏幕上，A 通道是由开关 A 给出的输入信号，B 通道是
由开关 C 给出的输入信号，C 通道是由开关 B 给出的输入信号，D 通道是单稳态触发器输出
信号 Q。

从四踪示波器控制面板图屏幕上可知：开关 A 每给出一个下降沿（1→0）的触发信号，
单稳态触发器的输出 Q 由稳态"0"进入暂稳态"1"，并维持一段时间（t_w≈7.25ms）后自动
返回到稳态"0"。

● 将开关 A、B 置于"1"，开关 C 给出下降沿（1→0）的触发信号。双击示波器 XSC3
图标打开示波器控制面板，如图 3-112 所示。

从四踪示波器控制面板图屏幕上可知：开关 C 每给出一个下降沿（1→0）的触发信号，
单稳态触发器的输出 Q 由稳态"0"进入暂稳态"1"，并维持一段时间（t_w≈7.25ms）后自动返回到稳态"0"。

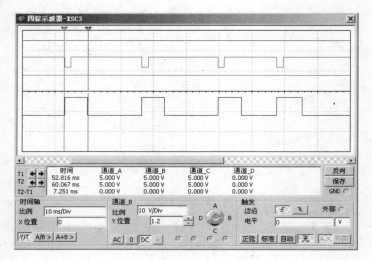

图 3-112　四踪示波器控制面板二

● 将开关 A、C 置于"0"，开关 B 给出上升沿（0→1）的触发信号。双击示波器 XSC3 图标，示波器控制面板打开，如图 3-113 所示。

从四踪示波器控制面板图屏幕上可知：开关 B 每给出一个上升沿（0→1）的触发信号，单稳态触发器的输出 Q 由稳态"0"进入暂稳态"1"，并维持一段时间（$t_w \approx 7.25$ms）后自动返回到稳态"0"。

结论：SN74121 的逻辑功能如表 3-13 所示。

表 3-13　SN74121 的逻辑功能

A1（开关 A）	A2（开关 C）	B（开关 B）	输出 Q
⌐(1→0)	1	1	⊓
1	⌐(1→0)	1	⊓
0	0	⌐(0→1)	⊓

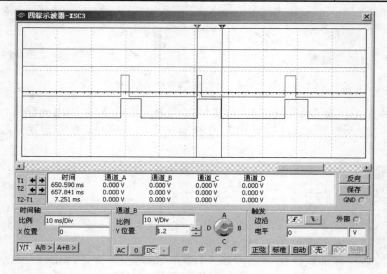

图 3-113　四踪示波器控制面板三

3.4.4　综合电路的仿真

　　一个完整的数字系统电路往往较复杂，在 Multisim10 软件的电路编辑区中，很难将其绘制在一张电路图中。如绘制在一个电路图中，必然非常复杂，难以看清电路。为方便起见，可采用层次电路图的绘制方法，将各单元电路生成层次电路模块。

　　以简易数字钟（计时器）电路为例，介绍采用层次电路图的绘制，生成层次电路模块，再连成完整电路进行仿真的方法。

　　数字钟电路的组成框图如图 3-114 所示。

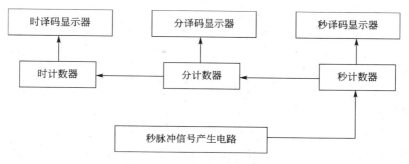

图 3-114　数字钟电路组成框图

　　数字钟一般都由振荡器、分频器、计数器、译码器、显示器等部分组成。振荡器和分频器组成秒脉冲信号产生电路，秒脉冲信号送入计数器进行计数；不同进制的计数器（60、24 进制）、译码器、显示器组成计时系统。"时"显示由 24 进制计数器、译码器、显示器构成；"分"和"秒"显示由 60 进制计数器、译码器、显示器构成。

　　（1）秒脉冲信号产生电路的层次电路块的创建

　　① 首先创建秒脉冲信号产生电路的层次电路块。新建一"简易数字钟电路"文件作为主电路，存盘。点击主菜单"放置"，弹出一下拉菜单，再点击下拉菜单中的"New Hierarchical Block（创建新的层次电路块）"命令，弹出如图 3-115 所示对话框，设置层次电路块的名称和输入、输出引脚数，单击"确定"按钮后，在主电路图上出现一个秒脉冲信号产生电路层次块图，如图 3-116 所示。

图 3-115　秒脉冲产生电路层次块属性对话框

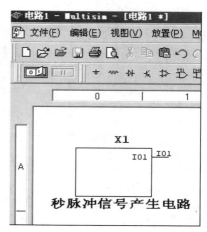

图 3-116　秒脉冲产生电路层次块图

　　② 双击图 3-116 所示的层次块图，弹出如图 3-117 所示对话框，鼠标单击"编辑 HB/SC"

按钮，弹出一个空白电路编辑区，其电路编辑区中有一个 IO 输出端。

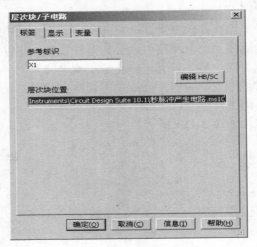

图 3-117　层次块电路设置对话框

③ 在这个空白电路编辑区中画秒脉冲产生电路,并将秒脉冲产生电路的输出同 IO 连接,如图 3-118 所示。完成"秒脉冲信号产生电路"层次块电路的创建。

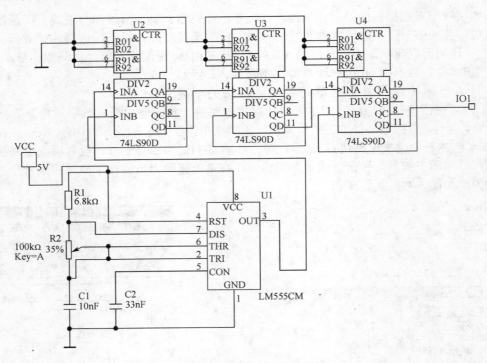

图 3-118　秒脉冲信号产生电路

电路中 74LS90 构成 10 分频电路,三个级联构成 1000 分频电路,555 振荡器产生 1kHz 的脉冲波,经三级 10 分频电路后得到 1Hz 信号,作为秒脉冲电路的输出。

（2）60 进制（秒）计数器层次电路块的创建

首先创建 60 进制计数器的层次电路块。在项目窗口单击主电路文件,依次执行"放置"

→"New Hierarchical Block"命令，弹出如图 3-119 所示对话框，设置层次电路块的名称和输入、输出引脚数，单击"确定"按钮后，在主电路图上出现一个层次块图，如图 3-120 所示。

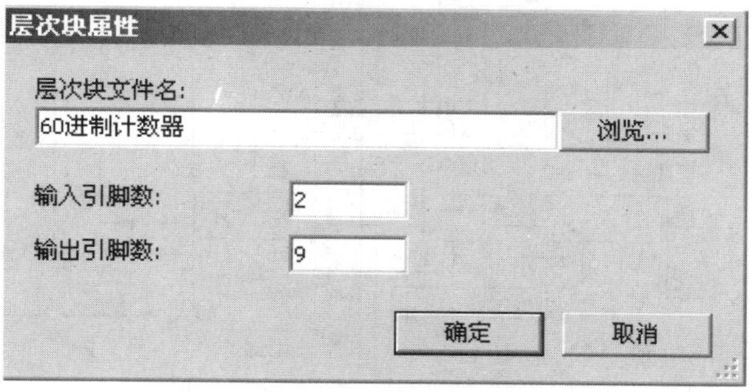

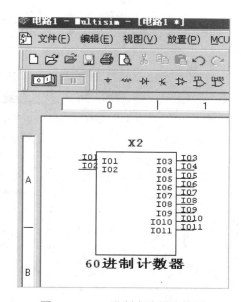

图 3-119　60 进制电路层次块属性对话框

图 3-120　60 进制电路层次块图

双击图 3-120 所示的层次块图，弹出层次块电路设置所示对话框，鼠标单击"Edit HB/SC"按钮，弹出一个空白电路编辑区，其电路编辑区中有 2 个 IO 输入端，9 个 IO 输出端。

在这个空白电路编辑区中画 60 进制计数电路，并连接好 IO 脚，如图 3-121 所示。

电路中两个 74LS90 构成 60 进制计数电路，IO1 用于计数器清"0"信号，IO2 为时钟 1Hz 输入端，IO3～IO6 接个位数码管显示端，IO7～IO10 接十位数码管显示端，IO11 是向高位的进位端。

（3）24 进制（时）计数器层次电路块的创建

首先创建 24 进制计数器的层次电路块。在项目窗口单击主电路文件，依次执行"放置"→"New Hierarchical Block"命令，弹出如图 3-122 所示对话框，设置层次电路块的名称和输入、输出引脚数，单击"确定"按钮后，在主电路图上出现一个层次块图，如图 3-123 所示。

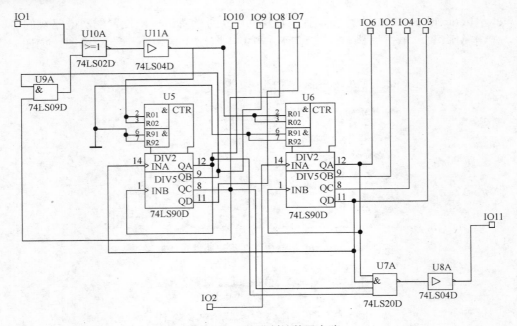

图 3-121　60 进制计数器电路

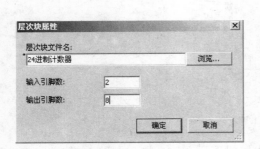

图 3-122　24 进制电路层次块属性对话框

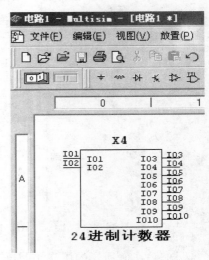

图 3-123　24 进制电路层次块图

　　双击图 3-123 所示的层次块图，弹出层次块电路设置所示对话框，鼠标单击"Edit HB/SC"按钮，弹出一个空白电路编辑区，其电路编辑区中有 2 个 IO 输入端，8 个 IO 输出端。

　　在这个空白电路编辑区中画 24 进制计数电路，并连接好 IO 脚，如图 3-124 所示。

　　电路中两个 74LS90 构成 24 进制计数电路，IO1 用于计数器清"0"信号；IO2 为时钟端，即来自低位计数器的进位输出端；IO3～IO6 接个位数码管显示端，IO7～IO10 接十位数码管显示端。

　　（4）总体电路的连接与仿真

　　在简易数字钟的主电路中，把各个层次块电路连接起来，并添加七段译码器显示数码管、清零开关等简单的外部电路，得到如图 3-125 所示总电路。

　　仿真该电路时，若采用秒脉冲信号产生模块电路，则仿真时间太长，最好采用外部频率较高的时钟源信号代替，为观察进位情况可把时钟频率调高一些。

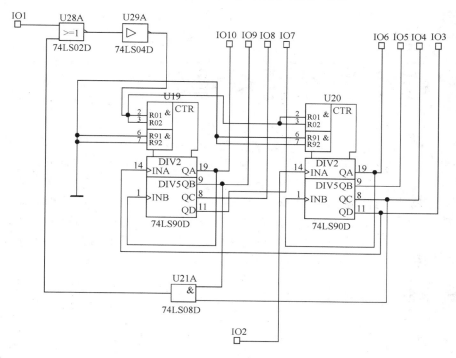

图 3-124　24 进制计数器电路

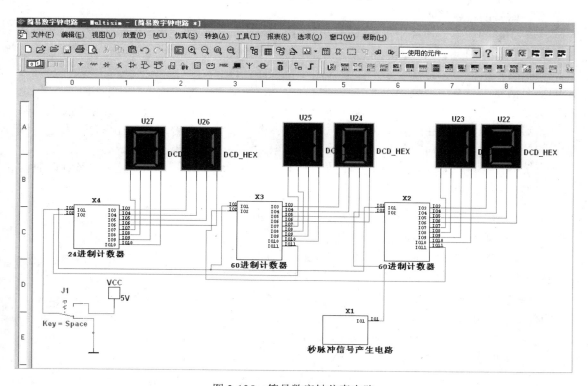

图 3-125　简易数字钟仿真电路

第4章
数字电子技术课程设计

"数字电子技术"课程设计，是学习了"数字电子技术"课程后进行的一个重要实践环节，目的是在于将课程中所学的理论知识和实践联系起来，通过学生动脑动手，在老师的指导下完成一个数字系统（综合性课题）的设计。使学生基本上掌握常用的数字电路设计方法，熟悉常用电子器件的类型和特性及怎样合理选用；熟悉电子仪器仪表的使用；学会用 Multisim 10 软件仿真分析设计课题，验证其正确性。它对巩固所学理论知识、培养学生运用所学知识解决实际问题的能力有着十分重要的作用，有利于启发学生的创新思维和提高学生的工程设计能力和实践动手能力。

4.1 数字电路系统的设计

4.1.1 数字系统的组成

所谓数字系统，是指由若干数字电路及逻辑部件组成并且能够进行采集、加工、处理及传送数字信号的设备。

一个完整的数字系统通常由输入电路、输出电路、控制电路、若干个子系统和时基电路等部分组成，如图 4-1 所示。输入电路主要是将外部输入信号进行加工、处理变换成数字电路能接收的数字信号；输出电路的主要作用是将数据处理结果加工、变换成符合输出负载要求的输出信号；子系统主要用以对二进制信息进行逻辑运算、算术运算及传输加工等。每个子系统完成一项任务，因此，子系统通常为功能电路，如计数器、加法器、数据选择器、数字比较器等；控制电路主要是对外部输入信号、各个子系统送来的信号进行综合，发出系统所需的各种控制信号，统一指挥输入电路、输出电路及各个子系统同步协调动作，它是整个数字系统的核心；时基电路主要是产生数字系统工作的同步时钟信号，使整个系统在时钟信号作用下完成各种操作。

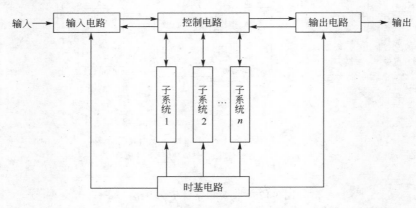

图 4-1 数字系统的组成框图

4.1.2　数字系统的设计步骤

不同的数字系统，其规模不尽相同。对于小规模的数字系统，可以用真值表和状态表来描述其逻辑量，即根据所需设计的数字系统的任务要求，用真值表、状态表求出最简的逻辑表达式，并画出逻辑图，最后用中、小规模的数字电路实现。对于较大规模的数字系统，理论上也可以用真值表和状态表来描述，但由于其输入变量、输出变量和状态变量数目都较多，很难用真值表和状态表来完整地描述其逻辑功能，因此实际上大多数设计的数字系统不能采用上述方法实现。

一般来说，设计数字系统的步骤大致分七步。

（1）分析系统设计要求，明确系统功能

要完整地设计出一个数字系统，首先理解和掌握该设计的理论依据，这就要求设计者做到明确设计要求，确定所需设计的逻辑功能。不同的数字系统，其逻辑功能也不同，设计者必须对所需设计的系统认真地理解和分析，最终明确所设计系统的功能。

（2）明确所设计系统的总体设计方案

在明确系统的功能之后，应考虑如何实现这些逻辑功能，用哪种电路去实现，即明确总体设计方案。对于同一种逻辑功能，可以有不同的实现方法和电路，这要求设计者根据所学知识和现有条件选择最合适的方法和电路，达到设计系统的最优化，这步工作对整个系统的设计极为关键。在明确总体设计方案后，画出系统的总体原理框图。

（3）设计各个子系统

将总体方案中各个子系统逐个进行设计。子系统一般可归纳为组合逻辑电路和时序逻辑电路两大部分，这些电路的设计步骤分别如图 4-2 和图 4-3 所示。如这些子系统可直接用 MSI（中规模集成）和 LSI（大规模集成）器件实现时，则应尽量选用 MSI 和 LSI。因为这不但可以简化电路设计、降低成本，而且还便于安装调试、提高电路工作的可靠性。

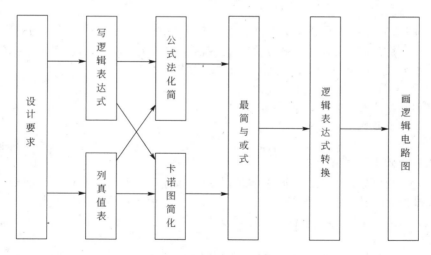

图 4-2　组合逻辑电路设计步骤

（4）设计控制电路

数字系统中的控制电路是数字系统工作中的核心，如系统的清零、启动、停止及工作时序的先后等。设计时最好先画出时序图，然后根据时序图确定各部分电路的任务，选用合适的 MSI 和 LSI，以达到设计功能的要求。

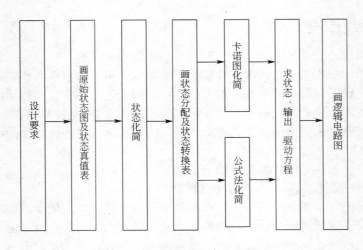

图 4-3　时序逻辑电路设计步骤

（5）组成数字系统

将各个子系统及输入输出电路连接组成数字系统，并绘制出总体系统电路图。画电路图时，应注意布局合理，通常根据信号流向画。信号流向采用左入右出、上入下出或下入上出的要求来布置各部分电路。

（6）数字系统的仿真分析

利用 Multisim 10 软件仿真分析所设计的数字系统，验证其正确性。

（7）撰写数字系统设计总结报告

在完成了数字系统的设计、仿真分析任务后，还必须对设计、仿真过程中的收获、体会进行认真总结，以便更好地指导今后的工作，总结内容主要包括以下几方面。

① 设计课题任务、要求及技术指标

② 设计课题的分析、设计方案选择，得出数字系统逻辑功能示意图（方框图）

③ 子系统及控制电路设计　各子系统、控制电路、时基电路、输入及输出电路等的设计原理，器件选择，参数计算，并画出它们的逻辑图。

④ 数字系统总体设计图　要求注意以下几点：

• 所有元器件或集成部件应使用标准符号；

• 输入、输出及信号流向应从左到右；

• 若系统较大，其逻辑原理电路需分开画时，在通路断口的两端必须作出标记，并指出从一图到另一图的引出点和引入点。

⑤ 仿真电路接线图　它是根据总体逻辑图画出的，要求结构合理、走线要短、整齐美观，集成块排列有规律，并标出器件的引脚号和元件数值，以供仿真时使用。

⑥ 电子元器件清单　此外还应列出集成器件和其他元器件的明细表，及集成器件的功能表。

⑦ 仿真分析工作　主要是对仿真分析中从发现问题、分析问题到解决问题的全过程进行总结。其内容包括：

• 仿真中使用的仪器仪表；

• 仿真单元的接线图，总体电路的接线图；

• 对实测波形、数据及计算结果进行整理、比较（包括绘制曲线、表格），并进行误差分析；

- 仿真中出现的故障和原因，及其排除办法和效果。
⑧ 完成本设计课题的特点和所采用的设计技巧，并对存在的问题提出修改意见
⑨ 收获和心得体会

4.1.3 数字系统的设计举例

（1）设计课题

设计一个 3 位数字显示计时器。

（2）技术指标

① 计时功能。能随意控制计时器的启动和停止，保持计时显示结果。

② 具有开机自动清零功能。

③ 最大计时显示时间为 9 分 59 秒。

④ 计时时间要求精确到秒。

（3）设计过程

① 系统总体方案的确定　由技术指标要求可知，该数字系统的功能主要是实现可控计时，故可将系统的总任务分解为下面的各个子系统完成的子任务。

- 秒脉冲信号产生电路。由振荡电路产生一个固定频率的脉冲信号，经分频电路获得秒脉冲，提供计时器的时基信号。

- 计数器、译码显示器。由于最大计时器容量为 9 分 59 秒，因此，需用三位计数器。秒计数器为 60 进制计数器，其计数规律为 00→01→02→…→58→59→00，最低位为秒个位，用十进制计数器；次低位为秒的十位，用六进制计数器；最高位为分位，用十进制计数器。秒个位对输入的秒脉冲信号进行计数，其进位信号送给秒的十位计数器计数，秒的十位计数器的进位信号送给分位计数器计数，并通过译码显示器显示出所计的时间。

- 开机自动清零电路。提供开机清零信号，使系统电路的初态为 0。

- 计时启停控制电路。提供控制振荡信号能否进入分频器的控制信号。

由以上分析，可得计时器电路的总体方框图，如图 4-4 所示。

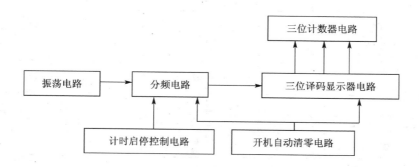

图 4-4　计时器电路的总体方框图

由于中大规模的数字集成电路的广泛使用，使数字系统设计的主要内容变为如何选择功能适合的数字器件来构成系统的控制电路和各种子系统，使设计工作大为简化，便于仿真测试，大大提高了数字系统的稳定性和可靠性。

② 子系统的设计

a. 秒脉冲信号产生电路，由振荡电路和分频电路构成。

- 振荡电路：由于本课题对计时器精度要求不高，因此可选用 555 定时器组成振荡电路，以产生固定频率的脉冲信号，如图 4-5 所示。

振荡电路频率的选择，应考虑振荡器本身的稳定性和经分频后可能引入的最大误差，在频率稳定性要求高的场合可采用石英晶体振荡器。

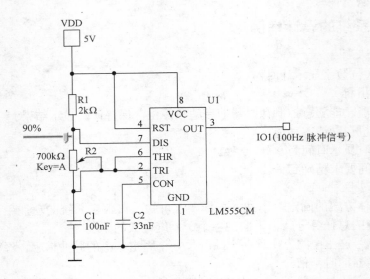

图 4-5　555 定时器构成的多谐振荡器电路

555 定时器引脚介绍：RST（$\overline{R_D}$）为复位端，DIS 为放电端，THR（TH）和 TRI（$\overline{TR}$）为触发输入端，CON 为控制电压端，OUT 为输出端。

555 定时器的功能表见表 4-1。

表 4-1　555 定时器功能表

输　　　入			输　　出	
RST	THR	TRI	OUT	三极管 VT
0	×	×	0	导通
1	$<\dfrac{2}{3}U_{DD}$	$<\dfrac{1}{3}U_{DD}$	1	截止
1	$<\dfrac{2}{3}U_{DD}$	$>\dfrac{1}{3}U_{DD}$	不变	不变
1	$>\dfrac{2}{3}U_{DD}$	$<\dfrac{1}{3}U_{DD}$	×	×
1	$>\dfrac{2}{3}U_{DD}$	$>\dfrac{1}{3}U_{DD}$	0	导通

555 定时器外接基本的元器件 R1、R2、C1 后，可以很方便地构成多谐振荡器，如图 4-5 所示。

接通电源的瞬间 $u_C = 0 < \dfrac{1}{3}U_{DD}$ 时，输出 OUT= "1"，开关管 VT 截止。随后电源 U_{DD} 经 R1、R2 对电容 C1 充电，充电回路：$U_{DD} \rightarrow$ R1 $\rightarrow$ R2 $\rightarrow$ C1 $\rightarrow$ 地。充电时间常数 $\tau = (R_1 + R_2)C_1$。

当 $u_C \uparrow > \dfrac{2}{3}U_{DD}$ 时，输出 OUT= "0"，开关管 VT 导通，电容 C1 经开关管 VT 放电，放电回路：$u_C \rightarrow$ R2 $\rightarrow$ 7 脚 $\rightarrow$ 开关管 VT $\rightarrow$ 地。放电时间常数 $\tau = R_2 C_1$。

当 $u_C \downarrow < \frac{1}{3}U_{DD}$ 时，输出 OUT="1"，开关管 VT 截止，电源 U_{DD} 又一次对电容 C1 充电。

充电回路：$U_{DD} \rightarrow R1 \rightarrow R2 \rightarrow C1 \rightarrow$ 地。电容 C1 如此周而复始地充放电，电路便形成振荡。

多谐振荡器电路的振荡周期：

$$T \approx 0.7(R_1 + 2R_2)C_1$$

振荡电路产生固定频率的脉冲信号 $f=100\text{Hz}$，$T=1/f=10^{-2}$ s，在上式中令 $R_1=2\text{k}\Omega$，$C_1=100\text{nF}$，则

$$R_2 \approx \frac{1}{2}\left(\frac{T}{0.7C_1} - R_1\right) = \frac{10^{-2}\text{s}}{1.4 \times 100 \times 10^{-9}\text{F}} - 1\text{k}\Omega \approx 70\text{k}\Omega$$

取标称值 $R_2=100$ kΩ。

● 分频电路：由二级 10 分频电路构成，选用中规模集成计数器 CC4518 完成 100 分频。

CC4518 是一个双 BCD 十进制同步加法计数器，每一个完成 10 分频，2 个级联可完成 100 分频，最终得到 1Hz 脉冲信号。其逻辑功能图如图 4-6 所示，功能表如表 4-2 所示。EN 为使能端，MR 为清"0"端；D、C、B、A 为输出端，CP 为时钟输入端。

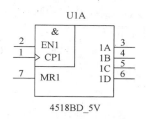

图 4-6 CC4518 的逻辑功能图

一个十进制计数器可完成 10 分频，EN 接"1"，时钟信号从 CP 输入，从 D 输出，CC4518 构成一个十进制计数器，它的时序图如图 4-7 所示。

表 4-2 CC4518 功能表

输		入	输			出	功能
MR	EN	CP	D	C	B	A	
1	×	×	0	0	0	0	异步清零
0	1	↑	加计数				加计数
0	↓	0	加计数				加计数
0	×	↓	保持				禁止计数
0	↑	×					
0	0	↑					
0	↓	1					

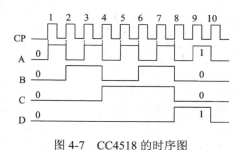

图 4-7 CC4518 的时序图

$Q_D Q_C Q_B Q_A$：$0000 \rightarrow 0001 \rightarrow 0010 \rightarrow 0011 \rightarrow 0100 \rightarrow 0101 \rightarrow 0110 \rightarrow 0111 \rightarrow 1000 \rightarrow 1001 \rightarrow 0000$，完成十进制计数。

从图 4-7 可知，从 CP 输入 10 个脉冲信号，从 D 输出一个脉冲信号，D 的频率是 CP 的 1/10，完成 10 分频，将两片 CC4518 级联，低位片的 D 与高位片的 EN 连接可完成 100 分频。如图 4-8 所示。

b. 计数器和译码显示器电路，由三位计数器和译码显示器构成。

● 计数器电路：由秒位、分位计数器构成。秒个位计数器是十进制计数器，逢十进一，秒的十位计数器是六进制计数器，逢六进一，秒计数器从 $00 \rightarrow 01 \rightarrow 02 \rightarrow \cdots \rightarrow 58 \rightarrow 59 \rightarrow 00$，完成 60 进制的计数功能；分位计数器是十进制计数器，逢十进一。选用两片中规模集成计数器 CC4518 组成两个十进制计数器和一个六进制计数器。

从 CP 输入 10 个脉冲信号，从 D 输出一个脉冲信号，完成一个十进制计数，且 D 作为向高一位计数器的进位。

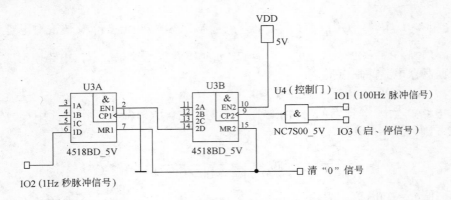

图 4-8　100 分频电路

六进制计数的原理：当 CC4518 构成的十进制计数器计数到 0110 时，清"0"，可实现六进制计数器。

$$DCBA: 0000 \rightarrow 0001 \rightarrow 0010 \rightarrow 0011 \rightarrow 0100 \rightarrow 0101 \rightarrow \boxed{0110}$$

计数器清 0

由表 4-2 可知：清零端 MR 为 "1" 时，计数器清 "0"。显然，当 C、B 两端同为 1 时，即计数到 0110 时，计数器清 "0"，如图 4-9 所示。

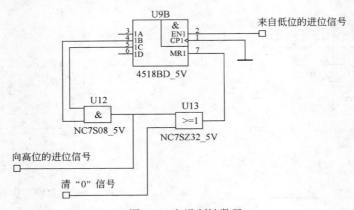

图 4-9　六进制计数器

将秒个位十进制计数器、秒十位六进制计数器、分位十进制计数器级联在一起可完成最大为 9 分 59 秒的计数，如图 4-10 所示。

● 译码显示器电路：由 3 个带七段译码的数字显示器组成，显示所计时间。

③ 控制电路的设计　控制电路向其他子系统主要输出两种控制信号：一是提供开机自动清零信号，使计数电路的分频电路在开机时处于 "0" 状态，三位数码显示器显示为 0 值；二是发出计时器启停控制信号，以控制计时电路何时开始工作、何时停止工作，即控制信号何时进入分频电路，何时不能进入。

● 开机自动清 "0" 电路：它主要由 RC 电路和门电路组成，如图 4-11 所示。

在接通电源前，电容上的电压为 0，G1 门输出 "1"，G2 门输出 "0"，G3 门输出 "1"，当接通电源后，电容上的电压被迅速充电到 G1 门的开门电平，G1 门输出 "0"，G2 门输出 "1"，G3 门输出 "0"，从而得到清 "0" 信号 "Ⴈ"，并加到分频电路和计数电路的清 "0" 端，做好计时的准备。

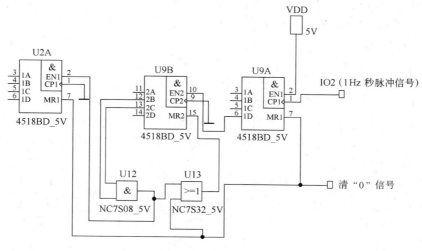

图 4-10　计数电路

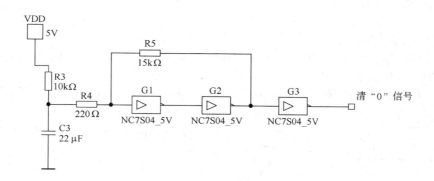

图 4-11　上电清 "0" 信号

- 计时启停输入控制电路：由与非门构成的 RS 触发器和中规模集成 D 触发器 74HC74 组成，如图 4-12 所示。

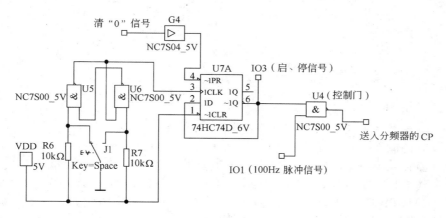

图 4-12　计时启停输入控制信号

74HC74 是一个双 D 触发器，PR 端为异步置位端，CLR 为异步清"0"端，CLK（CP）为时钟端，D 为输入信号，其逻辑功能表如表 4-3 所示。

D 触发器的 $\overline{Q}$ 与 D 相连后，构成 T′触发器，只具有在 CLK（CP）的上升沿翻转功能。

开机清"0"后，图 4-12 中的 U7A（D 触发器），由功能表 4-3 可知，首先 PR="0"，CLR="1" 时，D 触发器处于"1"状态（Q="1"、$\overline{Q}$="0"），然后 PR="1"，CLR="1" 时，且时钟 CLK 无上升沿，D 触发器保持"1"状态（Q="1"、$\overline{Q}$="0"），控制门 U4 处于关闭状态。当按一下开关 J1（即开关 J1 给左边的与非门 U5 一个负脉冲"┗┛"）时，

表 4-3　74HC74 功能表

输入				输出	
PR	CLR	CLK	D	Q	$\overline{Q}$
0	1	×	×	1	0
1	0	×	×	0	1
0	0	↑	×	不确定	
1	1	↑	1	1	0
1	1	↑	0	0	1
1	1	0、1	×	保持	

在 CLK 端出现一个上升沿↑，使触发器翻转，Q="0"、$\overline{Q}$="1"，控制门 U4 打开，振荡器输出 100Hz 信号进入分频电路，经分频后得秒脉冲进入计数电路，计数器计数。此时再按一下开关 J1（即开关 J1 再给左边的与非门 U5 一个负脉冲"┗┛"）时，在 CLK 端又出现一个上升沿↑，使触发器翻转，Q="1"，$\overline{Q}$="0"，控制门 U4 关闭，计数器停止计数。

④ 总体逻辑电路　将各控制电路与各子系统进行连接，即完成总体电路设计，如图 4-13 所示。

（4）电路仿真

① 子系统单元电路仿真

● 秒脉冲信号产生电路的仿真：在 Multisim10 软件的基本界面的电路编辑区中，画出秒脉冲信号产生电路，如图 4-14 所示。

开启仿真开关，双击四踪示波器 XSC1 图标，示波器控制面板打开，如图 4-15 所示。

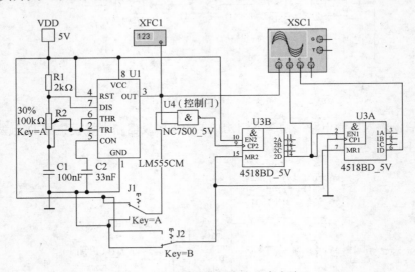

图 4-14　秒脉冲信号产生仿真电路

从示波器控制面板图屏幕上可知，A 通道为振荡电路的输出波形，B 通道为第一个 CC4518 十进制计数器的输出 D 的波形，C 通道为第二个 CC4518 十进制计数器的输出 D 的波形，A 通道（上）每来 10 个脉冲，B 通道（中）出来 1 个脉冲，B 通道脉冲频率是 A 通道脉冲频率的 1/10；B 通道每来 10 个脉冲，C 通道（下）出来 1 个脉冲，C 通道脉冲频率是 B 通道脉冲频率的 1/10，C 通道脉冲频率是 A 通道脉冲频率的 1/100，图 4-15 是一个 100 分频电路的波形图。

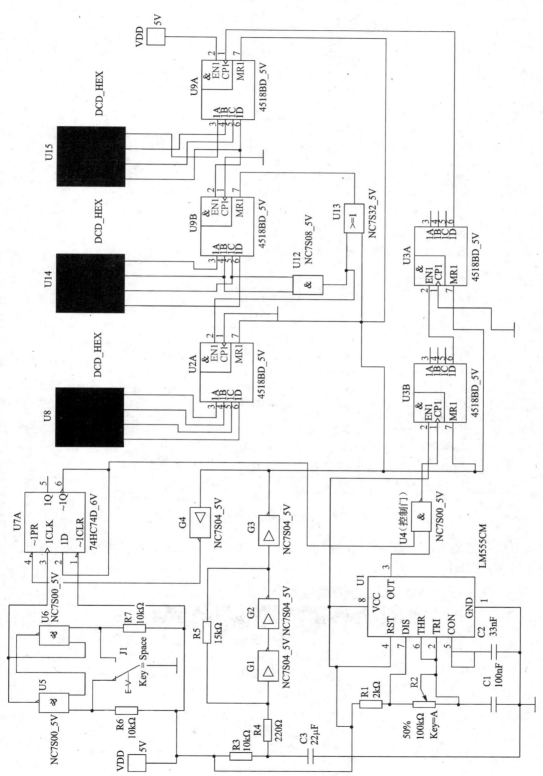

图 4-13　3 位数字显示计时器总体逻辑电路图

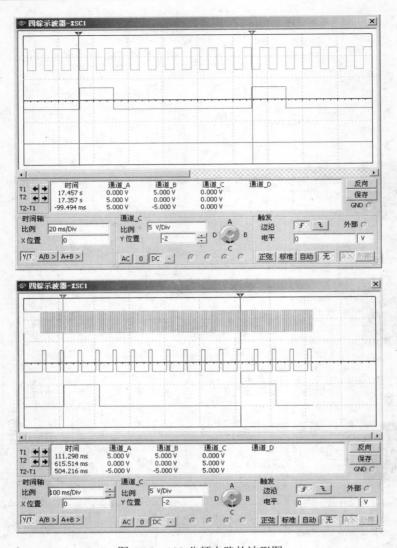

图 4-15　100 分频电路的波形图

双击频率计 XFC1 图标，频率计控制面板打开，如图 4-16 所示；通过频率计测量输出信号频率约为 100Hz。

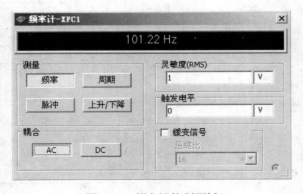

图 4-16　频率计控制面板

● 计数器和译码显示器电路的仿真：在 Multisim10 软件的基本界面的电路编辑区中，画出 3 位计数译码显示电路如图 4-17 所示。

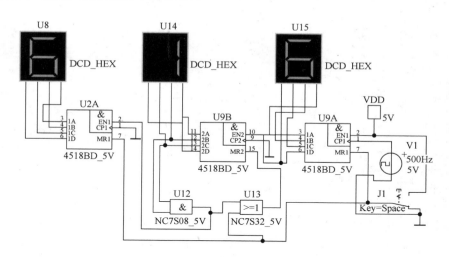

图 4-17　3 位计数译码显示仿真电路

开启仿真开关，开关 J1 给出清"0"信号，开关 J1 打向"1"（5V）时，计数器清 0，即数码显示为 000；开关 J1 打向"0"（地）时，计数器计数。秒位从 00→01→02→…→58→59→00，完成 60 进制的计数功能；分位计数器完成十进制计数功能，最大显示为 9 分 59 秒。

② 控制电路的仿真

● 开机自动清"0"电路仿真：在 Multisim10 软件的基本界面的电路编辑区中，画出开机自动清"0"电路如图 4-18 所示。

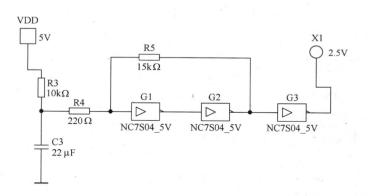

图 4-18　开机自动清"0"仿真电路

开启仿真开关的初始时刻，指示灯闪烁一下，即从 1→0 给出了清零信号"⌐"。

● 计时启停输入控制电路仿真：在 Multisim10 软件的基本界面的电路编辑区中，画出计时启停输入控制电路如图 4-19 所示。

开启仿真开关，当开关 J2 打向"0"时，即指示灯 X1 不亮，表示 Q=1，$\bar{Q}$=0，D 触发器置"1"态。当开关 J2 打向"1"时，开关 J1（Space）给左边的与非门（U5）一个负脉冲"⊓"时，指示灯 X1 亮、X2 闪烁，表示 Q=0，$\bar{Q}$=1，D 触发器置"0"态，控制门（U4）打开，1kHz 时钟信号可以通过控制门送给分频电路，计数电路计数；开关 J1 再给左边的与非门（U5）一个负脉冲"⊓"时，指示灯 X1 灭、X2 亮，表示 Q=1，$\overline{Q}$=0，D 触发器置"1"态，控制门（U4）封锁，1kHz 时钟信号不能通过控制门送给分频电路，计数电路停止计数。

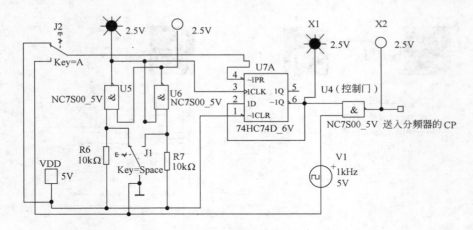

图 4-19　计时启停输入控制仿真电路

③ 总体逻辑电路仿真　在完成各单元电路的仿真，并保证正确后，可进行整机仿真，将总体电路画在 Multisim10 软件的基本界面的电路编辑区中，如图 4-20 所示。指示灯 X1 为振荡电路的输出指示，指示灯 X2 为启停控制信号的输出指示，指示灯 X3 为控制门的输出指示，指示灯 X4 为第一级分频电路（10 分频）的输出指示，指示灯 X5 为第二级分频电路（100 分频）的输出指示，指示灯 X7 为与非门构成的 RS 触发器的输出指示。

● 开启仿真开关，指示灯 X2、X4、X5 不亮（表示"0"），三位数码显示器显示 000，计时器电路做好工作准备；指示灯 X1 闪烁，表示振荡器已启振工作。

● 开关 J1 给左边的与非门（U5）一个负脉冲"⊓"时，指示灯 X7 由"不亮"→"亮"即出现一个上升沿↑，指示灯 X2 亮（表示"1"），控制门 U4 打开，振荡器产生的脉冲信号通过控制门 U4 进入分频电路、计数电路。

● 此时指示灯 X3 与 X1 相反地闪烁；指示灯 X3 闪烁 10 次，指示灯 X4 闪烁 1 次，表示 10 分频；指示灯 X4 闪烁 10 次，指示灯 X5 闪烁 1 次，表示再一个 10 分频；即振荡器产生的脉冲信号经过 100 分频后送入 3 位计数器计数。

● 观察到数码显示器的秒位从 00→01→02→…→58→59→00，完成 60 进制的计数功能，分位计数器从 0→9，完成十进制计数功能，最大显示为 9 分 59 秒。

● 开关 J1 给右边的与非门（U6）一个负脉冲"⊓"时，指示灯 X7 由"亮"→"不亮"→"亮"即出现一个上升沿↑，指示灯 X2 不亮（表示"0"），控制门 U4 封锁，振荡器产生的脉冲信号不能通过控制门 U4 进入分频电路、计数电路，计数器停止计数，此时数码显示器显示的数字不再变化（停下）。

注：仿真该电路时，若采用秒脉冲信号产生电路，则仿真时间太长，最好采用外部频率较高的时钟源信号代替，为观察进位情况可把时钟频率调高一些。

④ 3 位数字显示计数器的元件明细表（见表 4-4）

⑤ 撰写设计总结报告　如果一个数字系统电路太复杂，在 Multisim10 软件的电路编辑区中，难以将其绘制在一张电路图中，则可采用层次电路图的绘制方法，将各单元电路生成层次电路模块，见第 3 章中 3.4.4 综合电路的仿真中采用的方法。

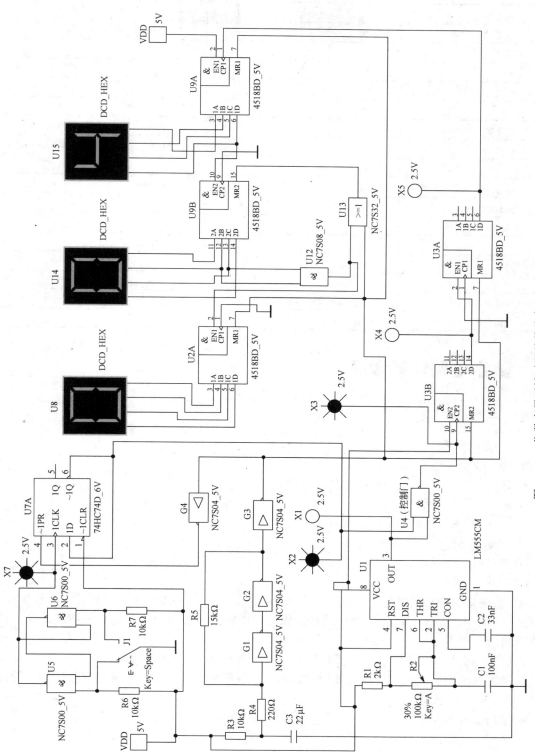

图 4-20　3 位数字显示计时器总体仿真逻辑电路

表 4-4　电路所用元件明细表

元 件 名 称	型号、规格	数 量
电源 VDD	5V	1 个
电阻	10kΩ	3 个
电阻	15kΩ	1 个
电阻	2kΩ	1 个
电阻	220Ω	1 个
电阻器	100kΩ	1 个
电容	22μF	1 个
电容	33nF	1 个
电容	100nF	1 个
555 定时器	LM555CM	1 个
非门	NC7S04	4 个
与非门	NC7S00	3 个
与门	NC7S08	1 个
或门	NC7S32	1 个
十进制计数器	CC4518（双十进制计数器）	3 片（1 片中有两个 CC4518）
D 触发器	74HC74	1 个

4.2　数字电路设计课题

4.2.1　序列信号发生器

（1）设计任务书

① 设计要求

- 能产生 1010100100110001 序列信号；
- 脉冲信号自行设计。

② 完成上述功能的数字系统设计

③ 仿真分析所设计的数字电路

④ 撰写设计总结报告

（2）设计过程

① 系统总体方案的确定　由设计要求可知，该数字系统的功能主要是设计一个秒脉冲，然后控制一组信号按规律输出，整个系统的组成框图如图 4-21 所示。故可将系统的总任务分解为下面的各个子系统完成的子任务。

- 秒脉冲信号产生电路。由振荡电路产生一个频率为 1s 的脉冲信号。
- 时钟信号控制电路。使信号按固定的顺序，固定的频率输出，必须要有相应的时钟控制信号。
- 序列信号输入电路。
- 序列信号输出电路。

② 输出子系统、控制电路的设计

- 秒脉冲信号产生电路的设计。秒脉冲信号产生电路采用 555 定时器（555 定时器的功

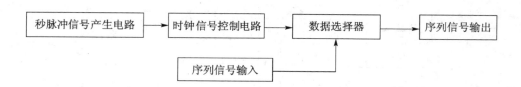

图 4-21　序列信号发生器的组成框图

能见表 4-1）来实现。利用 555 定时器构成多谐振荡器的方法是把它的阈值输入端 THR 和 TRI 相连并对地接电容 C2，对电源 VCC 接电阻 R1 和 R2，然后再将 R1 和 R2 接 DIS 端就可以了。由 555 定时器构成的秒脉冲产生电路如图 4-22 所示。

秒脉冲的周期为

$$T = 0.7(R_1 + 2R_2)C_2 = 987\text{ms} \approx 1\text{s}$$

- 时钟信号控制电路。使信号按固定的顺序、固定的频率输出，必须要有相应的时钟控制信号，这里采用 4 位二进制计数器 40161 的状态输出端 Q3、Q2、Q1、Q0 来实现，如图 4-23 所示。40161 的功能表见表 4-5 所示。

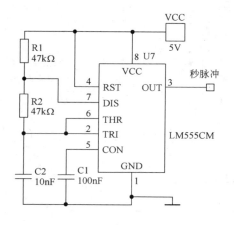

图 4-22　秒脉冲产生电路

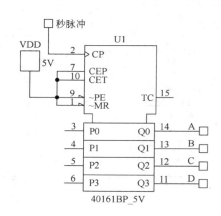

图 4-23　时钟信号控制电路

表 4-5　4 位二进制计数器 40161 的功能表

MR	PE	CET	CEP	CP	工 作 状 态	说　　明
0	×	×	×	×	清零	
1	0	×	×	↑	置数	
1	1	1	1	↑	加计数	异步清零 同步置数
1	1	0	×	×	保持	
1	1	×	0	×	保持	

- 序列信号输入电路。要产生的一组序列信号直接从数据选择器 74LS151 的数据输入端输入，74LS151 的功能见表 3-3 所示。
- 序列信号输出电路。这里采用两片 8 选 1 数据选择器 74LS151 构成。其电路如图 4-24 所示。

③ 总体逻辑电路　将各控制电路与各子系统进行级联，即完成总体电路设计，如图 4-25 所示。

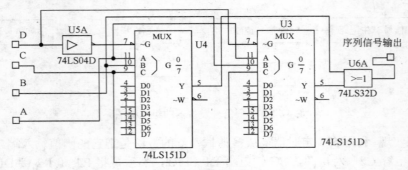

图 4-24　序列信号输出电路

④ 电路仿真　为了提高仿真效率，可先对子系统进行仿真，子系统电路仿真正确无误后再进行整个电路仿真。

此电路结构比较简单，所以在仿真整个电路时，不需要采用层次电路图的画法，在一个编辑区仿真就可以了。

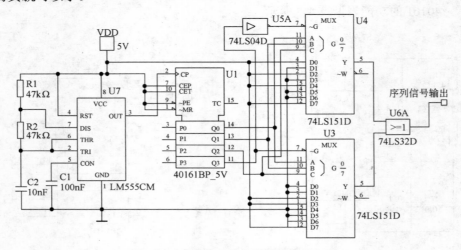

图 4-25　序列信号发生器总体逻辑电路

4.2.2　病房呼叫系统

（1）设计任务书

① 设计要求　本例设计某医院有 7 个病房房间，每间病房门口设有呼叫显示灯，室内设有紧急呼叫开关，同时在护士值班室设有一个数码显示管，可对应显示病房的呼叫。

具体要求如下。

● 当一号病房的按钮按下时，无论其他病房的按钮是否按下，值班室的数码显示"1"，即"1"号病房的优先级别最高，其他病房的级别依次递减，7 号病房的优先级别最低。当 7 个病房中有若干个请求呼叫开关合上时，护士值班室的数码显示的号码即为当前相对优先级别最高的病房的号码，同时，有呼叫的病房门口的指示灯闪烁。

● 护士按数码指示号处理病房完毕后，将该病房的呼叫开关关闭，此病房门口的指示灯停止闪烁，并熄灭。护士值班室的数码显示的号码为当前还未处理的病房中相对优先级别最高的病房的号码，护士按数码指示号处理病房，如此循环。

● 全部处理完毕后，即没有病房呼叫时，值班室数码显示"0"。

② 完成上述功能数字系统的设计

③ 仿真分析所设计的数字电路

④ 撰写设计总结报告

（2）设计过程

① 系统总体方案的确定　由设计要求可知，该数字系统的功能主要是实现代表 7 个病房的 7 个呼叫按钮的识别，且按照优先级别传送优先级最高的呼叫病房号码的二进制编码给护士值班室的数码显示。故可将系统的总任务分解为下面的各个子系统完成的子任务：

- 病房紧急呼叫按钮优先级别识别系统；
- 护士值班室呼叫病房号码显示系统；
- 病房门口呼叫指示灯闪烁系统。

由以上分析，可得电路的总体方框图，如图 4-26 所示。

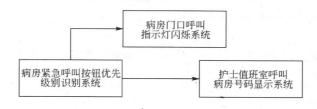

图 4-26　电路的总体方框图

② 子系统、控制电路的设计

- 病房紧急呼叫按钮优先级别识别系统。由于本设计需要对 7 个病房的呼叫按优先级别编码，采用 8 线-3 线优先编码器 74LS148 是合适的选择。74LS148 有 8 个数据端（D0～D7），3 个数码输出端（A0～A2），1 个使能输入端（EI，低电平有效），2 个输出端（GS，EO），其功能见第 3 章表 3-1 所示。

从 74LS148 的功能表可以看出，其输入优先级别是"7"输入端最高，"0"输入端最低，而且是低电平代表需要编码，其输出编码也是低电平有效，即"0"的编码是"111"，而"7"的编码是"000"。因此，在电路设计中，各病房的呼叫开关应该设计成按下输出低电平"0"，断开输出高电平"1"；同时，应该把"1"号病房的开关信号接到编码器的"6"输入端，编码输出刚好为"001"，"7"号病房的开关信号接到编码器的"0"输入端，编码输出刚好为"111"，同时完成题目设计要求中的优先权，而编码器的"7"输入端一直为高电平，放弃编码权。

病房紧急呼叫按钮优先级别识别系统部分电路如图 4-27 所示，在电路图中 74LS148 的输出端 EO，其状态输出 "1"表示有输入，状态输出"0"表示没有输入。在本例中没有一个病房按下呼叫按钮时，按照设计要求，此时应编码为"000"，而 74LS148 编码器将输出"111"，产生错误代码。因此，利用与门配合 74LS148 的输出端 EO 实现此控制。在没有一个病房按下呼叫按钮时，EO 输出"0"，电路编码输出为"000"。

- 护士值班室呼叫病房号码显示系统。病房紧急呼叫按钮优先级别识别系统输出的 3 位二进制编码通过传输线进入护士值班室呼叫号码显示系统，为了显示数码管的字形，需要 74LS48BCD-七段译码驱动器，和共阴极数码管器件。电路如图 4-28 所示。

由于此例只有 3 位二进制代码，所以把 74LS48 最高位输入端 D 直接接地，同时不需要灭零或试灯功能，其余控制端接高电平。而共阴极数码显示管需要 70Ω 的限流电阻。

- 病房门口呼叫指示灯闪烁系统。病房指示灯是此病房按下呼叫按钮时，指示灯闪烁，没有按下按钮时，指示灯熄灭，关键是产生一个闪烁控制电路，用 555 产生多谐振荡输出实现闪烁，用呼叫按钮的开关状态控制是否输出。电路原理如图 4-29 所示，注意此电路只给出一个病房呼叫闪烁控制，实际系统电路应该有 7 个病房呼叫闪烁控制，可以共用一个 555 产生多谐振荡的输出。

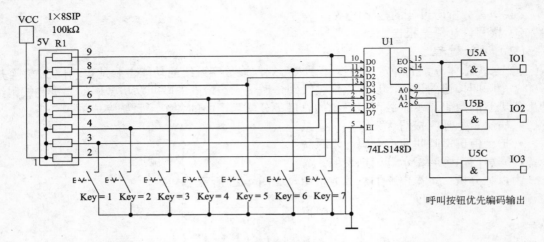

图 4-27　病房紧急呼叫按钮优先级别识别系统部分电路

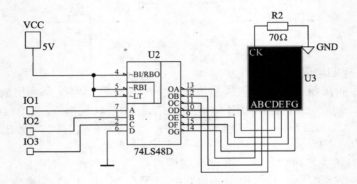

图 4-28　护士值班室呼叫病房号码显示系统

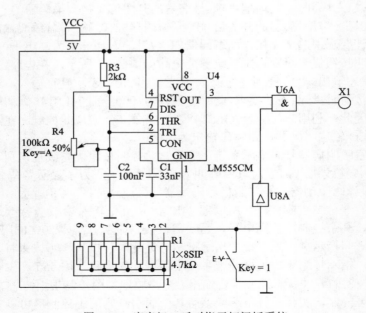

图 4-29　病房门口呼叫指示灯闪烁系统

③ 总体逻辑电路　将以上各子系统、控制电路进行连接，即完成总体电路设计，如图 4-30 所示。

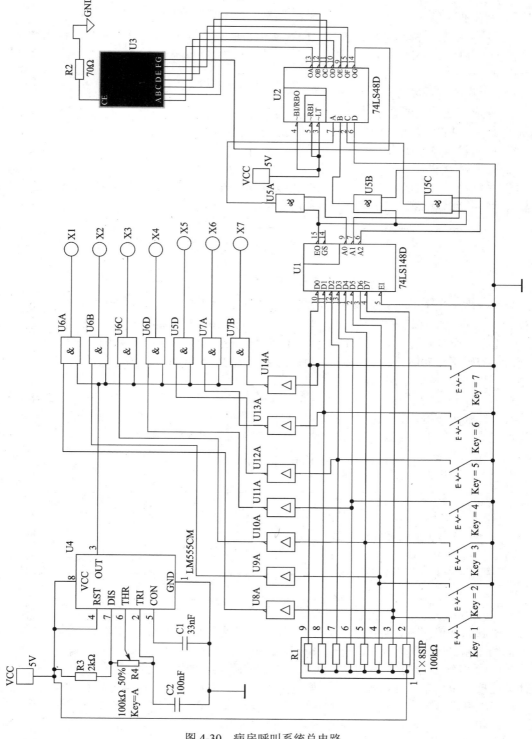

图 4-30　病房呼叫系统总电路

4.2.3　数字密码锁

（1）设计任务书

① 设计要求

● 设计一个数字密码锁，设置的密码共 4 位，用数据开关 J0～J9 分别代表键盘数字 0～9，当输入正确的密码时，锁开，否则复位。

● 能自动清零复位。

● 误操作时清零复位。

② 完成上述功能的数字系统设计

③ 仿真分析所设计的数字电路

④ 撰写设计总结报告

（2）设计过程

① 系统总体方案的确定　整个系统由按键开关输入控制电路、锁存电路、4 个密码开锁状态指示灯三部分组成。系统原理框图如图 4-31 所示。

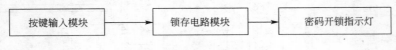

图 4-31　密码锁系统框图

初始状态是锁上的，密码指示灯熄灭。设置初始密码为 2143，正确密码的按键分别与 4 个 D 锁存器的时钟端相连。开锁时，当输入正确的密码，则使相应的密码指示灯点亮，当 4 个密码指示灯全部点亮时，锁就被打开。非正确密码按键则接到锁存器的清零端，开锁时，当所输入密码不正确时，使整个密码系统复位，密码指示灯处于完全熄灭的状态。

② 子系统、控制电路的设计

● 输入控制、清零电路。密码为 4 位，由相应 4 个按键组成，分别接到 4 个锁存器的时钟输入端，其余按键均接到锁存器的清零端；用数据开关 J0～J9 分别代表数字按键 0～9，当输入正确的密码时，锁开，否则复位。其原理图如图 4-32 所示。

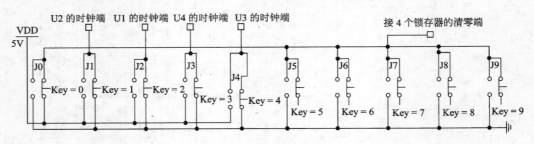

图 4-32　输入控制、清零电路

● 密码锁存电路设计。由 4 个 D 触发器级联构成密码锁存电路。4 个 D 触发器的置位端（PR）、清零端（CLR）均接高电平。第一个 D 触发器 D 端接高电平(+5V 电源)，各级触发器的 Q 端和下级触发器的 D 端相连，实现 4 个 D 触发器的级联，各时钟端依次与正确密码按键开关连接，以便输入正确密码时触发 D 触发器输出高电平，其电路连接如图 4-33 所示。

● 密码开锁状态指示电路。分别在 4 个 D 触发器输出端 Q 接一个状态指示灯，输入密码正确，则相应指示灯亮，4 个指示灯全亮时，则锁开。否则输入密码错误时，灯全灭。其电路如图 4-34 所示。

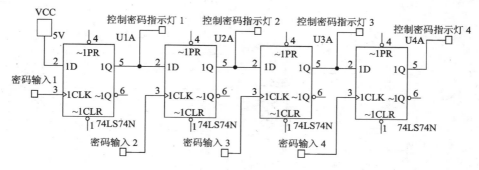

图 4-33 密码锁存电路

③ 总体逻辑电路 将各控制电路与各子系统进行级联，即完成总体电路设计，如图 4-35 所示。

4.2.4 简易数字频率计

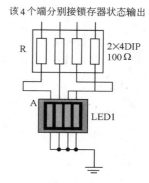

图 4-34 密码开锁状态指示电路

（1）设计任务书

① 设计要求与技术指标

- 4 位数字显示，测量频率范围为 1Hz～10kHz。
- 测量结束显示器上的数字稳定显示，直到下一次测量。
- 可测量正弦信号、三角波信号和脉冲信号。
- 测量灵敏度为 1V。
- 手动清零、手动测量。
- 测量误差为 ±1 个数字。

② 完成上述功能数字系统的设计

③ 仿真分析所设计的数字电路

④ 撰写设计总结报告

（2）设计过程

① 系统总体方案的确定 所谓频率，就是周期性信号在单位时间（1s）内变化的次数。频率测量是通过在单位时间内对被测信号进行计数来实现的。

由设计要求及技术指标可知，该数字系统的功能主要是 1Hz～10kHz 频率测量，故可将系统的总任务分解为下面的各个子系统完成的子任务。

- 放大整形电路。将被测的正弦波、三角波信号经放大整形电路变成计数器所要求的脉冲信号，其频率为被测信号的频率。

- 秒脉冲信号产生电路及 1s 门控电路。由振荡电路产生一个固定频率 1Hz 的脉冲信号，经 1s 门控电路得到一个高电平持续时间为 1s 的信号。

- 主控门。当 1s 的高电平到来时，主控门打开，被测脉冲信号通过主控门，进入 4 位十进制计数器开始计数，直到 1s 信号结束时主控门关闭，计数器停止计数。

- 计数器、译码显示器。由于频率计范围为 1Hz～10kHz，因此，需用 4 位计数器。个位对输入的被测脉冲信号进行计数，其进位信号送给十位计数器计数，十位计数器的进位信号送给百位计数器计数，百位计数器的进位信号送给千位计数器计数，并通过译码显示器显示出 1s 时间内所计脉冲个数。

- 手动清零、手动测量。手动清零，提供清零信号，使系统电路的状态为"0"；手动测量，选择不同类型的被测信号。

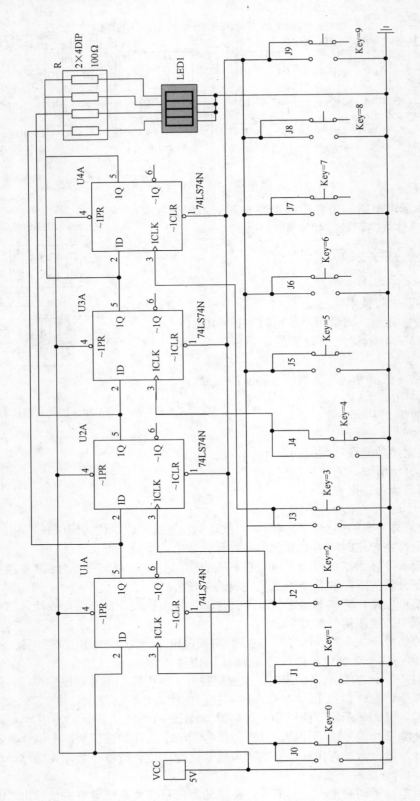

图 4-35　数字密码锁总体逻辑图

由以上分析，可得简易频率计电路的总体框图，如图 4-36 所示。

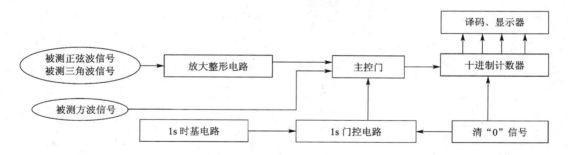

图 4-36 简易数字频率计的原理框图

② 子系统的设计

● 秒脉冲信号产生电路。由振荡电路构成，由于本课题对精度没有提出高要求，因此可选用 555 定时器组成振荡电路，以产生固定频率为 1Hz 的脉冲信号，如图 4-37 所示。在频率稳定性要求高、测量误差要求小的场合可采用石英晶体振荡器，经分频电路得到 1s 的信号。

此电路输出脉冲的周期 $T=0.7$（R_1+2R）C_1，$T=1s$，令 $C_1=10\mu F$，$R_1=39k\Omega$，经计算取 R 由一固定电阻 $R_2=48.7k\Omega$ 与一 $5k\Omega$ 的电位器 $R3$ 相串联构成，通过调节电位器 R3 可使输出脉冲周期为 1S。

● 1s 门控电路。对于数字频率计门控信号即标准宽度的脉冲信号，这里选宽度为 1s 的脉冲信号，它使被测信号在 1s 的时间里通过主控门送入计数器进行计数，即得到被测信号的频率。宽度为 1s 的正脉冲信号由 1Hz 的秒脉冲信号经过双 D 触发器 4013 得到，电路如图 4-38 所示。

D 触发器 4013 的介绍：SD（S）为置"1"端，CD（R）为置"0"端，高电平有效；CP 为时钟端；D 为输入端；O 为输出端。功能表如表 4-6 所示。

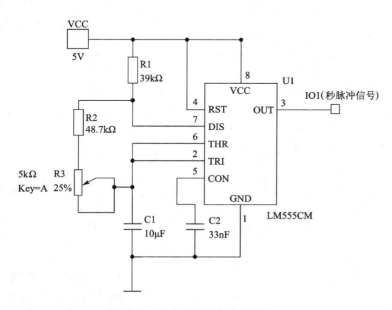

图 4-37 秒脉冲信号产生电路

表 4-6 4013 功能表

输	入			输	出
SD	CD	CP	D	O	$\overline{O}$
0	1	×	×	0	1
1	0	×	×	1	0
1	1	×	×	不确定	
0	0	↑	1	1	0
0	0	↑	0	0	1
0	0	↓	×	保持	

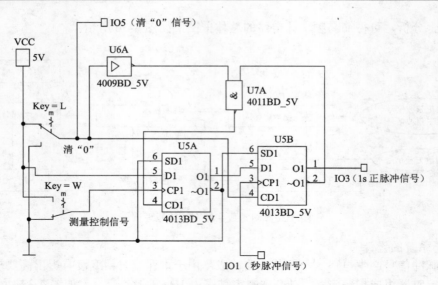

图 4-38　1s 门控信号产生电路

测量前先用清零信号 L 的高电平将触发器 U5A 和 U5B 清零，即使得两个 O=0。测量时按一下测量按钮 W，获得一个测量正脉冲，由于 U5A 的 D 输入端接 "1"，因此，测量脉冲的上升沿到来后，U5A 的 O 由 0 变 1，紧接着一个秒脉冲的上升沿到来后，U5B 的 O 由 0 翻转为 1 状态，即 U5B 的 O=1、$\overline{O}$=0，$\overline{O}$=0 的低电平经与非门 U7A 输出高电平，使 U5A 的 CD（R）变为高电平，将 U5A 又重新置 0（U5A 的 O=0），即 U5B 的 D 接 U5A 的 O，U5B 的 D=0，此状态一直维持到下一个秒脉冲到来。而 U5B 只有在下一个秒脉冲的上升沿到来后才重新置 0。因此，U5B 的 O 输出的高电平时间是两个秒脉冲上升沿之间的时间间隔（即秒脉冲的周期），即 U5B 的 O 输出的是 1s 宽的门控信号。1s 门控信号生成电路的时序图如图 4-39 所示。

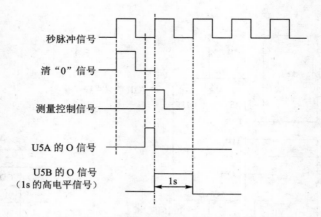

图 4-39　1s 门控信号生成电路的时序图

- 放大整形电路.

被测信号有三种：正弦波、三角波、矩形（脉冲）波信号。正弦波、三角波需经过放大整形电路将其变成脉冲波信号，如图 4-40 所示，波形幅度放大的倍数由 R6 和 R4 确定，放大后信号还要经过整形，这里使用 40106 施密特触发器进行整形后得到规整的脉冲波；而矩形（脉冲）波信号不需要进行放大整形。两路信号通过 2 位拨动开关 J3 分别接入或门 U8A，或门 U8A 输出被测的脉冲信号。

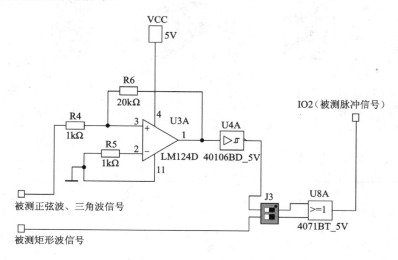

图 4-40　波形放大整形电路

- 主控门电路。主控门是一个由门控信号控制的闸门，门控信号为高电平期间，主控门打开，被测信号脉冲通过主控门；反之，主控门关闭，被测信号停止通过主控门，如图 4-41 所示，与非门 U7B 作为主控门。

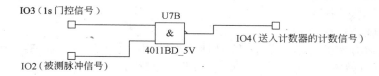

图 4-41　与非门构成主控门

- 计数器和显示器电路。计数器的作用是将主控门输出的被测脉冲进行累加计数并在数码管上显示出来。为了实现对 1Hz～10kHz 的脉冲进行测量，需要用 4 位十进制数码显示，计数器采用 4 级十进制加法计数器，分别代表个位、十位、百位和千位。具体电路由 4 片十进制加计数器 CC4518 实现。CC4518 的 MR 为清零端，高电平有效。即当 MR=1 时，计数器清零，显示 0；当 MR=0 时，计数器工作。CC4518 功能表见表 4-2。译码显示器电路由 4 个带七段译码的数字显示器组成，显示测量结果。计数器和显示器电路如图 4-42 所示。

③ 总体逻辑电路　将各控制电路与各子系统进行级联，即完成总体电路设计，如图 4-43 所示。

④ 电路仿真　仿真时应注意：仿真系统电路时，被测信号可选用 Multisim10 软件中的函数发生器，可设置为正弦波、三角波、方波，且频率和幅度可调。

4.2.5　数字脉冲周期测量仪

（1）设计任务书

① 设计要求

- 两位数字显示，测量周期为 1～99ms。
- 可进行脉冲周期时间的测量和累加。

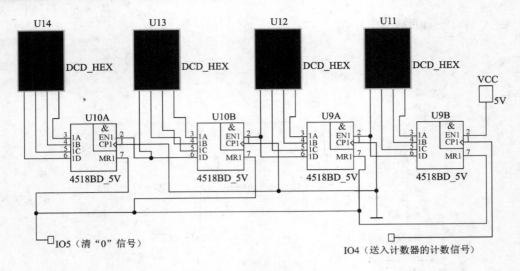

图 4-42　计数器和显示器电路

- 测量灵敏度为 1V。
- 手动清零，手动测量。
- 测量精度为 ±1ms。

② 完成上述功能的数字系统设计

③ 仿真分析所设计的数字电路

④ 撰写设计总结报告

（2）设计过程

① 系统总体方案的确定　数字脉冲周期测量仪用于测量脉冲的周期，由标准的周期为 1ms 的脉冲信号对被测脉冲进行测量。其原理框图如图 4-44 所示。

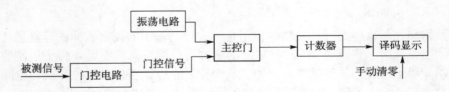

图 4-44　数字脉冲周期测量仪原理框图

由图可知，在测量控制信号作用下被测脉冲经过门控电路生成门控信号控制主控门。当被测周期性脉冲信号频率小于 1000Hz 时，经过门控电路后生成一个宽度为被测信号一个周期的脉冲，即为门控信号。此门控信号打开主控门的时间为被测脉冲的一个周期，这时通过时标开关选择频率为 1000Hz 的时标脉冲，在主控门打开时，时标脉冲通过主控门，计数器开始对时标脉冲计数；当门控信号结束时，主控门关闭，计数器停止计数，此时显示器上显示的数字是在门控信号打开主控门的时间内通过主控门的时标脉冲数，即为被测脉冲周期时间。在本设计中，时标脉冲的频率 $f=1\text{kHz}$。

② 子系统、控制电路的设计

- 时基电路（振荡电路）。由于本课题对精度没有提出高要求，因此可选用 555 定时器组成时基电路，以产生固定频率为 1kHz 的脉冲信号，如图 4-45 所示。在频率稳定性要求高、测量误差要求小的场合可采用石英晶体振荡器，经分频电路得到 1kHz 的信号。

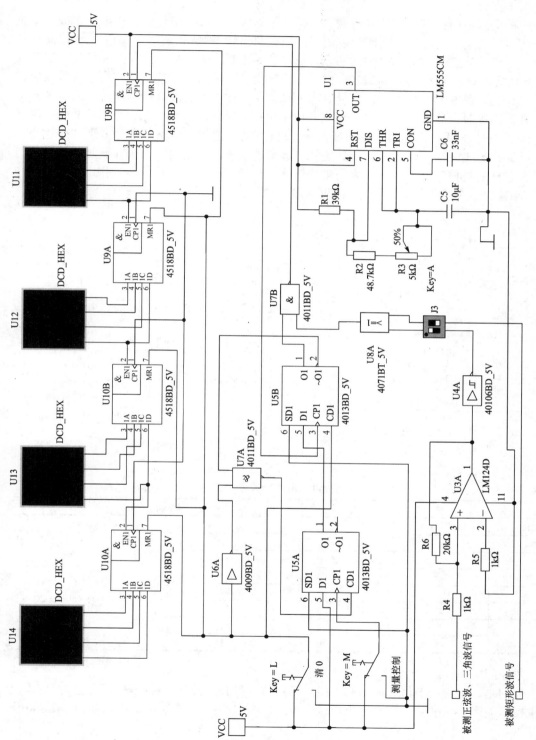

图 4-43　简易数字频率计总体逻辑电路图

此电路输出脉冲的周期 $T=0.7(R_1+2R_2)C_1$，令 $C_1=10\text{nF}$，$R_1=47\text{k}\Omega$，$R_2=48\text{k}\Omega$，可使输出脉冲周期 $T=1\text{ms}$。

● 门控电路。门控信号是被测信号经门控电路生成的。被测信号经门控电路生成一个宽度为被测信号周期的脉冲信号，即门控信号，门控电路如图 4-46 所示。4017 是十进制计数器/脉冲分频器，其逻辑功能如表 4-7 所示，MR 是计数器的清零端，由开关 S 控制。当开关 S 打到高电平时，计数器清零，4017 的 10 个译码输出中只有 O0 输出为高电平，其他输出均为低电平。当开关 S 打到低电平时，计数器开始对 CP 端输入的被测信号计数。第 1 个被测脉冲上升沿出现时，计数器计 1，O1 输出高电平，其他输出端均输出低电平。第 2 个被测脉冲上升沿到来时，输出由高电平变为低电平，此时 O2 输出为高电平，同时它使 CP1 也为高电平，被测信号无法送入计数器，计数器保持原来的状态，即输出为一个被测脉冲周期的门控信号。这样通过控制开关 S 首先为高电平清零，再打向低电平使计数器工作，就可控制在 O1 输出端输出一个宽度为被测脉冲周期的门控信号。

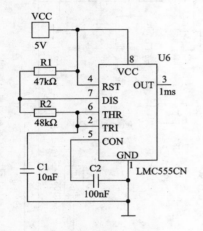

图 4-45　时基电路

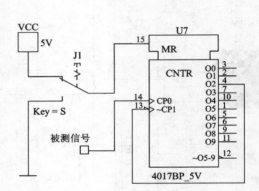

图 4-46　门控电路

表 4-7　4017 功能表

输　　入			输　　出	
CP0	CP1	MR	O0～O9	CO（Q5-9）
×	×	1	O0	
↑	0	0	计数	
1	↓	0	计数	计数脉冲为 O0～O4 时，CO=1；计数脉冲为 O5～O9 时，CO=0
0	×	0	保持	
×	1	0	保持	
↓	×	0	保持	
×	↑	0	保持	

● 主控门电路。

主控门是一个由门控信号控制的闸门，门控信号打开主控门，标准脉冲通过主控门；反之，主控门关闭，标准脉冲信号停止通过主控门。电路如图 4-47 所示，用与非门 74LS00 作为主控门。

● 计数器和译码器电路的设计。

计数器的作用是将主控门输出的标准脉冲进行累加计数并能够在数码管上显示。

为了实现对 1～10000Hz 的被测信号进行测量，需要实现两位十进制数码显示，计数器用二级十进制加法计数器，分别代表十进制的个位和十位。具体电路由两片十进制计数器 40160 实现，如图 4-48 所示。CP 是十进制计数器的时钟输入端，上升沿有效。O3～O0 是计数器的输出端，经过译码器就可驱动数码管显示，这里使用 4511 共阴极译码器。

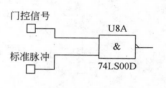

图 4-47　主控门电路

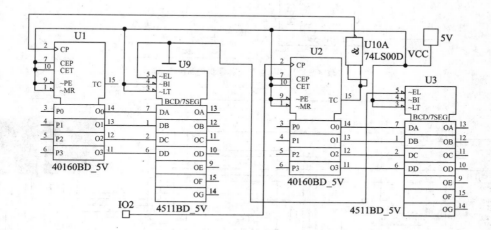

图 4-48　计数、译码电路

③ 总体逻辑电路（整机电路）　将各控制电路与各子系统进行级联，即完成总体电路设计，见图 4-49（a）、（b）所示。

④ 电路仿真　仿真整个系统电路时，在 Multisim10 软件的电路编辑区中，难以将其绘制在一张电路图中。要采用层次电路图的绘制方法，将各单元电路生成层次电路模块，再系统进行仿真。见第 3 章中 3.4.4 综合电路的仿真中采用的方法。

4.2.6　交通灯控制器

（1）设计任务书

① 设计要求

● 满足图 4-50 所示的顺序工作流程。

由图 4-50 交通灯工作顺序流程图可以看出：主、支干道交替通行，主干道每次放行 20s，支干道每次放行 12s；每次绿灯变红灯前，黄灯先亮 4s，此时另一干道上的红灯亮并闪烁。

它们的工作方式，有些必须是同时进行的：主干道绿灯亮、支干道红灯亮；主干道黄灯亮、支干道红灯亮并闪烁；主干道红灯亮、支干道绿灯亮；主干道红灯亮并闪烁、支干道黄灯亮。

● 满足图 4-51 时序工作流程。

图中，t 表示时间，MG 表示主干道绿灯，MY 表示主干道黄灯，MR 表示主干道红灯，SG 表示支干道绿灯，SY 表示支干道黄灯，SR 表示支干道红灯。

由图 4-51 可以看出，交通灯应满足两个方向的工作时序：主干道绿灯和黄灯亮的时间等于支干道红灯亮的时间；支干道绿灯和黄灯亮的时间等于主干道红灯亮的时间。若假设每个单位脉冲周期为 1s，则主干道绿灯、黄灯、红灯分别亮的时间为 20s、4s、16s，支干道红灯、绿灯、黄灯分别亮的时间为 24s、12s、4s。一次循环为 40s。

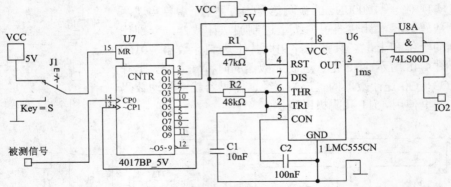

（a）数字脉冲周期测量仪总体逻辑电路图测量部分

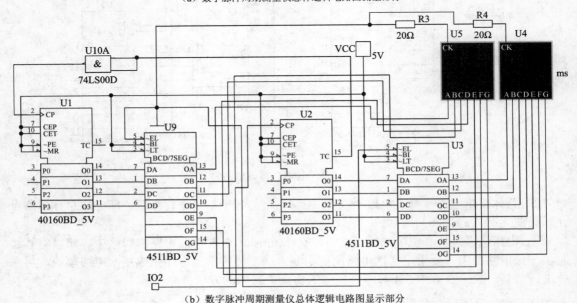

（b）数字脉冲周期测量仪总体逻辑电路图显示部分

图 4-49 数字脉冲周期测量仪总体逻辑电路图

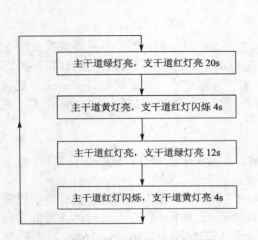

图 4-50 交通灯工作顺序流程图

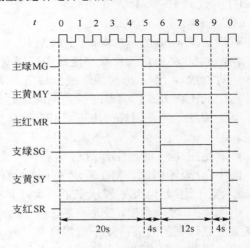

图 4-51 交通灯工作时序流程图

● 主干道黄灯亮时，支干道红灯以 1Hz 的频率闪烁；支干道黄灯亮时，主干道红灯以 1Hz 的频率闪烁。

● 主、支干道各信号灯亮时，需配合有时间提示，以数字显示出来，方便行人与机动车观察。主、支干道信号灯亮的时间均以每秒减 "1" 的计数方式工作，直至减到 "0" 后主、支干道各信号灯自动转换。

② 完成上述功能数字系统的设计

③ 仿真分析所设计的数字电路

④ 撰写设计总结报告

（2）设计过程

① 系统总体方案的确定　根据设计任务与要求，该数字系统的功能主要是：主干道绿灯亮 20s、支干道红灯亮 20s；主干道黄灯亮 4s、支干道红灯闪烁 4s；主干道红灯亮 12s、支干道绿灯亮 12s；主干道红灯闪烁 4s、支干道黄灯亮 4s。故可将系统的总任务分解为下面的各个子系统完成的子任务。

● 状态控制器，用于记录十字路口交通灯的四个不同状态，通过状态译码器分别点亮相应状态下的信号灯。

● 秒脉冲产生器产生系统的时基信号秒脉冲，通过减法计数器对秒脉冲减计数，达到控制每一种工作状态的持续时间，减计数器的回零脉冲使状态控制器完成状态转换，同时状态译码器根据系统下一个工作状态决定减计数器的下一次计数的初始值。

● 减计数器的十位和个位分别通过译码显示器显示出时间，系统主、支干道通行时间及黄灯亮时间，即减计数器的初始值由拨动开关预置。

● 在某一干道黄灯亮期间，状态译码器将秒脉冲引入红灯闪烁控制器，使另一干道红灯以 1Hz 的频率闪烁。

由以上分析，可得交通灯控制电路系统框图，如图 4-52 所示。

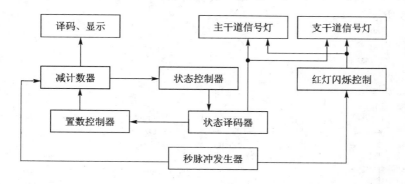

图 4-52　交通灯控制电路系统框图

② 子系统、控制电路的设计

a. 秒脉冲发生器电路。利用 555 定时器构成秒脉冲发生器，如图 4-53 所示。

此电路输出脉冲的周期 $T=0.7(R_1+2R)C_1$，$T=1s$，令 $C_1=10\mu F$，$R_1=39k\Omega$，经计算由一固定电阻 $R_2=47k\Omega$ 与一 $5k\Omega$ 的电位器 R3 相串联构成 R，通过调节电位器 R3 可使输出脉冲周期为 1s。

b. 状态控制器电路。由图 4-50 交通灯工作顺序流程图可知，若将交通信号灯四种不同的状态分别用 S_0（主干道绿灯亮、支干道红灯亮）、S_1（主干道黄灯亮，支干道红灯闪烁）、S_2（主干道红灯亮，支干道绿灯亮）、S_3（主干道红灯闪烁、支干道黄灯亮）表示，则其状态编码及状态转换图如图 4-54 所示。

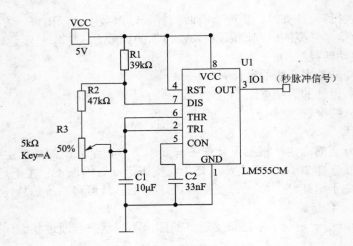

图 4-53 秒脉冲发生器电路

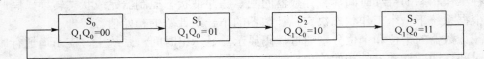

图 4-54 交通灯状态转换图

可看出这是一个二进制计数器，二进制计数器有很多，这里采用集成计数器 74LS192 构成状态控制器，且状态控制器的初始状态为 $Q_1Q_0=00$，由上电清 "0" 电路完成，上电清 "0" 电路如图 4-55 所示。

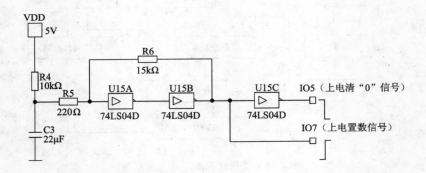

图 4-55 上电清 "0"、置数信号

74LS192 逻辑符号如图 4-56 所示。

74LS192 为十进制加减计数器，CLR 为异步清 "0" 端，高电平有效；LOAD 为置数端，低电平有效；UP 为加计数时钟端、DOWN 为减计数时钟端；D、C、B、A 为置数数据输入端；QD～QA 为输出端；CO 为进位端，BO 为借位端。74LS192 功能表如表 4-8 所示。

由功能表可知，将 74LS192 接成十进制加法计数器，计数器的低两位 QB QA 可作为两位二进制计数器的 Q1 Q0，状态控制器电路如图 4-57 所示。

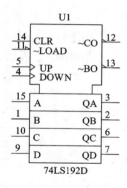

图 4-56　74LS192 逻辑符号

表 4-8　74LS192 功能表

输　入								输　出			
CLR	LOAD	UP	DOWN	D	C	B	A	QD	QC	QB	QA
1	×	×	×	×	×	×	×	0	0	0	0
0	0	×	×	D	C	B	A	D	C	B	A
0	1	↑	1	×	×	×	×	加计数			
0	1	1	↑	×	×	×	×	减计数			

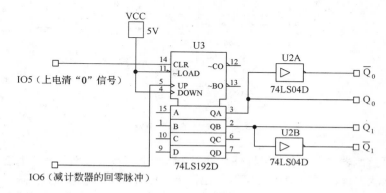

图 4-57　状态控制器电路

c. 状态译码器电路。状态译码器将状态控制器输出信号译码后驱动相应的信号灯。即主、支干道上红、黄、绿信号灯的状态主要取决于状态控制器的输出。例如，灯亮用 1 表示，灯灭用 0 表示，则它们之间的关系，如表 4-9 所示。

表 4-9　交通灯信号真值表

状态控制器输出		主干道信号灯			支干道信号灯		
Q_1	Q_0	红（MR）	黄（MY）	绿（MG）	红（SR）	黄（SY）	绿（SG）
S_0	0	0	0	0	1	1	0	0
S_1	0	1	0	1	0	1	0	0
S_2	1	0	1	0	0	0	0	1
S_3	1	1	1	0	0	0	1	0

根据真值表，可写出交通信号灯的与非逻辑函数表达式如下所示：

$$MR = Q_1\overline{Q}_0 + Q_1Q_0 = Q_1 \qquad \overline{MR} = \overline{Q}_1$$

$$MY = \overline{Q}_1Q_0 \qquad \overline{MY} = \overline{\overline{Q}_1Q_0}$$

$$MG = \overline{Q}_1\overline{Q}_0 \qquad \overline{MG} = \overline{\overline{Q}_1\overline{Q}_0}$$

$$SR = \overline{Q}_1\overline{Q}_0 + \overline{Q}_1Q_0 = \overline{Q}_1 \qquad \overline{SR} = \overline{\overline{Q}_1}$$

$$SY = Q_1Q_0 \qquad \overline{SY} = \overline{Q_1Q_0}$$

$$SG = Q_1\overline{Q}_0 \qquad \overline{SG} = \overline{Q_1\overline{Q}_0}$$

现选择半导体发光二极管模拟交通信号灯，由于门电路带灌电流的能力一般比带拉电流的能力强，要求门电路输出低电平时，点亮相应的发光二极管。因此，由上述各信号灯的逻辑函数表达式可得状态译码器电路（主、支干道各信号灯的控制电路）如图4-58所示。

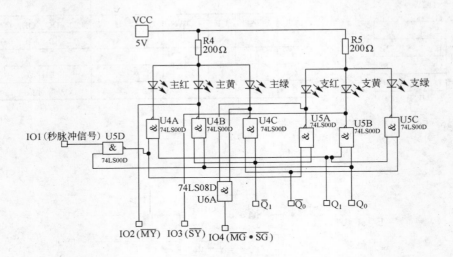

图4-58 状态译码器电路

- 红灯闪烁控制器电路。根据设计任务要求，当一干道黄灯亮时，另一干道红灯应按1Hz的频率闪烁。从状态译码器真值表中可以看出，无论哪一干道黄灯亮时，Q_0必为高电平，而红灯亮点亮信号与Q_0无关。现利用Q_0信号去控制与非门U5D，当Q_0为高电平时，将秒信号脉冲引到驱动红灯的与非门U5D的输入端，使红灯在黄灯亮期间闪烁；反之将其隔离，红灯信号不受黄灯信号的影响。

- 选取状态译码器的输出$\overline{MY}$、$\overline{SY}$、$\overline{MG \cdot SG}$分别作为预置12s、20s、4s的选通信号。各交通灯状态选通预置信号转换图如图4-59所示。

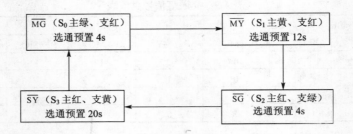

图4-59 交通灯状态选通预置信号转换图

d. 定时器电路。定时器电路由置数控制器、减计数器、译码显示电路构成。根据设计要求，交通灯控制系统要有一个能自动进入不同定时时间的定时器，以完成20s、12s、4s的定时任务。该定时器选用两片74LS192构成二位十进制可预置减法计数器完成（两片十进制可预置减法计数器进行级联后可变为二位十进制可预置减法计数器）；用三片8路缓冲门74LS244实现减计数器分时置数（即20、12、4），选取状态译码器的输出$\overline{SY}$、$\overline{MY}$、$\overline{MG \cdot SG}$分别作为三片74LS244的选通信号；三片74LS244的输入端分别接8个拨动开关，用来分别设置（20s、12s、4s）时间；当减计数器回零瞬间，状态控制器翻转为下一个新状态，状态译码器完成换灯的同时选通下一片 74LS244，计数器置入新的定时值，开始新状态下的减计数；时间状态由两片带七段译码显示的 LED 数码管显示。

- 主干道红灯亮、支干道绿灯亮 12s 的减计数置数电路。

主干道的黄灯控制（$\overline{MY}$）启动置入数据为 12s 的 74LS244，使下一轮支干道绿灯亮时以 12s 减计数。即将 $\overline{MY}$ 端接置入数据为 12s 的 74LS244 的使能控制端 1G 和 2G，当主干道黄灯亮时，即 $\overline{MY}$ =0 时，因为 74LS244 的使能控制端为低电平有效，所以将启动该片 74LS244，使数据 12（00010010）预置到减计数器中，当减计数器在主干道黄灯亮完成后的下一轮支干道绿灯亮时，因为置数端数据为 12，将以 12s 开始减计数。

74LS224 是一个双 4 路三态缓冲门，即 8 路缓冲门，逻辑符号如图 4-60 所示。功能表如表 4-10 所示。

图 4-61 所示为 8 位拨动开关，向上拨表示 5V 电源接上，不拨动表示接地 "0"。

图 4-60 74LS244 逻辑符号

表 4-10　74LS244 功能表

输　　入		输　　出
G	A	Y
0	0	0
0	1	1
1	×	高阻

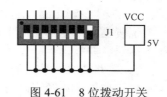

图 4-61　8 位拨动开关

主干道红灯亮、支干道绿灯亮 12s 的减计数置数电路如图 4-62 所示。

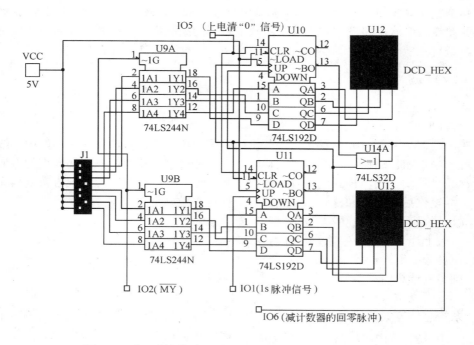

图 4-62　主干道红灯亮、支干道绿灯亮 12s 的减计数置数

同理可得主干道绿灯亮、支干道红灯亮 20s 的减计数置数电路和任一干道黄灯亮、另一干道红闪烁 4s 的减计数置数电路。

- 主干道绿灯亮、支干道红灯亮 20s 的减计数置数电路。

支干道的黄灯控制（$\overline{SY}$）启动输入数据为 20s 的 74LS244，使下一轮主干道绿灯亮时以 20s 减计数。即将 $\overline{SY}$ 端接置入数据为 20s 的 74LS244 的使能控制端 1G 和 2G，当支干道黄灯亮时，即 $\overline{SY}$ =0 时，因为 74LS244 的使能控制端为低电平有效，所以将启动该片 74LS244，使数据 20（00100000）预置到减计数器中，当减计数器在支干道黄灯亮完成后的下一轮主干道绿灯亮时，因为置数端数据为 20，将以 20s 开始减计数。

- 任一干道黄灯亮、另一干道红灯闪烁 4s 的减计数置数电路。

任一干道的绿灯（$\overline{MG} \cdot \overline{SG}$）控制启动输入数据为 4s 的 74LS244，使下一轮该干道黄灯亮时以 4s 减计数。即将 $\overline{MG} \cdot \overline{SG}$ 端接置入数据为 4s 的 74LS244 的使能控制端 1G 和 2G，当任一干道绿灯亮时，即 $\overline{MG}$ =0 或 $\overline{SG}$ =0 时，因为 74LS244 的使能控制端为低电平有效，所以将启动该片 74LS244，使数据 4（00000100）预置到减计数器中，当减计数器在某一干道绿灯亮完成后的下一轮黄灯亮时，因为置数端数据为 4，将以 4s 开始减计数。

③ 总体逻辑电路　将以上各子系统、控制电路进行连接，即完成总体电路设计。显然，此系统较复杂，在一张图上难以全部画下，可按逻辑原理分层画，但在通路断口的两端必须作出标记，并指出从一图到另一图的引出点和引入点。如图 4-63（a）、（b）所示。

④ 电路仿真　仿真时应注意以下两点。

- 仿真各子系统电路时，例如状态译码器电路，主干道红灯亮、支干道绿灯亮 12s 的减计数置数电路，交通灯 20s、12s、4s 的定时显示电路等，若采用 1s 脉冲信号产生电路，则仿真时间太长，最好采用外部频率较高的时钟源信号代替，为观察进位情况，可把时钟频率调高一些。
- 仿真整个系统电路时，这个数字系统电路较复杂，在 Multisim10 软件的电路编辑区中，难以将其绘制在一张电路图中。要采用层次电路图的绘制方法，将各单元电路生成层次电路模块，再进行系统仿真。见第 3 章中 3.4.4 综合电路的仿真中采用的方法。

4.2.7　拔河游戏机

（1）设计任务书

① 设计要求

- 拔河游戏机共有 10 个发光管，开机后中间两个发亮，以此作为拔河的中心线，游戏双方各持一个按钮，迅速地、不断地按动以产生脉冲，谁按得快，亮点便向谁的方向移动，每按一次亮点移动一次，移到任一方终端管发光，这一方就得胜，此时双方按键均无效，输出保持；经复位后使亮点回复到中心线，为下次比赛做好准备。
- 显示器显示胜者取胜的盘数。

② 完成上述功能的数字系统设计

③ 仿真分析所设计的数字电路

④ 撰写设计总结报告

（2）设计过程

① 系统总体方案的确定　加减可逆计数器 74LS192 初始状态输出 4 位二进制数 0000，经译码器 74LS154（由两块 74LS138 代替）输出使中间的两只发光二极管点亮。当按动 A、B 两个按键时，分别产生两个脉冲信号，经由 74LS00 和 74LS08 构成的整形电路整形后分别加到可逆计数器上，可逆计数器输出的代码经译码器译码后驱动发光二极管点亮并产生移位，

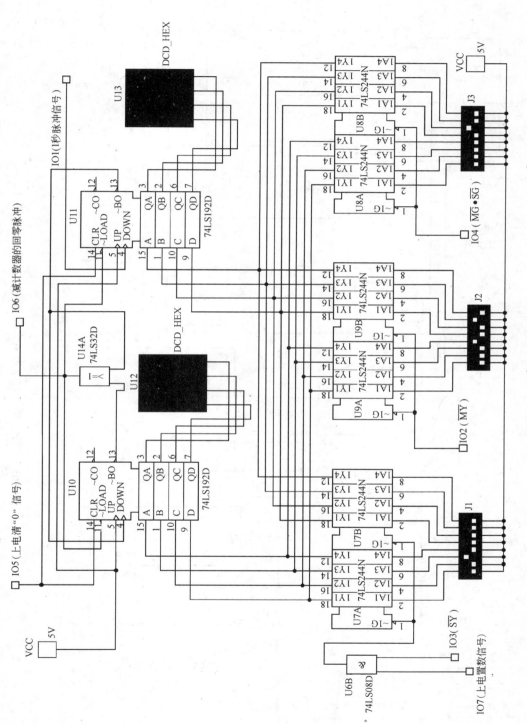

(a) 交通灯 20s、12s、4s 的定时显示电路

图 4-63

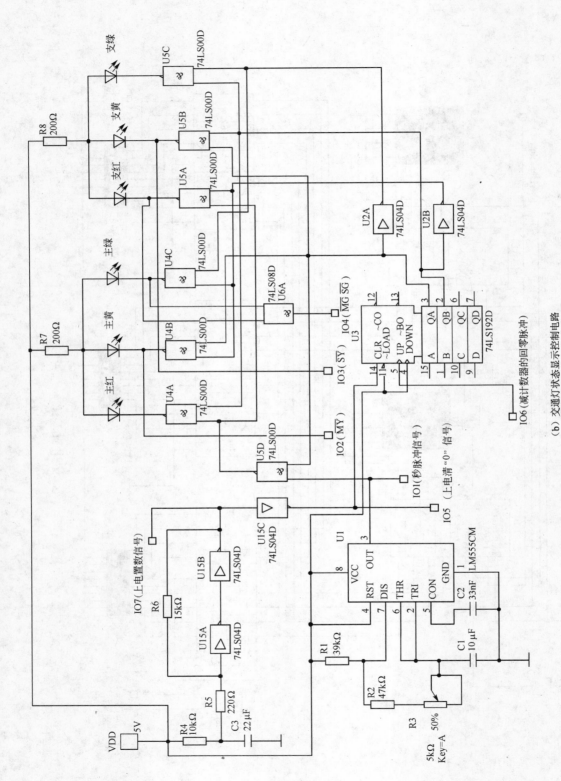

（b）交通灯 20s、12s、4s 的定时显示电路和状态显示控制电路

图 4-63　交通灯状态显示控制电路

当亮点移到任何一方终端后，由于控制电路的作用，使这一状态被锁定，对输入脉冲不起作用。同时，为取胜显示器的十进制同步计数器 40160 时钟信号输入端输入一个脉冲，使显示器记录双方胜利的次数，如按动复位键，亮点又回到中点位置，比赛又可重新开始。其设计框图如图 4-64 所示。

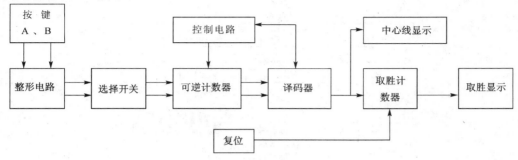

图 4-64　拔河游戏机设计框图

② 子系统、控制电路的设计

● 计数电路。由双时钟 BCD 同步可逆计数器 74LS192 构成，它有 2 个脉冲输入端，4 个状态输出端，能进行加 / 减计数，逻辑符号如图 4-56 所示，其逻辑功能见表 4-8 所示。

● 脉冲整形电路。由与门 74LS08 和与非门 74LS00 构成。因 74LS192 是可逆计数器，控制加减的 CP 脉冲分别加至 74LS192 的 UP 端和 DOWN 端，由 74LS192 的功能表（表 4-8）可知，当电路要求进行加法计数时，减法输入端 DOWN 必须接高电平；进行减法计数时，加法输入端 UP 也必须接高电平。若直接由 A、B 键产生的脉冲加到 UP 端和 DOWN 端，就有可能出现在某一计数输入端进行计数输入时另一计数输入端为低电平，使计数器 74LS192 不能计数，双方按键均失去作用，拔河比赛不能正常进行。加一整形电路，使 A、B 二键出来的脉冲经整形后变为一个占空比很大的脉冲，这就克服了在某一计数输入端进行计数时另一计数输入为低电平的可能性，从而使每按一次键都能进行有效的计数。整形电路如图 4-65 所示。

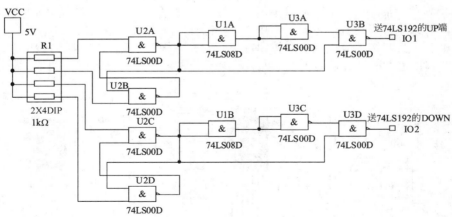

图 4-65　脉冲整形电路

● 译码电路。选用两片 74LS138 组成 4 线-16 线译码器。发光管的正端接高电平，负端接译码器的输出，这样，当译码器的输出为低电平时发光管点亮。译码电路如图 4-66 所示。

● 控制电路。由异或门 74LS86 和非门 74LS04 构成，其作用是指示出谁胜谁负。当亮点移到任何一方的终端时，判该方为胜，此时双方的按键均宣告无效。将双方终端指示灯接至异或门 74LS86 的 2 个输入端，当获胜一方为"1"时，另一方则为"0"，异或门 74LS86 输出为"1"，经 74LS04 反相为"0"，再送到 74LS192 计数器的置数端 LOAD 端，于是计数器停止计数，处于预置状态，由于计数器 74LS192 的数据输入端 D0、D1、D2、D3 和数据输出端 Q0、Q1、Q2、Q3 对应相连，使加减计数器 74LS192 停止计数，从而使游戏指示灯停止移动。控制电路如图 4-67 所示。

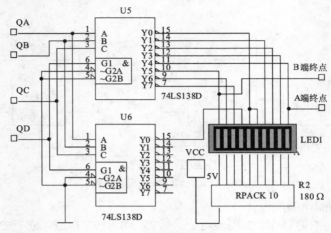

图 4-66 译码电路

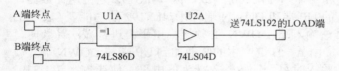

图 4-67 控制电路

即完成总体电路设计，如图 4-68(a)、(b)所示。

④ 电路仿真　仿真时应注意以下问题。

仿真整个系统电路时，这里的数字系统电路太复杂，在 Multisim10 软件的电路编辑区中，难以将其绘制在一张电路图中。所以采用了层次电路图的绘制方法，将各单元电路生成层次电路模块，再系统进行仿真。见第 3 章中 3.4.4 综合电路的仿真中采用的方法。

比赛准备，裁判按下复位和清零按钮，中间发光二极管点亮，当 74LS192 进行加法计数时，亮点右移；进行减法计数时，亮点左移。某一方取胜一次，该方得分加 1，数码管显示。

● 胜负显示。当一方取胜时，产生一上升沿送入对应 40160 的时钟输入端，使该计数器计数，这就得到了双方取胜的显示。

③ 总体逻辑电路（整机电路）将各控制电路与各子系统进行级联，

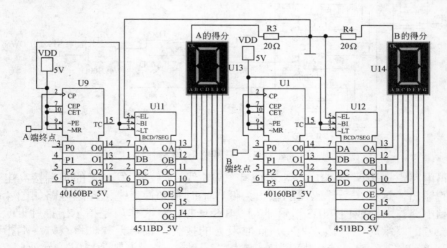

（a）拔河游戏机比赛得分显示电路

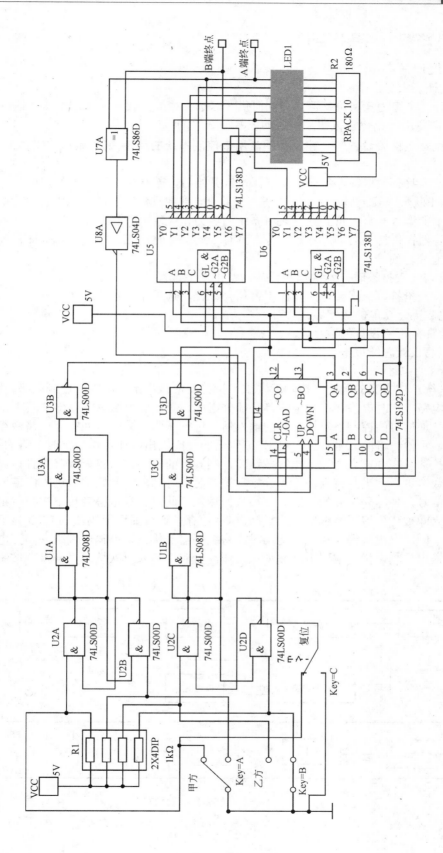

（b）拨河游戏机比赛得分显示电路和比赛电路

图 4-68　拨河游戏机比赛电路

4.2.8　8路智力竞赛抢答器

（1）设计任务书

① 设计要求

- 设计一个智力竞赛抢答器，可同时供8名选手或8个代表队参加比赛，他们的编号分别为0~7，各用一个抢答按钮，按钮的编号与选手的编号相对应，分别为$J_0 \sim J_7$。

- 给竞赛主持人设置一个控制开关，用来控制系统的清零(编号显示数码管灭灯)和抢答的开始。

- 抢答器具有数据锁存和显示功能。抢答开始后，若有选手按动抢答按钮，编号立即锁存，并在LED数码管上显示出选手的编号。此外，要封锁输入电路，禁止其他选手抢答。优先抢答选手的编号一直保持到主持人将系统清零为止。

- 抢答器在主持人启动后开始抢答，具有30s倒计时功能，在30s内抢答有效，停止计时并显示抢答时刻。

- 30s内无人抢答时，本次抢答无效，禁止选手抢答。

- 当有人抢答时，报警电路发出报警信号，提示选手不能再抢答。

② 完成上述功能的数字系统设计

③ 仿真分析所设计的数字电路

④ 撰写设计总结报告

（2）设计过程

① 系统总体方案的确定　按功能要求，抢答器应该由抢答电路、控制电路、锁存电路、译码显示电路、定时电路和报警电路等几部分组成，其原理框图见图4-69。其中抢答电路的作用是在外加信号的控制下对抢答者的输入信号进行编码，编码后经锁存电路锁存并送译码显示电路显示抢答者的编号。另外，优先编码器的使能输出端还可作为定时电路的控制信号，即当一个抢答者在30s之内按下抢答按钮时，则其余的抢答输入将无效，并且秒计数器也随之停止计数。这样，当主持人按下"开始"按钮时，外部清除起始信号进入门控电路，产生编码选通信号，使编码器开始工作，等待数据输入。此时一旦抢答者按下按钮，则产生的低电平信号立即被优先编码器编码，经过锁存电路锁存并通过显示译码器到LED显示器上显示相应数字，同时发出报警信号。与此同时，将编码器的优先扩展输出端引回门控电路，使门控电路的输出反相，优先编码电路被禁止工作，直到主持人再次按下"开始"按钮才进入下一次抢答。

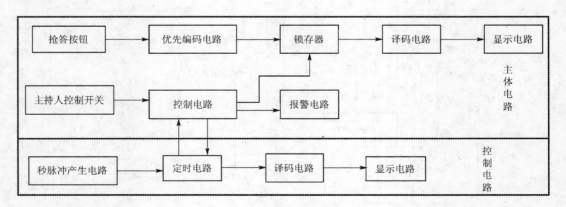

图4-69　定时抢答器的总体框图

② 子系统、控制电路的设计

• 抢答电路。抢答电路的功能有两个：一是能分辨出选手按键的先后，并锁存优先抢答者的编号，供译码显示电路用；二是使后按键选手的按键操作无效。选用优先编码器74LSl48和RS锁存器74LS279可以完成上述功能，其电路组成如图4-70所示。

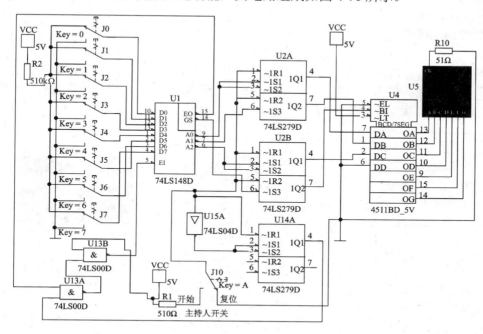

图 4-70 抢答电路原理图

其工作原理如下：当没有人抢答时，编码器74LS148的 A2～A0 输出高电平，使锁存器74LS279 的所有 S 端都为高电平，GS 为高电平。同时主持人开关处于"复位"位置，这时RS锁存器的S=1，R =0，输出端Q全部为低电平。于是 4511BD 的 BI=0，显示器灭灯；74LS148 的选通输入端EI=0 ，74LS148 处于工作状态，此时锁存电路不工作。

当主持人将开关拨到"开始"位置时，优先编码电路和锁存电路同时处于工作状态，即抢答器处于等待工作状态，等待输入端D0～D7输入信号，当有选手（若 5 号选手）将抢答键按下时，74LS148 的输出A2A1A0=010，GS=0，经过 RS 锁存器后，BI= 1，DCBA =0101，经 4511BD 译码后，显示器显示出"5"。此外，使74LS148 的 EI 端为高电平，74LS148 处于禁止工作状态，封锁了其他按键的输入。当按下的键松开后，74LS148 的 GS 为高电平，但由于 EI维持高电平不变，所以 74LS148 仍处于禁止工作状态，其他按键的输入信号不会被接收。这就保证了抢答者的优先性以及抢答电路的准确性。当优先抢答者回答完问题后，由主持人操作控制开关，使

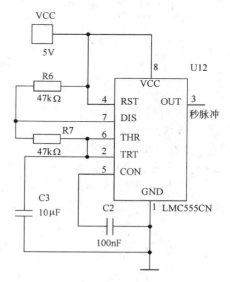

图 4-71 秒脉冲产生电路

抢答电路复位，以方便进行下一轮抢答。

● 秒脉冲产生电路的设计。秒脉冲产生电路采用 555 定时器来实现。利用 555 定时器构成多谐振荡器的方法是把它的阈值输入端 THR 和 TRI 相连并对地接电容 C3，对电源 VCC接电阻 R6 和 R7，然后再将 R6 和 R7 接 DIS 端就可以了。由 555 定时器构成的秒脉冲产生电路如图 4-71 所示。

秒脉冲的周期为

$$T = 0.7(R_6 + 2R_7)C_3 = 987\text{ms} \approx 1\text{s}$$

● 定时电路。定时电路的功能是完成 30s 倒计时并显示第一个抢答者按下按钮的时刻，电路由计数器和译码显示电路组成。计数器由两片 74LS192 级联构成，计数器的输出送译码显示电路。具体连接电路见图 4-72 所示。

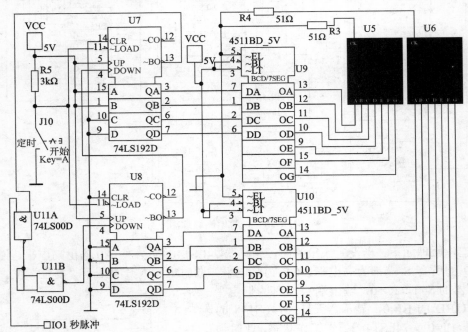

图 4-72　定时电路原理图

由图 4-72 可知，个位计数器的 DCBA=0000，十位计数器的 DCBA=0011，减计数脉冲由个位的 DOWN 端输入，个位计数器的借位输出端 BO 与十位计数器的 DOWN 端相连，两片 74LS192 的 LOAD 端相连并通过主持人控制开关接+5V 电源，两片 74LS192 的 CLR 端相连并接地，构成 30 进制的减法计数器。当节目主持人的控制开关 A 打在"定时"位置时，计数器置 30s。当开关 A 打到"开始"位置时，则可进行抢答。

● 报警电路。报警电路示意图见图 4-73 所示。当 YS 输入高电平时，LED1 发光，当 YS输入低电平时，LED1 不发光。

图 4-73　报警电路

③ 总体逻辑电路　将各控制电路与各子系统进行级联，即完成总体电路设计，如图 4-74 （a）、（b）所示。

④ 电路仿真　仿真时应注意以下问题。

仿真整个系统电路时，由于数字系统电路太复杂，在 Multisim10 软件的电路编辑区中，难以将其绘制在一张电路图中。所以采用层次电路图的绘制方法，将各单元电路生成层次电路模块，再系统进行仿真。见第 3 章中 3.4.4 综合电路的仿真中采用的方法。

仿真整个系统电路时，当主持人将开关 A 打到"清除"位置时，抢答显示器不显示；当主持人将开关 A 打到"开始"位置时，抢答电路模块等待抢答者抢答，计数器置 30，显示器显示 30s，抢答者可开始抢答。

4.2.9　彩灯控制器

（1）设计任务书

① 设计要求与技术指标

- 控制器有 4 组输出，每组驱动 4 只 LED。
- 4 只 LED 组成彩灯图案，图案的状态变换有三种（即左右摇摆、暗点移动、逐渐亮再逐渐暗）。
- 图案的状态变换能实现定时自动切换。
- 图案的状态变换速度有快、慢两种。
- 控制器具有清零的功能。

② 完成上述功能数字系统的设计

③ 仿真分析所设计的数字电路

④ 撰写设计总结报告

（2）设计过程

① 系统总体方案的确定　彩灯图案变换有三种形式。每种图案的状态变换常以环形和扭环形计数器的计数循环状态来实现，而环形和扭环形计数器一般由移位寄存器经适当的反馈连线构成。通过改变位移脉冲的时钟频率即可改变每种图案状态变换的速度。再用规则的顺序脉冲去控制图案状态变换的保持时间，就能实现不同图案变换的自动切换。按照此设计思路，可得到如图 4-75 所示的彩灯控制组成框图。

② 子系统的设计

a. 彩灯图案变换。设计要求的图案变换拟采用以下三种形式。

- 左右摆动。这种图案的状态变换由两种状态构成，它们之间的关系如下所示：

$$0101 \Longleftrightarrow 1010$$

由两种状态及其相互关系可看出，每种状态中不相邻的两位轮流在高、低电平之间转换，高电平时 LED 为亮，低电平时则暗。所以这两种状态之间的相互转化就形成了"左右摆动"的图案。

- 暗点移动。这种图案的状态变换由 4 种状态构成。4 种状态及其相互之间的转换过程如下所示：

$$1110 \rightarrow 0111 \rightarrow 1011 \rightarrow 1101$$
$$\uparrow \underline{\qquad\qquad\qquad} \downarrow$$

由于每种图案中都有一位低电平（暗点），而且低电平逐位循环右移，所以这 4 种状态之间的转化就形成了"暗点（暗带）移动"的图案。

- 逐渐亮再逐渐暗。这种图案的状态变换由 8 种状态构成。8 种状态及其相互之间的转换过程如下所示：

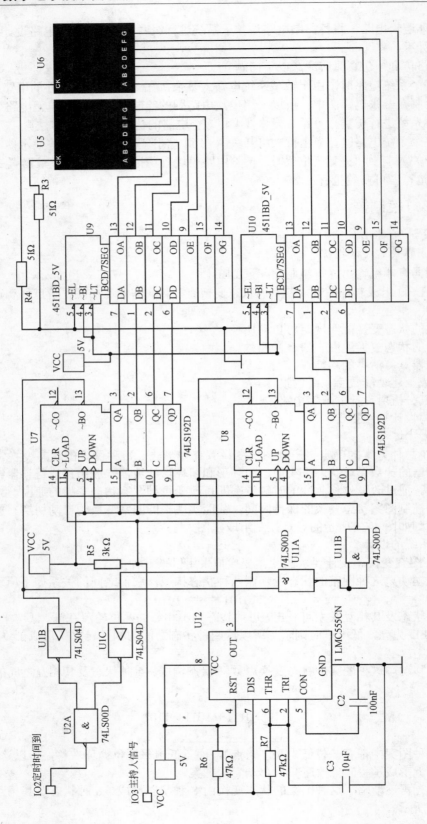

（a）8 路智力竞赛抢答器定时控制电路

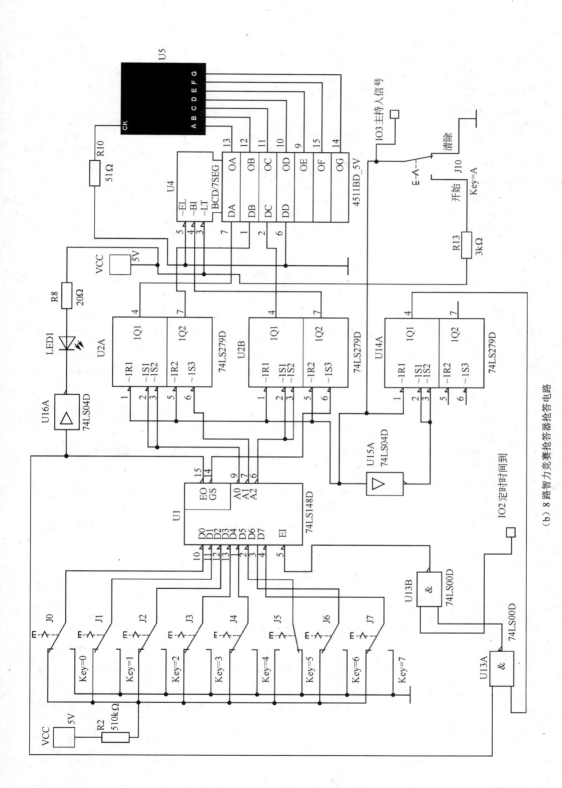

(b) 8 路智力竞赛抢答器抢答电路

图 4-74　8 路智力竞赛抢答器定时控制电路和抢答电路

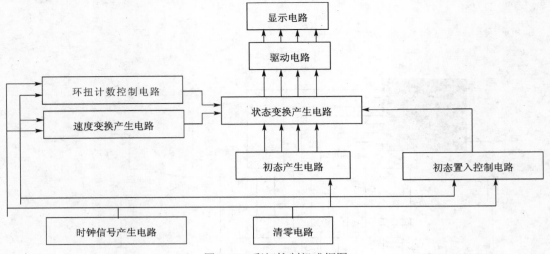

图 4-75　彩灯控制组成框图

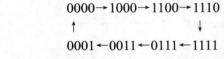

$$0000 \rightarrow 1000 \rightarrow 1100 \rightarrow 1110$$
$$\uparrow \qquad\qquad\qquad\qquad \downarrow$$
$$0001 \leftarrow 0011 \leftarrow 0111 \leftarrow 1111$$

在这 8 种状态中，从状态 0000 到状态 1111，LED 将从左到右逐次点亮；而从状态 1111 到状态 0000，LED 又从左到右逐渐变暗。所以，以上 8 种状态的相互转换就形成了"逐渐亮再逐渐暗"的图案。

b. 状态变换产生电路。从彩灯控制器所采用的三种图案的设计可以看出："左右摆动"和"暗点移动"这两种图案的各种状态可由移位寄存器循环右移，即环形计数器实现；而"逐渐亮再逐渐暗"的各种状态则是通过移位寄存器最高位取反后，再循环右移，即扭环形计数器实现。由此可见，状态变换产生电路可由移位寄存器通过适当的反馈电路构成的环形和扭环形计数器来实现。

74LS195 是 4 位通用移位寄存器，逻辑符号如图 4-76 所示，其功能表见表 4-11。

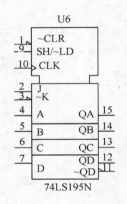

图 4-76　74LS195 逻辑符号

表 4-11　74LS195 功能表

输　入									输　出				
CLR	CLK	SH/LD	A	B	C	D	J	K	QA	QB	QC	QD	$\overline{QD}$
0	×	×	×	×	×	×	×	×	0	0	0	0	1
1	↑	0	d_0	d_1	d_2	d_3	×	×	d_0	d_1	d_2	d_3	$\overline{d}_3$
1	0	1	×	×	×	×	×	×	Q^{0n}	Q^{1n}	Q^{2n}	Q^{3n}	$\overline{Q}^{3n}$
1	↑	1	×	×	×	×	0	1	Q^{0n}	Q^{0n}	Q^{1n}	Q^{2n}	$\overline{Q}^{2n}$
1	↑	1	×	×	×	×	0	0	0	Q^{0n}	Q^{1n}	Q^{2n}	$\overline{Q}^{2n}$
1	↑	1	×	×	×	×	1	1	1	Q^{0n}	Q^{1n}	Q^{2n}	$\overline{Q}^{2n}$
1	↑	1	×	×	×	×	1	0	$\overline{Q}^{0n}$	Q^{0n}	Q^{1n}	Q^{2n}	$\overline{Q}^{2n}$

74LS195 有 4 种功能：清零、置数、保持和移位。

74LS195 的置数为同步置数。在移位的 4 种情况中，当输入端 J、K 均为高电平或均为低电平时，74LS195 的低 3 位依次右移，而最低位 QA 的状态将与 J、K 的状态相同。由此可知，如果将最高位 QD 接至 J、K 输入端，就会构成循环右移的环形计数器；如果将 $\overline{QD}$ 接至 J、K，则会构成循环右移的扭环形计数器。

按一定的规律改变 74LS195 时钟输入端 CLK 的频率，就可以相应改变图案状态变换的速度。

当移位/置数端 SH/LD 为低电平且时钟输入端 CLK 有上升沿到来的情况下，三种图案的初始态将从数据输入端 A、B、C、D 置入 74LS195 中。

综上分析，把输出端 QD 或 $\overline{QD}$ 反馈至 J、K 输入端，三种图案的初始态接至数据输入端 A、B、C、D，再改变时钟输入端 CLK 的频率，就可以用 74LS195 构成状态变换产生电路。

c. 初态产生电路。彩灯控制器的自动切换功能实际上就是要求三种图案的初态能连续地、按照一定的规律（一定的时间间隔）送至状态变换产生电路。那么，三种图案的初态从哪里来？又如何产生呢？

从理论上说，三种图案的初态可以从相应图案的各种状态中任选其一。但从电子系统设计的角度出发，却要求图案初态的产生电路在实现相同功能的前提下应尽可能简单。

观察每种图案的所有状态，不难发现在"暗点移动"图案的各种状态中有 1110，"逐渐亮再逐渐暗"图案的状态中有 1111。如果"左右摆动"的初态能由 1101 得到，那么 1101、1110、1111 这三种状态就可以构成一个三进制计数器，其计数循环为：

$$1101 \rightarrow 1110 \rightarrow 1111$$
$$\uparrow \underline{\hspace{3cm}} \downarrow$$

该三进制计数器输出的三种状态经过适当的组合逻辑变换就可以获得三种图案的初态及其相应的循环：

$$0101 \rightarrow 1110 \rightarrow 1111$$
$$\uparrow \underline{\hspace{3cm}} \downarrow$$

所以，1101、1110、1111 所对应的三进制计数器是初态产生电路的关键部分。

1101、1110、1111 是十六进制计数器 16 个状态中的最后 3 个状态，而 40161 恰是 4 位二进制计数器（可构成十六进制计数器），利用 40S161 和适当的门电路即可构成包括 1101、1110、1111 这三种状态的三进制计数器。40161 的功能表如表 4-5 所示。

另外，上述三进制计数器要从 1101 开始计数，所以该三进制计数器必须有置数的功能，而且既要能通过 40161 的进位位实现自动置数，又要能够通过清零电路实现手动置数。

综上分析，可得 40161 构成的三进制计数器如图 4-77 所示。

图 4-77 所示的电路能够产生 1101、1110 和 1111 这三种状态。而为得到三种图案的初态 0101、1110 和 1111，在将 40161 数据送至 74LS195 的数据输入端时，应该把 40161 的 O0 与 74LS195 的 D 相连，O1 与 74LS195 的 C 和 A 相连，O2 与 74LS195 的 B 相连。

d. 初态置入控制电路。在彩灯控制器中，要想实现图案的自动切换，需按照一定的规律（一定的时间间隔）把初态产生电路的输出即三种图案的初态送至状态变换产生电路。而要把三种图案的初态送至状态变换产生电路，则需一个与初态同步产生的置数脉冲，并将其送至状态变换产生电路的置数端，在该置数脉冲的控制下才能实现。

这个置数脉冲可由单稳态触发电路来实现。实现单稳态触发的途径有很多，这里采用单稳态触发器 SN74123 来构成。SN74123 的功能已在前面章节介绍，其所构成的单稳态触发电路如图 4-78 所示。

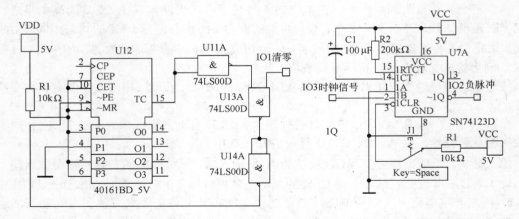

图 4-77　初态产生电路　　　　　　　　　　图 4-78　初态置入控制电路

图 4-78 中电阻、电容参数应根据负脉冲的宽度 $t_w=0.7RC$ 来进行选择。但需要注意的是，脉冲宽度要选择适中。太宽则初态停留时间过长，太窄则会因为置数脉冲期间没有移位脉冲而无法置数，从而导致三图案无法正常显示。

e. 环扭计数控制电路和速度变换产生电路。在彩灯控制器的三种图案中，"左右摆动"和"暗点移动"图案的状态变换是由环形计数器产生的，因此，需要将 74LS195 的 QD 端与输入端 J、K 相连才能得到。而"逐渐亮再逐渐暗"的状态变换则由扭环形计数器产生，此时应把 74LS195 的 $\overline{QD}$（11 脚）端与 J、K 输入端相连。J、K 与 QD 或 $\overline{QD}$ 之间的连接可以通过数据选择器来实现。由于只有三种图案，且"左右摆动"和"暗点移动"这两种图案都是 QD 与 J、K 相连。所以 J、K 与 QD 或 $\overline{QD}$ 之间的连接可采用 4 选 1 数据选择器来实现。

在这里，数据选择器的数据输入端接 74LS195 的 QD 和 $\overline{QD}$，输出端接 J、K，数据选择的功能可以由 2 位三进制计数器来实现。由此就构成了环扭计数控制电路。

对于速度变换产生电路，其情况和环扭计数控制电路相似，所不同的是 74LS195 的时钟输入端 CP 选择的是不同频率的时钟脉冲，因此速度变换产生电路也可由 4 选 1 数据选择器来实现。

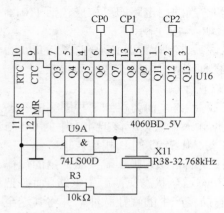

图 4-79　时钟信号产生电路

f. 时钟信号产生电路。该电路的主要功能就是产生不同频率的时钟信号，用于对整个彩灯控制器的同步控制和图案状态变换的速度控制。也就是说，该电路产生的时钟信号有两个去向：频率最低的时钟信号去控制初态产生电路，初态置入控制电路以及环扭计数控制电路和速度变换产生电路中的两位三进制计数器，该时钟信号决定了图案状态变换的时间；其他频率的时钟信号则用于图案状态变换速度的控制。

由于彩灯控制器中要用到多种频率的时钟信号，同时考虑电路的复杂程度，在此可以采用 14 位二进制串行计数器/分频器 CD4060 来实现。由 CD4060 构成的时钟信号产生电路如图 4-79 所示。

对于不同的图案，可以持续不同的时间，也可以持续相同的时间。同样，不同的图案状态的变换速度可以是相同的，但也可以各不相同。对于本题目而言，采用了相同的持续时间。三种图案的状态变换情况如下。

- 对于"左右摆动"图案，由一种状态变换到另一种状态所需时间为 0.25s（即状态变换时钟 CP0 的周期），循环一个周期所需时间为 0.25s×2=0.5s，如果循环 16 个周期，则该图案的持续时间为 0.5s×16=8s。

- 对于"暗点移动"图案，由一种状态变换到另一种状态所需时间为 0.125s（即状态变换时钟 CP1 的周期），循环一个周期所需时间为 0.125s×4=0.5s，如果该图案也持续 8s，则该图案循环的周期数为 16 次。

- 对于"逐渐亮再逐渐暗"图案，由一种状态变换到另一种状态所需时间也为 0.125s（状态变换时钟 CP2 的周期），循环一个周期所需时间为 0.125s×8=1s，如果该图案也持续 8s 时间，则该图案循环的周期数为 8 次。

本题目中，不同的图案采用相同的持续时间、不同的状态变换周期。至于图案变换的最佳效果，还需通过实际调整才能达到。

g. 清零电路设计。清零电路的功能主要是针对两个三进制计数器、单稳态触发电路和状态变换产生电路进行复位清零，而且对这几部分电路的清零必须同时进行，以保证三种图案能够正确切换。经过清零过程，可以使 74LS195 构成的电路能够产生"逐渐亮再逐渐暗"图案的状态变换。另外，清零电路还作用于 40161 构成的初态产生电路，目的是在清零过程中，利用 CP0 的上升沿来把 1101 置入其中。

③ 总体逻辑电路　将各控制电路与各子系统进行级联，即完成总体电路设计，如图 4-80 所示。

④ 电路仿真　仿真时，开启仿真开关后，按下空格键即可。

彩灯现象的顺序是："左右摇动"→"暗点移动"→"逐渐亮再逐渐暗"

↑＿＿＿＿＿＿＿＿＿＿＿＿＿＿＿↓

4.2.10　多功能数字钟

（1）设计任务书

① 设计要求　设计一个 24 小时多功能数字钟，基本要求如下。

- 准确计时，以数字形式显示时、分、秒的时间。
- 小时为 24 进制，分和秒的计时要求为 60 进制。
- 具有手动校时、校分的功能。

扩展要求如下。

- 定时控制。
- 具有整点报时功能，应该是每个整点完成相应的点数的报时，例如，5 点钟响五声。
- 触摸报整点时数。

② 完成上述功能数字系统的设计

③ 仿真分析所设计的数字电路

④ 撰写设计总结报告

（2）设计过程

① 系统总体方案的确定　系统由主体电路和扩展电路两大部分组成，其中，主体部分完成数字钟的基本功能，由振荡器、分频器、计数器、译码显示、校时电路组成。其中，振荡器和分频器组成标准秒信号发生器，由不同进制的计数器、译码器和显示器组成计时系统，结果以时、分、秒的数字显示出来。时显示由 24 进制计数器、译码器、显示器构成，分、秒显示分别由 60 进制计数器、译码器、显示器构成。计时出现误差时，可以用校准电路校时、校分。扩展部分完成数字钟的扩展功能，扩展电路必须在主体电路正常运行的情况下才能进行功能扩展。数字钟的总体方案框图如图 4-81 所示。

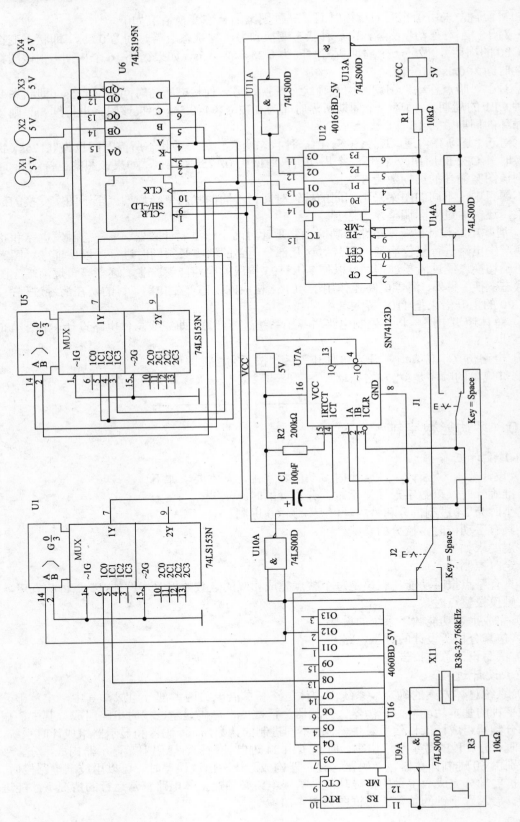

图 4-80 彩灯控制器总体逻辑电路图

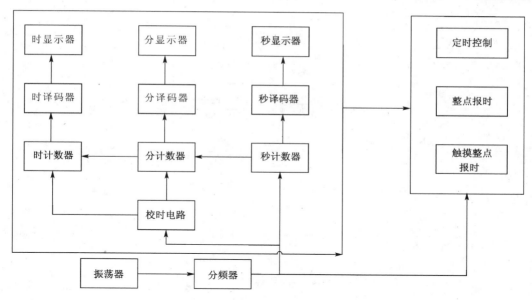

图 4-81　系统总体框图

② 子系统、控制电路的设计

● 时钟振荡电路。时钟振荡电路是数字钟的核心，它输出频率的精确度决定了数字钟计时的准确程度，一般来说，振荡电路输出的频率越高，计时精度越高。

时钟振荡电路设计有多种方法，例如 555 多谐振荡器、模拟运放振荡器、石英晶体振荡器等，其中 555 多谐振荡器如图 4-82 所示，调节方便，通过电阻参数调整实现 1kHz 频率信号输出；而石英晶体振荡器如图 4-83 所示，准确性最高，常取晶振的频率为 32768Hz，通过 15 级 2 分频电路，刚好可以得到 1Hz 的标准脉冲。

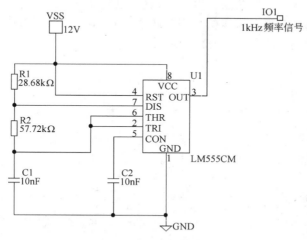

图 4-82　555 多谐振荡器电路

● 秒脉冲产生电路。秒脉冲产生电路的功能主要有两个：一是产生标准秒脉冲信号；二是提供功能扩展电路所需要的信号，如仿电台报时用的 1kHz 高音频和 500Hz 低音频信号等。

如果采取 555 多谐振荡器产生 1kHz 频率信号，分频电路用三片十进制计数器 CC40160 级联如图 4-84 所示，第一片的进位端输出 100Hz 低音频信号，第三片的进位端输出 1Hz 的标准脉冲。

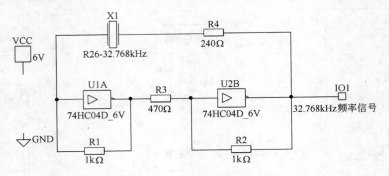

图 4-83　石英晶体多谐振荡器

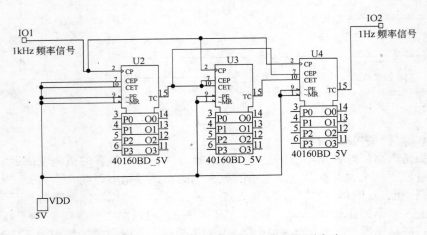

图 4-84　三片十进制计数器 CC40160 级联电路

如果采取石英晶体多谐振荡器产生 32768Hz，通过 15 级 2 分频电路，刚好可以得到 1Hz 的标准脉冲。分频电路采用四片 4 位二进制计数器 CC40161 级联如图 4-85 所示，取最后一个 CC40161 的 O2 输出，实现 15 级 2 分频电路。

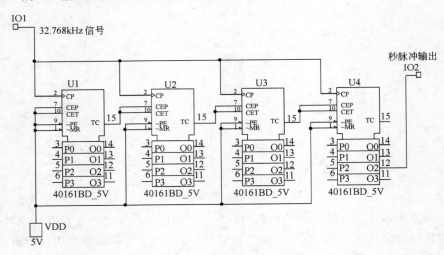

图 4-85　15 级 2 分频电路

● 计数电路。计数器电路由秒位、分位、时位计数器构成。

　　秒个位计数器是十进制计数器，逢十进一，秒的十位计数器是六进制计数器，逢六进一，秒计数器从 00→01→02→⋯→58→59→00，完成 60 进制的计数功能，电路原理如图 4-86 所示。分位计数器与秒位计数器一样，也是 60 进制计数器，00→01→02→⋯→58→59→00。选用两片中规模集成计数器 CC40160 组成 60 进制计数器。

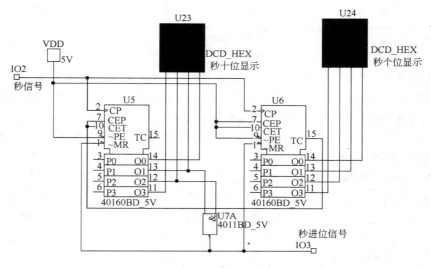

图 4-86　60 进制秒计数电路

　　六进制计数的原理：当 CC40160 构成的十进制计数器计数到 0110 时，清"0"，可实现六进制计数。

　　时位计数器要求实现 24 进制计数，从 00→01→02→⋯→22→23→00，电路原理如图 4-87 所示。选用两片中规模集成计数器 CC40160 组成 24 进制计数器。

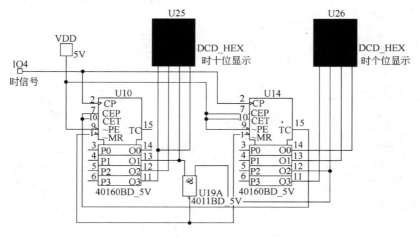

图 4-87　24 进制时计数电路

24 进制计数的原理：先由两片中规模集成计数器 CC40160 级联组成一百进制计数器。采取反馈归零的设计方法，用十位输出的 O2 端和个位输出的 O3 端译码输出异步清零信号，此时时计数器产生暂态 24，使时计数器的两片 CC40160 同时清零，实现 24 进制计数。

$$00 \rightarrow 01 \rightarrow 02 \rightarrow \cdots \rightarrow 09 \rightarrow 10 \rightarrow \cdots \rightarrow 19 \rightarrow 20 \rightarrow 21 \rightarrow 22 \rightarrow 23 \rightarrow \boxed{24}$$

计数器清"0"

● 校准电路。当数字钟计时出现误差时，需要校正时间，校时是数字钟应具备的基本功能。一般数字钟都具有时、分、秒的校时功能，为了使电路简单，只进行分和小时的校准。

对校准电路的要求是：在小时校正时不会影响分和秒的正常计数；在分校正时不影响秒和小时的正常计数。校准方式有"快校时"和"慢校时"两种，"快校时"是通过开关控制使计数器对 1Hz 的校时脉冲计数；"慢校时"是用手动产生单脉冲作为校时脉冲。图 4-88 所示为"慢校时"的校分电路，方法是控制 60 进制分计数电路的 CP 端，使用两个三态门或者把秒进位信号加入，或者把校分的按键信号（J2 按键值为 M）加入。J1 开关（按键值为 A）用来控制校分和计分的切换，由于两个三态门的使能有效信号相差一个非门逻辑，J1 开关闭合接地时为校分功能，J1 开关断开时为计分功能。校时电路与校分电路基本一致，如图 4-89 所示。在校时电路中，切换开关用 J4，按键值为 B，而校时的按键开关设置为 J3，按键值为 H。这样，J1 开关接地，开始校分，按键 J2 为校分按键，由键盘"M"控制，每按一下分钟加一，数字在 0~59 之间循环；J4 开关接地，开始校时，按键 J3 为校时按键，由键盘"H"控制，每按一下小时加一，数字在 0~23 之间循环。

● 译码驱动电路。译码驱动电路将计数器输出的 8421BCD 码转换为数码管需要的逻辑状态，并且为保证数码管的正常工作提供足够的工作电流。

● 显示数码管。数码管通常有发光二极管（LED）数码管和液晶显示（LCD）数码管。本设计采用带译码功能的数码管简化电路。

③ 总体逻辑电路　将以上各子系统、控制电路进行级联，即完成总体电路设计，如图 4-90（a）、（b）所示。

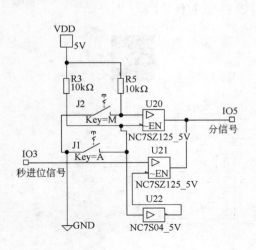

图 4-88　分校准电路

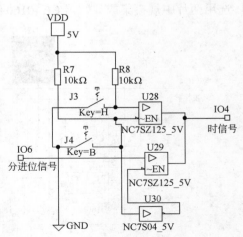

图 4-89　时校准电路

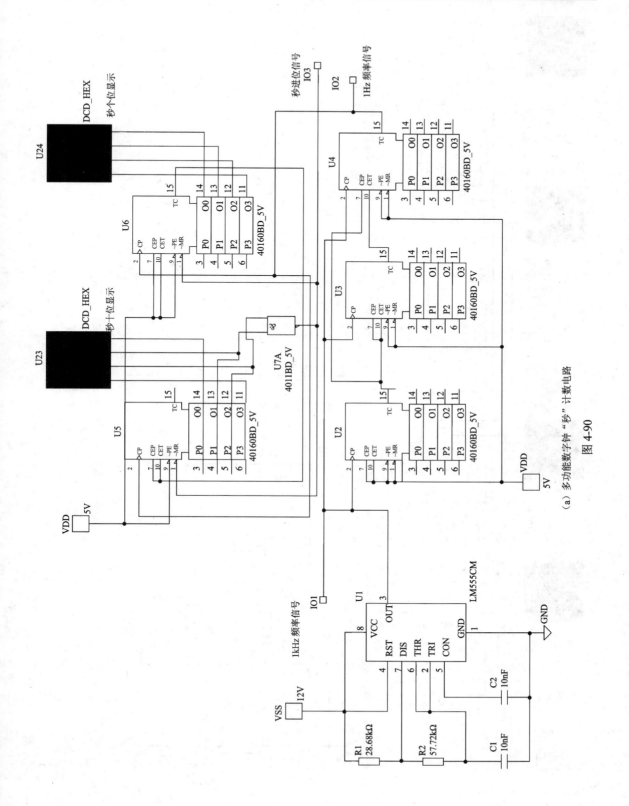

（a）多功能数字钟"秒"计数电路

图 4-90

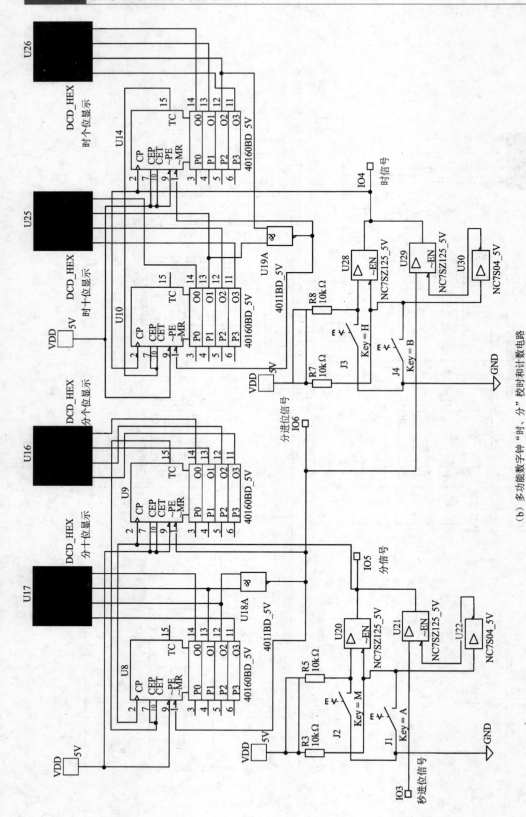

（b）多功能数字钟"时、分"校时和计数电路

图 4-90 多功能数字钟校时和计数电路

④ 扩展电路

• 整点报时电路及其仿真分析。要实现整点报时,应当在产生分进位信号(整点到)时,响第一声,但究竟响几声,则要由时计数的状态来确定。由于时计数器为 24 进制,所以需要一个 24 进制计数器来计响声的次数,由分进位信号来控制报时的开始,每响一次让响声计数器计一个数,将小时计数器与响声计数器的状态进行比较,当它们的状态相同时,比较电路则发出停止报时的信号。工作原理如图 4-91 所示。

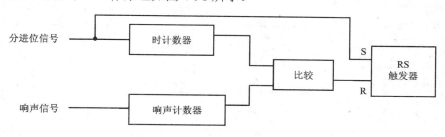

图 4-91　自动报时工作原理图

整点报时电路如图 4-92 所示,采用两个可逆十进制计数器 CC40192 组成响声计数器:在时信号的触发下,把 24 进制时计数器电路的当前小时数预置为响声计数器的初始值;时信号消失后开始递减计数,一直减到 0,停止计数;控制电路给出 0 信号,停止报时。

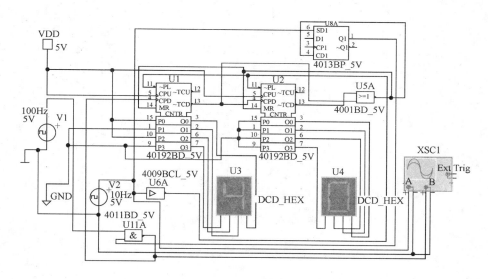

图 4-92　整点报时电路及其仿真

仿真时,用 100Hz 方波信号模拟报时钟点,一个周期相当于敲钟一下;用 10Hz 方波信号模拟时信号,产生整点报时电路的触发控制。需要注意,时信号应该不是标准方波,占空比不能为 50%,调试时要改变为 10%。

整点报时电路仿真输出波形如图 4-93 所示

• 触摸报时电路。在有些场合(如夜间),不便于直接看显示时间,希望数字钟有触摸报时功能,即触摸数字钟的某端,能够报时的整点时数。

根据功能要求,不难设想在自动报整点时数电路的基础上,增加一触发脉冲控制电路,即修改设计完成。产生触摸控制脉冲的电路有单次脉冲产生器、555 集成定时器构成单稳态触发电路等。图 4-94 和图 4-95 所示是由 555 集成定时器构成的单稳态触发电路及其仿真。

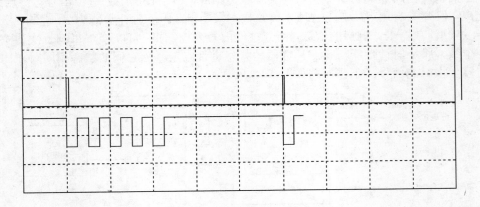

图 4-93　整点报时电路仿真输出波形

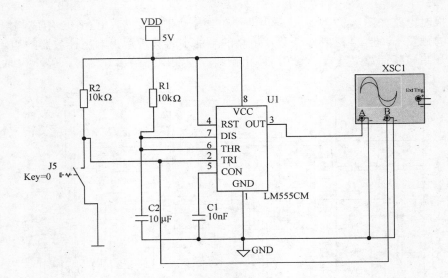

图 4-94　555 集成定时器构成的单稳态触发电路

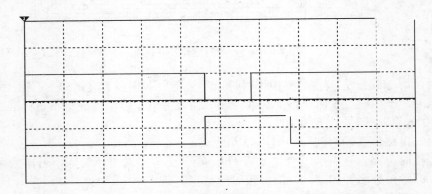

图 4-95　555 集成定时器构成单稳态触发电路仿真

- 定时控制电路及其仿真分析。数字钟在指定的时间发出信号，或驱动音响电路"闹时"，或对某装置的电源进行接通或断开控制，不管是闹时还是控制，都要求时间准确，即信号的开始时刻必须满足规定的要求。

信号的开始时刻由定时时间设置电路实现，随着计时的进行，时计数器的值与设置的定时时间比较，如相等，则通过 S 端触发 RS 触发器，使输出置 1，闹时控制开始；由定时开关通过 R 端触发 RS 触发器使输出置 0，关闭闹时控制。定时控制原理框图如图 4-96 所示，定时控制原理仿真如图 4-97 所示。

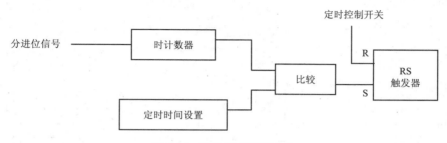

图 4-96　定时控制原理框图

（3）电路仿真

电子钟基本功能总体逻辑电路如图 4-90 所示，仿真步骤如下。

• J1 开关接地，开始校分，按键 J2 为校分按键，由键盘"M"控制，每按一下分钟加一，数字在 0~59 之间循环；J4 开关接地，开始校时，按键 J3 为校时按键，由键盘"H"控制，每按一下小时加一，数字在 0~23 之间循环。

• J1 和 J4 开关与地断开，电子钟从设定时间开始正常计数，注意观察时、分、秒的进位是否正确，如果觉得调试时间过长，则可以改变多谐振荡器的频率。

• 添加整点报时功能电路，注意观察在计时过程中整点报时是否正常工作。添加触摸开关电路，观察报时与目前计时是否一致。

• 添加定时控制电路，设置定时时间，观察计时到定时时间，闹钟信号是否输出。

4.2.11　家用电风扇控制电路

（1）设计任务书

① 设计要求　电风扇操作面板示意图如图 4-98 所示。

面板上有 9 个指示灯，分别指示三种风速：弱、中、强；三个风种：正常、自然、睡眠；三个定时：1h、2h、4h。

面板上还有 4 个按钮：K_1、K_2、K_3、K_4 分别控制风速、风种、定时和停止。

风速的弱、中、强对应电风扇转速慢、中、快；风种的"正常"指电风扇连续运转；"自然"指的是电风扇工作方式为运转 4s，间断 4s，从而模拟自然风；"睡眠"指的是电风扇工作方式为运转 8s，间断 8s，产生轻柔的微风。

电风扇的所有操作转换过程如图 4-99 所示。

用中规模数字集成电路实现电风扇控制器的控制功能，用 4 个按键分别实现"风速"、"风种"、"定时"、"停止"四种操作功能。具体要求如下。

• 用 9 个发光二极管分别指示：风速"弱"、"中"、"强"，风种"正常"、"自然"、"睡眠"，定时"1h"、"2h"、"4h"9 种状态。

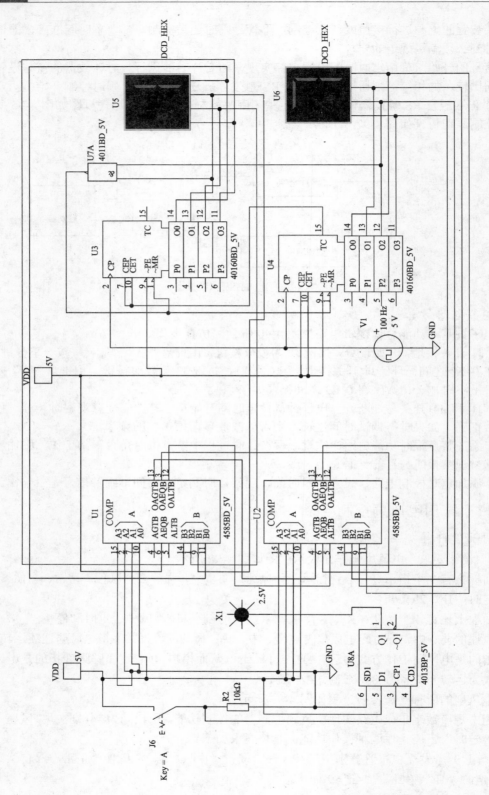

图 4-97　定时控制功能仿真电路

● 电风扇在停转状态时，所有指示灯都不亮，只有按"风速"键才能启动电风扇，按其余键不能启动；其初始工作状态为"风速"处于"弱"挡，"风种"处于"正常"位置，且相应指示灯亮，定时器处于非定时状态，即电风扇处于长时间连续运转状态。

● 电风扇启动后，按"风速"键可以循环选择弱、中、强三种状态；按"风种"键可以循环选择自然、正常、睡眠三种状态；按"定时"键可以循环选择非定时或定时 1h、2h、4h 的工作状态。

● 在电风扇任意工作状态下，按"停止"键，电风扇停止工作，所有指示灯灭。

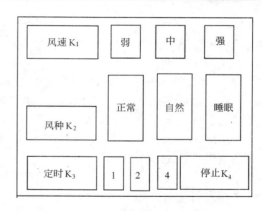

图 4-98　电风扇操作面板示意图

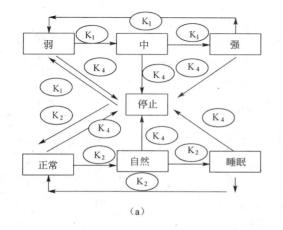

（a）

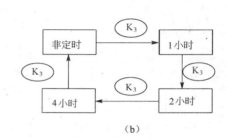

（b）

图 4-99　电风扇操作转换过程

② 完成上述功能数字系统的设计

③ 仿真分析所设计的数字电路

④ 撰写设计总结报告

（2）设计过程

① 系统总体方案的确定　由技术指标要求可知，该数字系统的功能主要是实现电风扇的"风速"、"风种"、"定时"、"停止"四种操作功能。风速分为"弱"、"中"、"强"，风种分为"正常"、"自然"、"睡眠"，定时分为"1h"、"2h"、"4h" 9 个状态。故可将系统的总任务分解为下面的各个子系统完成的子任务。

● 电风扇"定时"控制电路：由触发、定时、锁存、显示电路构成。三个锁存器锁存风扇的三种定时状态，并用三个显示器（指示灯）显示出来，三种定时状态由三个定时电路完成。

● 电风扇"风速"控制电路：由触发、锁存、显示电路构成。三个锁存器锁存风扇的三种风速状态，并用三个显示器（指示灯）显示出来，三个锁存器的触发脉冲由风速单次脉冲产生电路给出。

● 电风扇"风种"控制电路：由触发、锁存、显示及风种选择电路构成。由三个锁存器锁存风扇的三种风种状态，并用三个显示器（指示灯）显示出来，三个锁存器的触发脉冲由风种触发脉冲产生电路给出，"风种"由风种选择电路选出，并送给输出电路，控制电机运转方式。

- 单次脉冲电路，可由基本 RS 触发器完成。
- 输出电路，电机运转控制端。由于电风扇电机的转速是通过电压来控制的，本设计中要求弱、中、强三种转速，因而电路中需要考虑三个控制输出端，以控制外部强电线路。这三个输出端"慢、中、快"，除了要控制电机分别按弱、中、强三种转速运转外，还必须能够控制电机连续运转或间断运转，以与"风种"信号的不同选择方式相对应；电机运转是否定时，以与"定时"信号的不同选择方式对应。例如"风种"选择"自然"，"风速"选择"弱"且"非定时"时，电机将运作在慢速，并运行 4s 停止 4s，表示在电机运转控制端"慢"上。

由以上分析，可得电风扇控制电路的总体方框图，如图 4-100 所示。

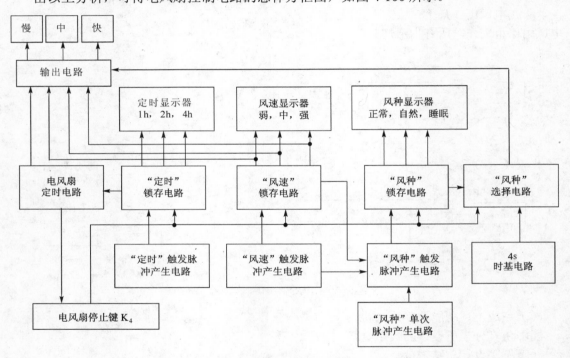

图 4-100　电风扇控制电路的总体方框图

② 子系统、控制电路的设计

a. 单次脉冲产生电路。

在电风扇控制电路中 K_1、K_2、K_3 在平时是低电平，单次脉冲是指电路按动一次只输出一个单脉冲，由两个与非门构成的基本 RS 触发器完成，如图 4-101 所示。

K_1 在与非门 UA 的输入给出一个负脉冲"⊓"时，在输出 IO1 得到一个正脉冲"⊓"。

b. 电风扇"风速"控制电路。

- "风速"锁存、显示电路。

"风速"操作有三个工作状态和一种停止状态需要保存和指示，因而对于每种状态操作可采用 3 个触发器来锁存状态，触发器输出"1"，表示工作状态有效，"0"表示无效，当 3个输出全为"0"时，则表示风扇停止状态。为简化设计，选择有直接清"0"端的 D 触发器74LS175，将"停止"键与清"0"端相连，可实现停止功能。

风速操作的状态转换图如图 4-102 所示，图中括号内的数字为 3 个触发器 Q_3、Q_2、Q_1 的状态。风速操作的状态转换表如表 4-12 所示。

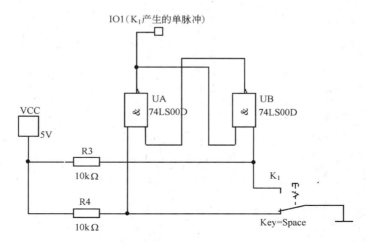

图 4-101　单次脉冲产生电路

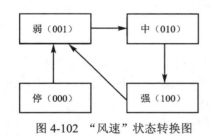

图 4-102　"风速"状态转换图

表 4-12　"风速"状态转换表

输入			输出		
Q_3	Q_2	Q_1	Q_3^{n+1}	Q_2^{n+1}	Q_1^{n+1}
0	0	0	0	0	1
0	0	1	0	1	0
0	1	0	1	0	0
1	0	0	0	0	1
其余的状态 011、101、110、111 未用					

根据状态转换表画卡诺图，并利用卡诺图化简：

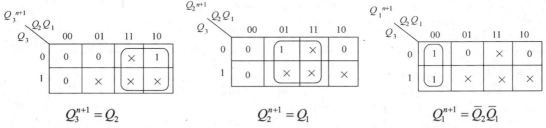

$$Q_3^{n+1} = Q_2 \qquad\qquad Q_2^{n+1} = Q_1 \qquad\qquad Q_1^{n+1} = \overline{Q}_2 \overline{Q}_1$$

利用卡诺图化简后，可得用于控制"风速"的输出信号逻辑表达式：

$$Q_3^{n+1} = Q_2$$
$$Q_2^{n+1} = Q_1$$
$$Q_1^{n+1} = \overline{Q}_2 \overline{Q}_2$$

D 触发器的特性方程：$Q^{n+1} = D$（在 CP 的上升沿有效），由此可得各触发器的状态方程：

$$Q_3^{n+1} = D_3$$
$$Q_2^{n+1} = D_2$$
$$Q_1^{n+1} = D_1$$

可得驱动方程:

$$D_3 = Q_2$$
$$D_2 = Q_1$$
$$D_1 = \overline{Q_2}\,\overline{Q_1}$$

由此可得电风扇"风速"锁存、显示电路如图4-103所示(图中:1Q 为 Q_1, 2Q 为 Q_2, 3Q 为 Q_3)

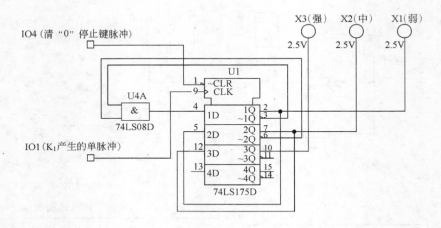

图 4-103 "风速"锁存、显示电路

74LS175 的介绍:一片中有 4 个 D 触发器,CLR 为清"0"端,低电平有效,即 CLR="0"时,触发器的输出 1Q2Q3Q4Q=0000;CLK 为 D 触发器的触发脉冲,上升沿有效。逻辑功能有 $Q^{n+1} = D$。74LS175 的逻辑功能如表 4-13 所示。

表 4-13 74LS175 功能表

输 入			输 出
CLK(CP)	CLR	D	Q
×	0	×	0(清零)
↑	1	1	1
↑	1	0	0
0	1	×	保持

- "风速"触发脉冲产生电路

在"风速"状态的锁存电路中,锁存电路的触发脉冲可利用"风速"按键 K_1 所产生的单脉冲信号作为 D 触发器的触发脉冲 CLK(CP)。

c. 电风扇"风种"控制电路。

- "风种"锁存、显示电路。

"风种"操作有三种工作状态和一种停止状态需要保存和指示,因而对于每种状态操作可采用 3 个触发器来锁存状态,触发器输出"1",表示工作状态有效,"0"表示无效,当三个输出全为"0"时,则表示风扇停止状态。为简化设计,选择有直接清"0"端的 D 触发器 74LS175,将"停止"键与清"0"端相连,可实现停止功能。

"风种"操作的状态转换图如图 4-104 所示,图中括号内的数字为 3 个触发器 Q_3、Q_2、Q_1 的状态。显然,"风种"操作的状态图与"风速"操作的状态图完全一样,则"风种"的锁存、显示电路与"风速"的一样。

有驱动方程：

$$D_3 = Q_2$$
$$D_2 = Q_1$$
$$D_1 = \overline{Q_2}\,\overline{Q_1}$$

由此可得电风扇"风种"锁存、显示电路如图 4-105
所示（图中：1Q 为 Q_1，2Q 为 Q_2，3Q 为 Q_3）

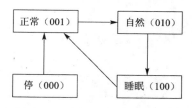

图 4-104　"风种"状态转换图

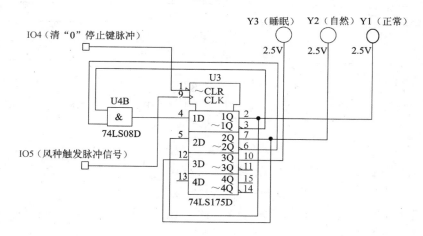

图 4-105　"风种"锁存、显示电路

- "风种"触发脉冲产生电路。

"风种"状态锁存器的触发脉冲 CLK（CP）应由"风速"按键（K_1）、"风种"按键（K_2）的信号和电风扇工作状态（设 ST 为电风扇的工作状态，ST=0 为停止，ST=1 为运转）三者组合而成。

由设计的任务可知，当电风扇处于停止状态（ST=0）时，按 K_2 键无效，"风种"触发脉冲 CLK（CP）为低电平"0"；只有按 K_1 键后，CLK 脉冲才变为高电平"1"，同时电风扇进入运行状态（ST=1），进入运行状态后，CLK 脉冲不再受 K_1 键控制，而由 K_2 键控制，由此得出 CLK（CP）脉冲信号的真值表如表 4-14 所示。

表 4-14　"风种"触发脉冲 CLK（CP）信号真值表

输　　　　　入			输　　出
"风种"键	"风速"键	风扇运行状态	"风种"触发脉冲
K_2	K_1	ST	CLK（CP）
0	0	0	0
0	0	1	0
0	1	0	1
0	1	1	0
1	0	0	0
1	0	1	1
1	1	0	1
1	1	1	1

由"风种"触发脉冲 CLK（CP）信号真值表，并化简可得"风种"触发脉冲 CLK（CP）逻辑表达式：

$$CLK = K_1\overline{ST} + K_2ST$$

电风扇工作状态与"风速"状态锁存器输出的三个信号的关系如表 4-15 所示。

表 4-15　风扇运行状态 ST 信号真值表

Q_3（强）	Q_2（中）	Q_1（弱）	ST（风扇运行状态）
0	0	0	0
0	0	1	1
0	1	0	1
1	0	0	1
$Q_3Q_2Q_1$ 其余状态未使用（011、101、110、111）			

由风扇运行状态 ST 信号真值表可知：当 $Q_3Q_2Q_1$ 全为 0 时，电风扇停转，ST=0；否则电风扇运行于弱、中、强任一状态时，ST=1。ST 信号的逻辑表达式：

$$ST = Q_3 + Q_2 + Q_1$$

或

$$ST = \overline{\overline{Q_3}\,\overline{Q_2}\,\overline{Q_1}}$$

最终"风种"触发脉冲 CLK（CP）逻辑表达式：

$$CLK = K_1\overline{Q_3}\,\overline{Q_2}\,\overline{Q_1} + K_2\overline{\overline{Q_3}\,\overline{Q_2}\,\overline{Q_1}}$$

由此可得电风扇"风种"触发脉冲电路如图 4-106 所示（图中的"风种触发脉冲信号"IO5 为 CLK）。

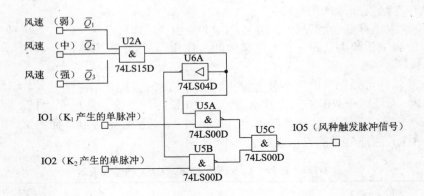

图 4-106　"风种"触发脉冲产生电路

按键 K_1、K_2 及部分门电路构成了"风种"状态锁存电路的触发信号 CLK（IO5）。电风扇停转时，ST=0（风速的 $Q_3=Q_2=Q_1=0$），$K_1=0$，故图中与非门 U5A 输出高电平，U5B 输出也为高电平，因而 U5C 输出 CLK（CP）信号为低电平。当按下 K_1 键后产生一个"$\int$"，U5A 输出低电平，而使 U5C 输出的 CLK（IO5）信号变为高电平，并使"风种"电路的 D 触发器动作，"风种"处于"正常"状态，同时，由于 K_1 键输出上升沿信号，也使"风速"电路的 D 触发器输出为"弱"状态，电风扇开始运转，ST=1。电风扇运转后，U5A 输出始终为高电平，这样使"风种"状态锁存电路的触发信号 CLK（IO5）与 K_2 的状态相同。每次按下 K_2 并释放后，CLK（IO5）信号就会产生一个上升沿，使"风种"状态发生变化。

工作过程中的，"风种"状态锁存电路的触发信号 CLK（IO5）波形图如图 4-107 所示。

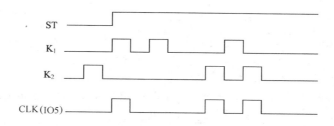

图 4-107　"风种"触发脉冲 CP 的波形

- "风种"选择电路。

在"风种"的三种选择方式中，在"正常"位置时，电风扇为连续工作运行方式，在"自然"和"睡眠"位置为间断工作。间断工作时，电路中用一个 4s 周期的时钟信号作为"自然"方式的间断工作控制；将其二分频后作为"睡眠"方式的控制输入，如图 4-108 所示。

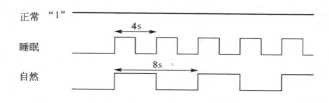

图 4-108　风种的三种工作方式波形

采用 74LS151（8 选 1 数据选择器）作为"风种方式"的选择器，由"风种"的三种状态 Q_3、Q_2、Q_1 作为 74LS151 的三个地址输入端，选择方式见表 4-16。

表 4-16　风种选择方式

状　态	选择器地址输入端	选择端输出
停止	000	D0
正常	001	D1
自然	010	D2
睡眠	100	D4

"风种"选择电路如图 4-109 所示。

74LS151 介绍：G 为使能端，低电平有效；C、B、A 为地址输入端；D0～D7 为数据输入端，Y 为输出端。功能表见表 3-3。

74LS74 构成一个二分频的电路，从输出 Q 端得到一个 8 秒脉冲信号。

显然：当电风扇处于停止状态时，数据选择器的地址输入端为"000"，选择 D0 作为输出，即 Y=D0=0。电风扇工作于"正常"时，数据选择器的地址输入端为"001"，选择 D1 作为输出，即 Y=D1="1"（5V）；电风扇工作在"自然"状态时，数据选择器的地址输入端为"010"，选择 D2 作为输出，即 Y=D2（4s 的脉冲信号，工作 4s 停止 4s）；电风扇工作于"睡眠"状态时，数据输入端为"100"，选择 D3 作为输出，即 Y=D3（8s 的脉冲信号，工作 8s 停止 8s）。

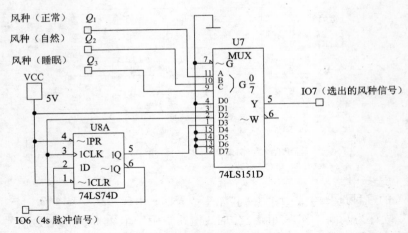

图 4-109　"风种"选择电路

● 4s 脉冲产生电路。

由一个 555 定时器振荡电路产生 1Hz 脉冲信号，经 4 分频得一个 0.25Hz（4s）的脉冲信号。如图 4-110 所示。

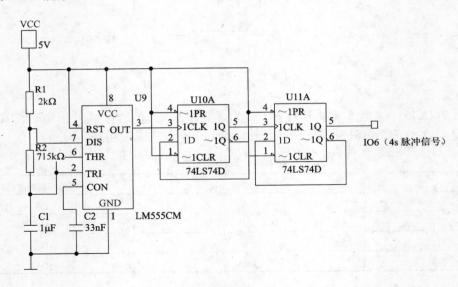

图 4-110　4s 脉冲信号产生电路

555 定时器构成的多谐振荡器电路的振荡周期：

$$T \approx 0.7(R_1 + 2R_2)C_1$$

振荡电路产生固定频率的脉冲信号 $f=1Hz$，$T=1/f=1s$，在上式中令 $R_1=2k\Omega$，$C_1=1\mu F$，则

$$R_2 \approx \frac{1}{2}\left(\frac{T}{0.7C_1} - R_1\right) = \frac{1s}{1.4 \times 1 \times 10^{-6}F} - 1k\Omega \approx 713k\Omega$$

取标称值 $R_2=715k\Omega$。

由 555 振荡器产生周期为 1s 的脉冲信号，经二级 74LS74 构成的二分频电路分频后得 4s 的脉冲信号。

振荡电路频率的选择，应考虑振荡器本身的稳定性和经分频后可能引入的最大误差，在频率稳定性要求高的场合可采用石英晶体振荡器，经分频电路得 1s 脉冲信号。

d. 电风扇"定时"控制电路。

● "定时"锁存、显示电路。

"定时"操作有四个工作状态：非定时、定时 1h、定时 2h、定时 4h。用 3 个触发器来锁存这四种状态，其状态转换图如图 4-111 所示，图中括号内的数字为 3 个触发器 Q_3、Q_2、Q_1 的状态。"定时"状态转换表如表 4-17 所示。

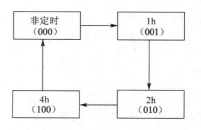

图 4-111　定时状态转换图

表 4-17　"定时"状态转换表

输　入			输　出		
Q_3	Q_2	Q_1	Q_3^{n+1}	Q_2^{n+1}	Q_1^{n+1}
0	0	0	0	0	1
0	0	1	0	1	0
0	1	0	1	0	0
1	0	0	0	0	0
其余的状态 011、101、110、111 未用					

根据状态转换表画卡诺图，并利用卡诺图化简：

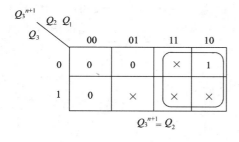

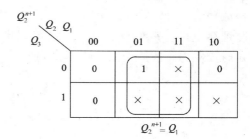

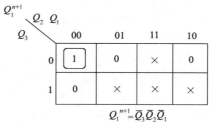

利用卡诺图化简后，可得用于控制"定时"的输出信号逻辑表达式：

$$Q_3^{n+1} = Q_2$$
$$Q_2^{n+1} = Q_1$$
$$Q_1^{n+1} = \overline{Q}_3\,\overline{Q}_2\,\overline{Q}_1$$

由此可得电风扇"定时"状态锁存、显示电路如图 4-112 所示。（图中：1Q 为 Q_1，2Q 为 Q_2，3Q 为 Q_3）。

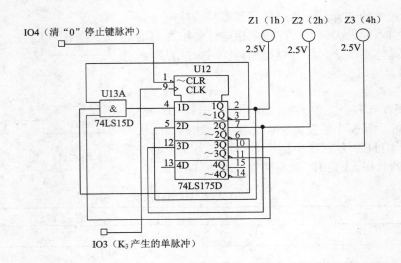

图 4-112 "定时"状态锁存、显示电路

- "定时"触发脉冲产生电路。

在"定时"状态的锁存电路中,锁存电路的触发脉冲可利用"定时"按键 K_3 所产生的单脉冲信号作为 D 触发器的触发脉冲 CLK(CP)。

- "定时"控制逻辑电路。

电风扇的三种定时状态分别由 1h、2h、4h 定时电路完成。定时电路的启动信号,分别由定时锁存电路的 Q_1、Q_2、Q_3 给出,定时电路的停止信号由计时电路的结束信号给出。

定时控制电路的原理图如图 4-113 所示。

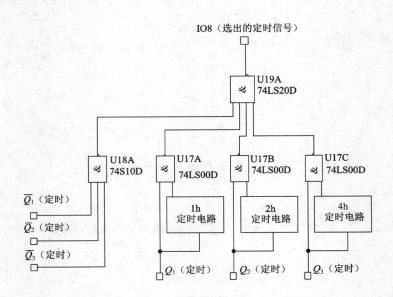

图 4-113 定时控制原理电路

电风扇定时状态锁存电路用一块 4D 上升沿触发的 74LS175 锁存器构成,其中 3 只触发

器的输出端为 Q_1、Q_2、Q_3。当 Q_1、Q_2、Q_3 全为 0 时，与非门 U18A 输出低电平，U19A 输出高电平，使电动机处于非定时运转状态。当 Q_1 输出为高电平时，利用其上升沿信号触发"1h 定时电路"，并通过与非门 U17A、U19A 输出，控制电机进入 1h 的运行状态；同样，Q_2 或 Q_3 输出高电平后，将选通 2h 或 4h 的定时电路。定时器的工作波形如图 4-114 所示。

以下介绍 1h 定时电路。

"1h 定时电路"的启动信号，由一个单稳态电路触发"1h 定时计数器"开始计数，1h 为 3600s，将由 4 位十进制计数器进行计数，当计到 3600 时，复位为 0000，同时发出"1h 定时电路"的停止信号，从而得到 1h 的定时信号。

单稳态电路选用 SN74121，是一个单稳态触发器，其逻辑功能图如图 4-115 所示，功能表如表 4-18 所示。A1、A2、B 为触发端；RTCT 为外接电阻电容端；CT 为外接电容端；RINT 为内部固定电阻端；Q 为输出端。

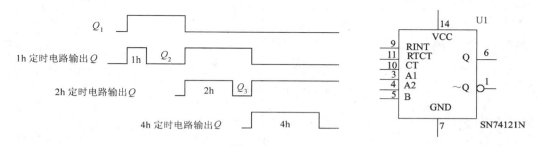

图 4-114　定时器工作波形　　　　　　图 4-115　SN74121 逻辑功能图

由 SN74121 构成的单稳态电路如图 4-116 所示。其中暂稳态时间由式 $t_w=0.7RC$ 计算。

表 4-18　SN74121 功能表

输入			输出
A1	A2	B	Q
0	×	1	0
×	0	1	0
×	×	0	0
1	1	×	0
1	↓	1	⊓
↓	1	1	⊓
↓	↓	1	⊓
0	×	↑	⊓
×	0	↑	⊓

图 4-116　单稳态电路

当为触发脉冲的上升沿（0→1）时，单稳态触发器输出一个 ⊓，暂稳态时间由式 $t_w=0.73RC$ 计算。R 为内部电阻 $2k\Omega$。

1h 为 3600s，将由 4 位十进制计数器进行计数，当计到 3600 时，复位为 0000，计数器由 74LS90 构成十进制计数器，当千位计数器 U28 计到 3（0011），百位计数器 U27 计到 6（0110）时，给出清"0"信号，计数器清"0"并停止计数。用 4 位计数器构成 3600 进制计数器。电路如图 4-117 所示。

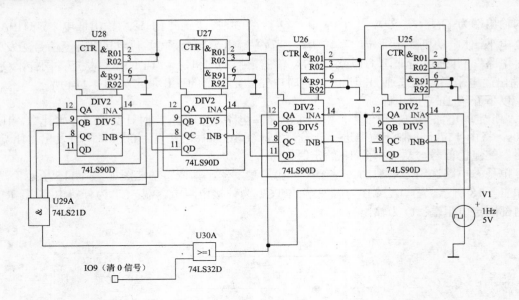

图 4-117　1h 计数器定时电路

74LS90 逻辑符号如图 4-118 所示。

74LS90 是一个异步 2-5-10 进制计数器。R01、R02 为置"0"端；R91（S01）、R92（S02）为置"9"端；INA（CPA）、INB（CPB）为双时钟端；QD～Q 为输出端。

其功能表如表 4-19 所示。

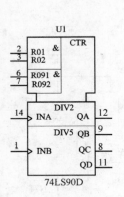

图 4-118　74LS90 逻辑符号

表 4-19　74LS90 功能表

输　　入					输　　出			
R01　R02		R91　R92		INA　INB	QD	QC	QB	QA
1　　1		0　　×		×　　×	0	0	0	0
1　　1		×　　0		×　　×	0	0	0	0
0　　×		1　　1		×　　×	1	0	0	1
×　　0		1　　1		×　　×	1	0	0	1
$\overline{R01R02}=1$		$\overline{R91R92}=1$		CP　　0	二进制计数器			
				0　　CP	五进制计数器			
				CP　　QA	8421 十进制计数器			

显然，将 INB 与 QA 相连，CP 信号从 INA 加入，R01、R02、R91、R92 全部接"0"，此时 74LS90 成为十进制计数器。

1h 定时电路由 4 位十进制计数器和一些控制电路组成，如图 4-119 所示。

4 位计数器的开始计数信号：当 Q_1 输出为高电平时，利用其上升沿信号触发单稳态触发器 U14 进入暂稳态后自动返回稳态；并将单稳态触发器 U14 的输出 $\overline{Q}$ 送给 74LS74 构成的 T′ 触发器 U31A 的置"1"端，使 74LS74 触发器 Q=1，此时与门 U32（控制门）打开，1s 的脉冲信号进入计数器，计数器开始计数。

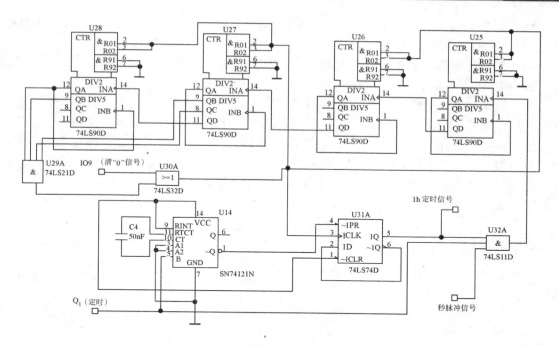

图 4-119　1h 定时电路

当计数到 3600s（1h）时，与门 U29A 的输出 "0→1"，此信号送给 74LS74 构成的 T′触发器的时钟 CLK 端，使 T′触发器翻转为 Q=0，关闭与门 U32，1s 的脉冲信号不能进入计数器，计数器停止计数；同时与门 U29A 的输出 "0→1"，经或门 U30A 送给 4 个计数器 74LS90 的清 "0" 端，使计数器清零。此时触发器 U31A 的输出 Q 得到 1h 的定时信号。它们之间的时序图如图 4-120 所示。

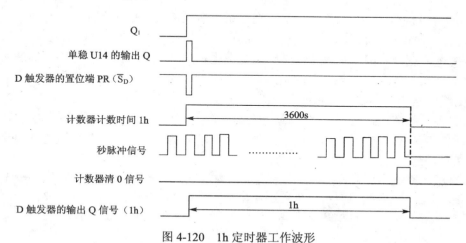

图 4-120　1h 定时器工作波形

同理可得 2h、4h 的定时电路。与 1h 定时电路所不同点如下。

● 2h 为 7200s，由 4 位十进制计数器进行计数，当计到 7200 时，复位为 0000，计数器由 74LS90 构成十进制计数器，当千位计数器计到 7（0111），百位计数器计到 2（0010）时，给出清 "0" 信号，计数器清 "0" 并停止计数。用 4 位十进制计数器构成 7200 进制计数器。

● 4h 为 14400s，由 5 位十进制计数器进行计数，当计到 14400 时，复位为 0000，计数器由 74LS90 构成十进制计数器，当万位计数器计到 1（0001），千位计数器计到 4（0100），百位计数器计到 4（0100）时，给出清"0"信号，计数器清"0"，并停止计数。用 5 位十进制计数器构成 14400 进制计数器。

　● 2h 的触发信号由定时锁存器 Q_2 给出，4h 的触发信号由定时锁存器 Q_3 给出。

　e. 输出电路（电机运转控制端）。

由于电风扇电机的转速是通过电压来控制的，本设计中要求"弱、中、强"三种转速，因而电路中需要考虑三个控制输出端，以控制外部强电线路。这三个输出端"慢、中、快"，除了要控制电机分别按"弱、中、强"三种转速运转外，还必须能够控制电机连续运转或间断运转，以与"风种"信号的不同选择方式相对应；电机运转是否定时，以与"定时"信号的不同选择方式对应；输出控制电机电路如图 4-121 所示。

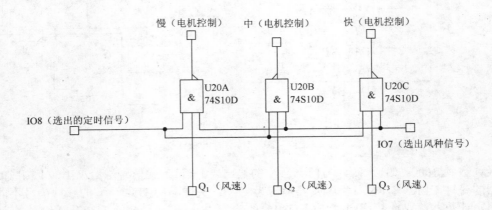

图 4-121　输出控制电机电路

例如"风种"选择"自然"，"风速"选择"中"且"定时 1h"时，电机将运作在中速，并运行 4s 停止 4s，运行到 1h 停止，表示在电机运转控制端"中"上。

　③ 总体逻辑电路　将以上各子系统、控制电路进行连接，即完成总体电路设计，显然，此系统较复杂，在一张图上难以全部画下，可按逻辑原理分层画，但在通路断口的两端必须作出标记，并指出从一图到另一图的引出点和引入点。如图 4-122 所示。

　④ 电路仿真　仿真时应注意以下两点。

　● 仿真各子系统电路时，如"风种"选择电路、"定时"电路时，若采用 1s、4s 脉冲信号产生电路，则仿真时间太长，最好采用外部频率较高的时钟源信号代替，为观察进位情况可把时钟频率调高一些。

　● 仿真整个系统电路时，这个数字系统电路太复杂，在 Multisim10 软件的电路编辑区中，难以将其绘制在一张电路图中，可采用层次电路图的绘制方法，将各单元电路生成层次电路模块，再系统进行仿真。见第 3 章中 3.4.4 综合电路的仿真中采用的方法。

4.2.12　简易直流数字电压表

（1）设计任务书

　① 设计要求　设计一个简易直流数字电压表，可以进行量程选择、精度选择，输出用数码管显示。

面板上有 7 个指示灯，分别指示三种量程：5V，10V，20V；两种输入极性：单极性、双极性；两种精度选择：8 位二进制，16 位二进制。

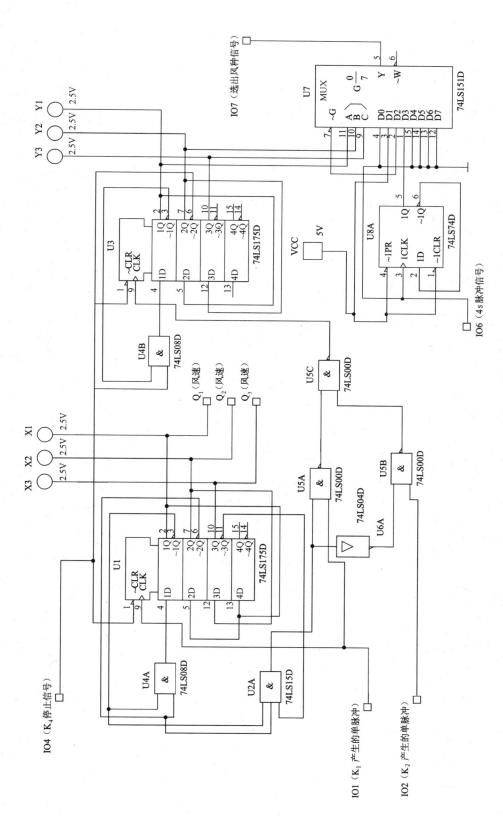

（a）风速、风种锁存显示控制电路

图 4-122

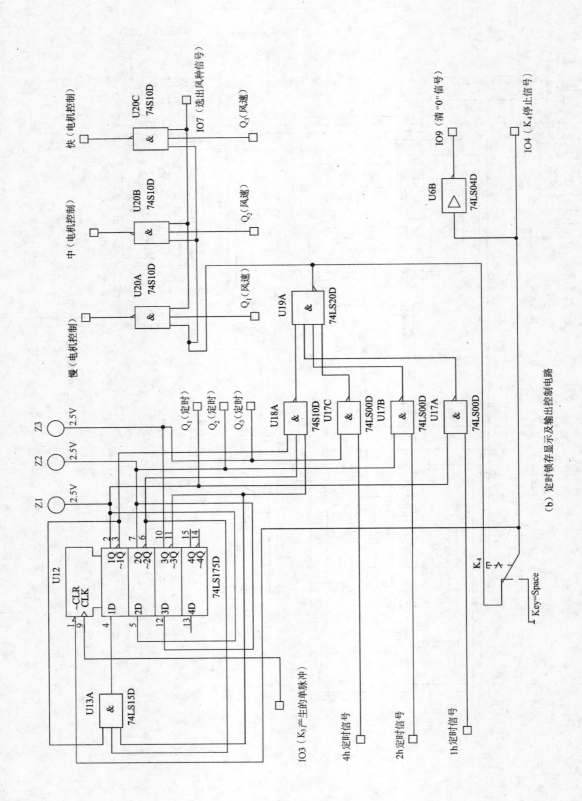

（b）定时锁存显示及输出控制电路

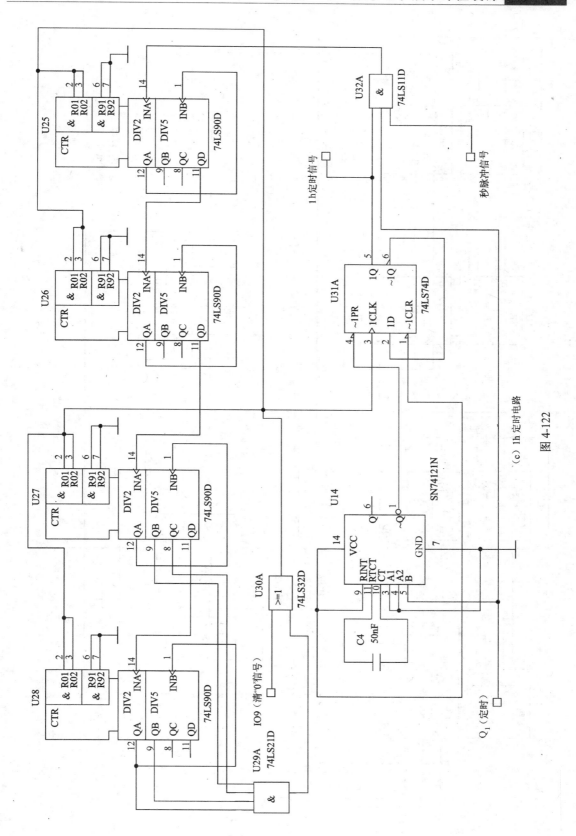

(c) 1h 定时电路

图 4-122

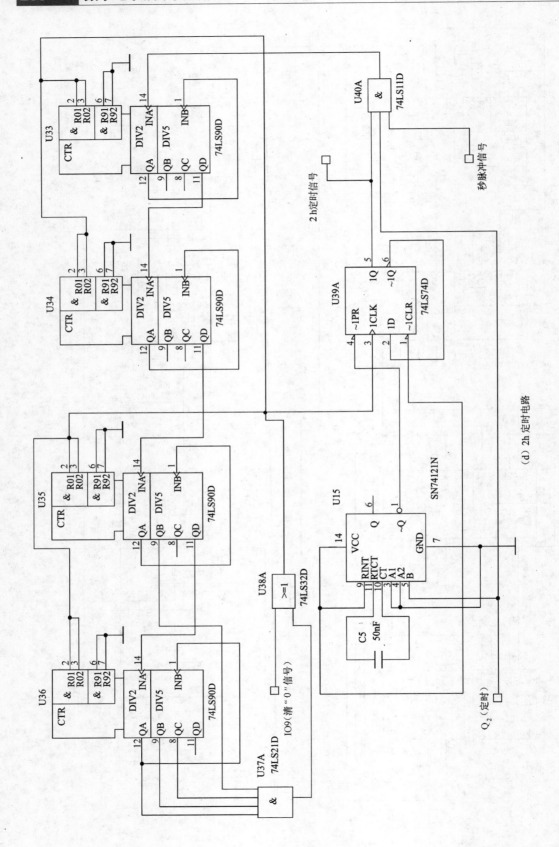

(d) 2h定时电路

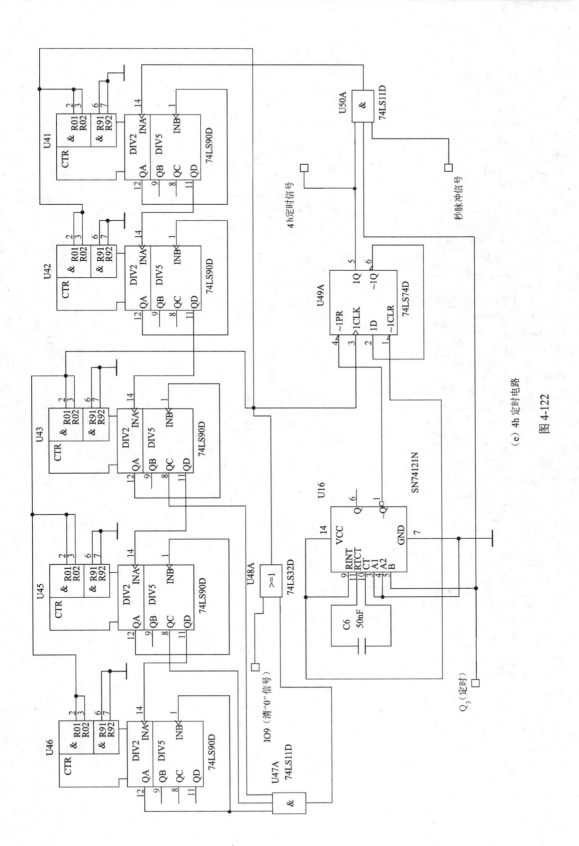

（e）4h定时电路

图 4-122

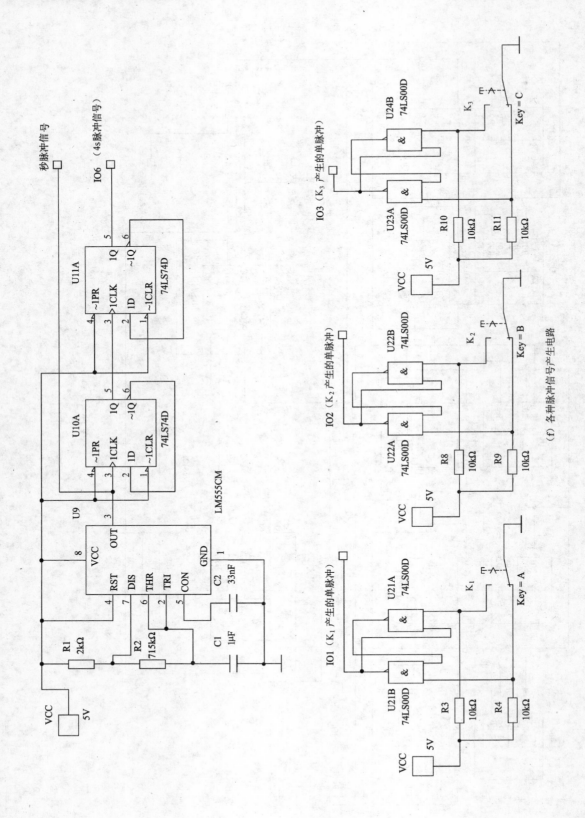

(f) 各种脉冲信号产生电路

面板上还有 3 个多路选择开关：K_1、K_2、K_3，分别控制量程、输入极性、精度选择。

量程开关控制输入电压的变化范围，输入极性开关控制输入电压是只在正向变化还是正负向都变化，例如，选择单极性 5V，即输入电压在 0~+5V 范围变化；选择双极性 5V，即输入电压在 –5V~+5V 范围变化。

用中规模数字集成电路实现简易直流数字电压表功能,用 3 个选择开关分别实现"量程"、"输入极性"、"精度"选择功能。具体要求如下。

- 用 7 个发光二极管分别指示三种量程：5V，10V，20V；两种输入极性：单极性、双极性；两种精度选择：8 位二进制，16 位二进制。
- 根据输入电压选择量程、极性和精度进行电压测量。
- 电压表的输出指示应结合量程和极性进行读数。

② 完成上述功能数字系统的设计

③ 仿真分析所设计的数字电路

④ 撰写设计总结报告

（2）设计过程

① 系统总体方案的确定　图 4-123 所示为数字电压表的原理框图。它由模拟电路和数字电路两部分组成，二者相互联系。A/D 转换器为数字电压表的核心，将被测的输入模拟电压转换成相应的数字量，并通过数字显示器将被测电压显示出来；电阻分压器电路实现量程切换选择；逻辑控制电路确保 A/D 转换器各个控制端的正常工作时序；振荡器用以产生规定频率的时钟信号，使整个电路协调工作。

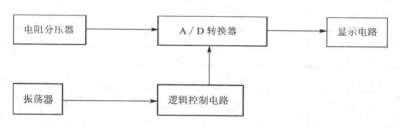

图 4-123　数字电压表的原理框图

② 子系统、控制电路的设计

- A/D 转换器。在 Multisim10 软件中有 8 位 ADC 模型和 16 位 ADC 模型，以及 ADS6230、MAX1182 等 A/D 转换电路芯片，可以将输入的模拟信号转换成 8 位/16 位的数字信号输出。

8 位 ADC 管脚如图 4-124 所示，各管脚功能介绍如下。

Vin——模拟电压输入端。

Vref+——参考电压"＋"端，要接直流参考电压源的正端，其大小视用户对量化精度的要求而定。如果输出是 8 位，若 Vref+ 为 5.12V，则输入信号对应的量化单位为 5.12/256=20mV。

Vref–——参考电压"－"端，一般与地相连。此输入端

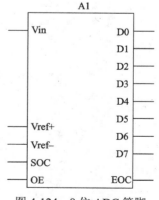

图 4-124　8 位 ADC 管脚

有另外一个作用，可以实现模拟信号输入的单极性和双极性变化。一般在 Vref– 接地的情况下，输入是单极性，范围在 0~Vref+ 变化；在 Vref–接入电压等于 –Vref+ 的情况下，输入是双极性，范围在 Vref–~Vref+ 变化。单极性和双极性输入模式

下数字量输出与不同量程输入电压关系如表 4-20 和表 4-21 所示。

SOC——启动转换信号端，只有端电平从低电平变成高电平时，转换才开始。转换时间为 1μs，期间 EOC 为低电平。注意，不同的芯片转换时间不同。

EOC——转换结束标志位端，高电平表示转换结束。

OE——输出允许端，高电平时打开 A/D 转换芯片内部的输出三态锁存器，A/D 转换结果送出；低电平时封锁 A/D 转换芯片内部的输出三态锁存器，A/D 转换器转换结果数字量输出端为高阻状态。

表 4-20　单极性输入模式下数字量输出与不同量程输入电压关系

A/D 输出显示	5V 量程模拟电压	10V 量程模拟电压	20V 量程模拟电压
00	0	0	0
3F	1.25	2.5	5
7F	2.5	5	10
BF	3.75	7.5	15
FF	5	10	20

表 4-21　双极性输入模式下数字量输出与不同量程输入电压关系

A/D 输出显示	5V 量程模拟电压	10V 量程模拟电压	20V 量程模拟电压
00	−5	−10	−20
3F	−2.5	−5	−10
7F	0	0	0
BF	2.5	5	10
FF	5	10	20

图 4-125 所示电路为常用 A/D 转换芯片 ADC0809 内部电路结构图，从中可以看出，A/D 转换器应该在一个时钟信号（CLOCK）的控制下完成转换，因此，A/D 转换器工作需要一个振荡电路产生时钟信号，其频率由不同的芯片型号决定。有些 A/D 集成块内部自带振荡电路产生其工作所需的时钟信号，不需要外部输入。Multisim10 软件中的 8 位 ADC 和 16 位 ADC 模型就是如此。

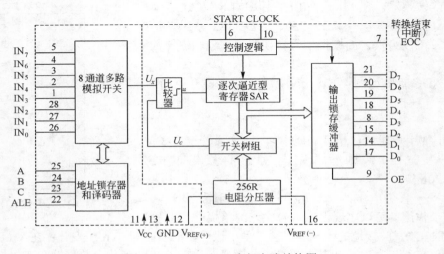

图 4-125　ADC0809 内部电路结构图

• 电阻分压器电路。电阻分压器电路如图 4-126 所示。由于一般 A/D 转换芯片的模拟电压输入范围为 0～5V，而实际被测电压通常大于这个电压值，因此，需要采用电阻分压器。根据给定的设计任务，选用 5V 为基本量程，该数字电压表输入阻抗为 $R_i = 10\text{M}\Omega + 5\text{M}\Omega + 5\text{M}\Omega = 20\text{M}\Omega$，各挡衰减后的电压与输入电压的关系分别为 $U_x = U_i$；$U_x = 0.5U_i$；$U_x = 0.25U_i$。量程切换开关同时点亮相应量程指示灯。

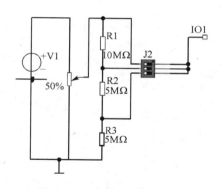

图 4-126　电阻分压器电路

• 振荡器。振荡器部分一般是采用 555 集成电路构成多谐振荡器产生 A/D 集成块所需 CLOCK 工作脉冲。由于本设计采用 Multisim 软件中 8 位 ADC 和 16 位 ADC 模型，内部自带时钟电路，不需要外部输入，因此，可以不需要振荡电路。

但是分析设计要求，数字式电压表要求有输入就应该有输出，而按照 A/D 转换器的工作时序，如图 4-127 所示，应该先启动，然后判断转换结束，最后输出允许，才有输出值。因此，在逻辑控制电路中，定时给 SOC 启动端脉冲信号，其周期大于一般 A/D 转换器转换时间，小于输入模拟电压变化周期，就可以实现数字式电压表的要求——有输入就有输出。

一般 A/D 集成块的转换时间为 $100\mu s$ 左右，所以本例设计一个周期为 1ms 的时钟信号，可以支持频率为 1kHz 的输入信号。用 555 集成电路构成多谐振荡器电路前面已经用得很多，在此就不再设计了，仿真时可以用时钟信号源代替。

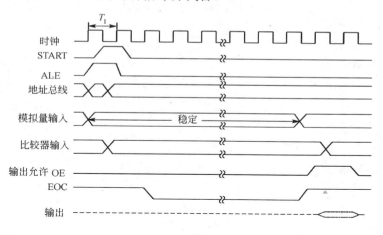

图 4-127　ADC0809 工作时序

• 逻辑控制电路。逻辑控制电路主要是控制电压表的主体 A/D 转换器一定要按照图 4-127 所示的工作时序正常工作，保证 A/D 转换结果正确无误。由于本设计只需要处理一个输入端的电压变化，可以直接把转换结束信号 EOC 接至输出允许信号 OE，这样，转换结束就输出结果，满足设计要求。

• 显示电路。本例的显示电路设计时要注意，由于 8 位 ADC 和 16 位 ADC 模型输出的数字量都是 16 进制数，显示电路应该选取支持 16 进制数的数码显示管和译码器。在仿真电路中简化设计，直接采取带译码功能的数码管。

③ 总体逻辑电路　将以上各子系统、控制电路进行级联，即完成总体电路设计，如图 4-128 所示。

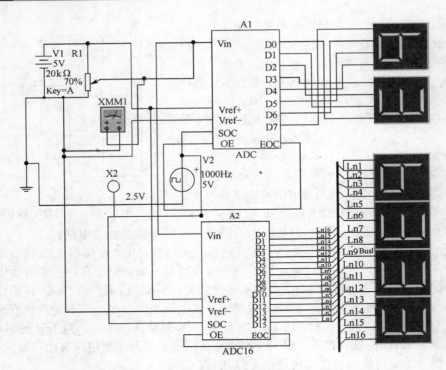

图 4-128 A/D 转换电路

附　　录

附录1　常用集成计数器进位、借位信号时序图

名称型号	进位、借位信号时序图	操作功能
十进制计数器 74LS160 CC40160		异步清零 同步置数 有使能端
二进制计数器 74LS161 CC40161		异步清零 同步置数 有使能端
十进制计数器 74LS162		同步清零 同步置数 有使能端
二进制计数器 74LS163		同步清零 同步置数 有使能端
十进制同步加/减计数器 74LS168 加计数 $U/\overline{D}$ = "0"		同步置数 有使能端
十进制同步加/减计数器 74LS168 减计数 $U/\overline{D}$ = "1"		同步置数 有使能端
四位二进制同步加/减计数器 74LS169 加计数 $U/\overline{D}$ = "0"		同步置数 有使能端
四位二进制同步加/减计数器 74LS169 减计数 $U/\overline{D}$ = "1"		同步置数 有使能端

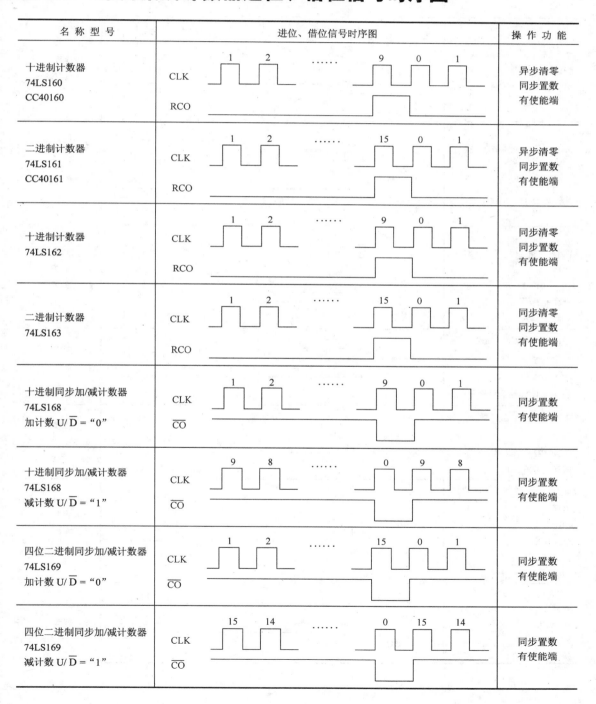

名　称　型　号	进位、借位信号时序图	操　作　功　能
十进制同步加/减计数器 74LS190 加计数 U/$\overline{\text{D}}$ = "0"	CLK, CO/BO, $\overline{\text{RCO}}$ 时序图（1 2 …… 9 0 1）	异步清零 异步置数 有计数控制端
十进制同步加/减计数器 74LS190 减计数 U/$\overline{\text{D}}$ = "1"	CLK, CO/BO, $\overline{\text{RCO}}$ 时序图（9 8 …… 0 9 8）	异步清零 异步置数 有计数控制端
四位二进制同步加/减计数器 74LS191 加计数 U/$\overline{\text{D}}$ = "0"	CLK, CO/BO, $\overline{\text{RCO}}$ 时序图（1 2 …… 15 0 1）	异步清零 异步置数 有计数控制端
四位二进制同步加/减计数器 74LS191 减计数 U/$\overline{\text{D}}$ = "1"	CLK, CO/BO, $\overline{\text{RCO}}$ 时序图（15 14 …… 0 15 14）	异步清零 异步置数 有计数控制端
十进制同步加/减计数器 74LS192 CC40192 加计数 DOWN= "1"	CLK(UP), $\overline{\text{CO}}$ 时序图（0 1 …… 9 0 1）	异步清零 异步置数
十进制同步加/减计数器 74LS192 CC40192 减计数 UP= "1"	CLK(DOWN), $\overline{\text{BO}}$ 时序图（9 8 …… 0 9 8）	异步清零 异步置数
四位二进制同步加/减计数器 74LS193 CC40193 加计数 DOWN= "1"	CLK(UP), $\overline{\text{CO}}$ 时序图（0 1 …… 15 0 1）	异步清零 异步置数
四位二进制同步加/减计数器 74LS193 CC40193 减计数 UP= "1"	CLK(DOWN), $\overline{\text{BO}}$ 时序图（15 14 …… 0 15 14）	异步清零 异步置数

续表

名 称 型 号	进位、借位信号时序图	操 作 功 能
十进制加/减计数器 CC4510 加计数 U/D="1"	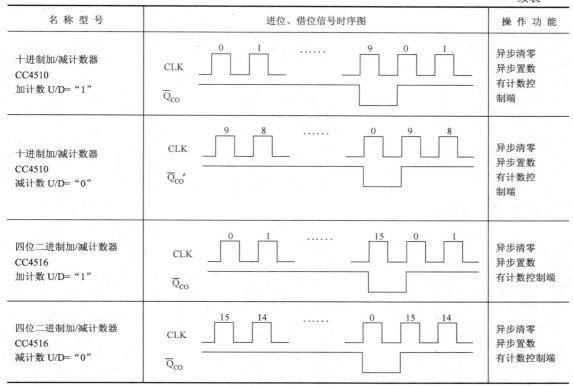	异步清零 异步置数 有计数控 制端
十进制加/减计数器 CC4510 减计数 U/D="0"		异步清零 异步置数 有计数控 制端
四位二进制加/减计数器 CC4516 加计数 U/D="1"		异步清零 异步置数 有计数控制端
四位二进制加/减计数器 CC4516 减计数 U/D="0"		异步清零 异步置数 有计数控制端

附录2　常用数字集成电路外引线图

（1）四2输入与非门 74LS00

$$Y = \overline{AB}$$

（2）四2输入或非门 74LS02

$$Y = \overline{A+B}$$

（3）六反向器 74LS04

$$Y = \overline{A}$$

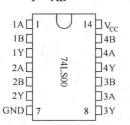

（4）四2输入与门 74LS08

$$Y=AB$$

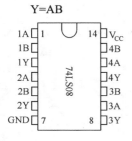

（5）三3输入与非门 74LS10

$$Y = \overline{ABC}$$

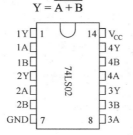

（6）三3输入与门 74LS11

$$Y=ABC$$

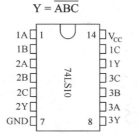

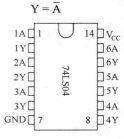

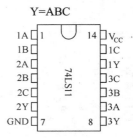

（7）双 4 输入与非门 74LS20

$$Y = \overline{ABCD}$$

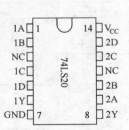

（8）双 4 输入与门 74LS21

$$Y = ABCD$$

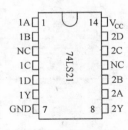

（9）三 3 输入或非门 74LS27

$$Y = \overline{A + B + C}$$

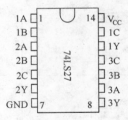

（10）8 输入与非门 74LS30

$$Y = \overline{ABCDEFGH}$$

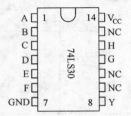

（11）四 2 输入或门 74LS32

$$Y = A + B$$

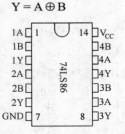

（12）2 路 3-3 输入、2 路 2-2 输入
与或非门 74LS51

$$Y = \overline{(ABC) + (DEF)}$$

$$Y = \overline{(AB) + (CD)}$$

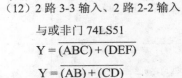

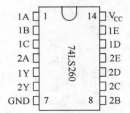

（13）四 2 输入异或门 74LS86

$$Y = A \oplus B$$

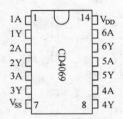

（14）双 5 输入或非门 74LS260

$$Y = \overline{A + B + C + D + E}$$

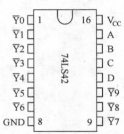

（15）四 2 输入与非门 CD4011
（CMOS）　$Y = \overline{AB}$

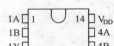

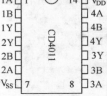

（16）六反向器 CD4069
（CMOS）　$Y = \overline{A}$

（17）4 线-10 线译码器
74LS42

（18）4 线-七段译码器/驱动器
（BCD 输入，有限流电阻）
74LS48

（19）3 线-8 线译码器

74LS138

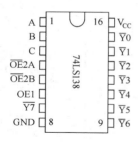

（20）10 线-4 线优先编码器

74LS147

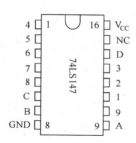

（21）8 线-3 线优先编码器

74LS148

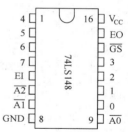

（22）4 线-16 线译码器

74LS154

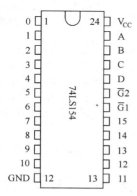

（23）4 位二进制全加器

74LS283

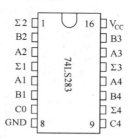

（24）4 线-七段译码器/驱动器

（OC）74LS247

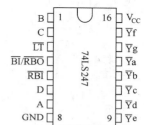

（25）4 线-七段译码器/驱动器（BCD
输入，无限流电阻）CD4511

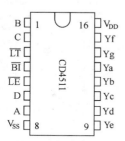

（26）双上升沿 D 型触发器

74LS74

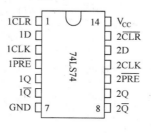

（27）双下降沿 JK 型触发器

74LS112

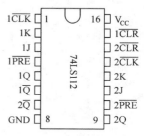

（28）可重触发双稳态触发器

74LS123

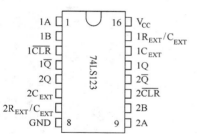

（29）6D 触发器（有清除端）

74LS174

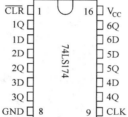

（30）4 上升沿 D 型触发器

74LS175

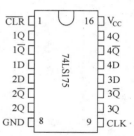

（31）双上升沿 D 型触发器（CMOS）
CD4013

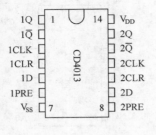

（32）4 位十进制同步计数器（异步清零）74LS160

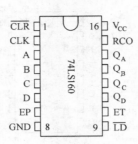

（33）4 位二进制同步计数器
74LS161

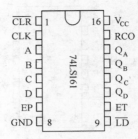

（34）4 位二进制同步加/减计数器 74LS191

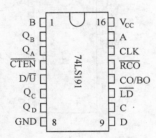

（35）十进制同步加/减计数器
74LS192　CD40192

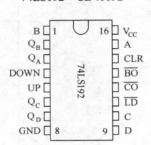

（36）4 位二进制同步加/减计数器 74LS193　CD40193

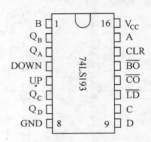

（37）十进制计数器
74LS290

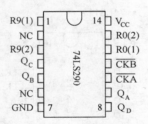

（38）14 位同步二进制计数/分配、振荡器 CD4060（CMOS）

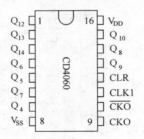

（39）十进制计数/分频器
CD4017（CMOS）

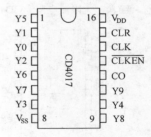

（40）4 位双向通用移位寄存器
74LS194

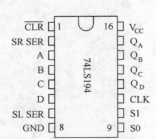

（41）8 位移位寄存器
74LS164

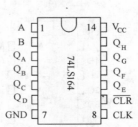

（42）8 选 1 数据选择器（原、反码输出）74LS151

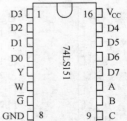

（43）4 双向模拟开关（CMOS）
CD4066

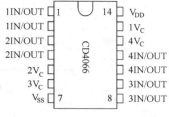

（44）16 选 1 数据选择器
74LS150

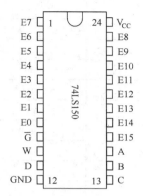

（45）8 缓冲器/线驱动器/线接收器
（3S，两组控制）74LS241

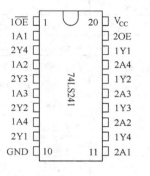

（46）555 时基电路

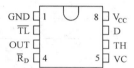

（47）8 段 LED 数码显示器
（共阳、共阴）

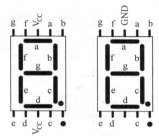

附录 3　常用数字集成电路按类型、型号、功能分类检索表

1. 基本门电路

型号 54/74 LS	名　称	型　号 CC4000	名　称
00	四 2 输入与非门	4001	四 2 输入或非门
01	四 2 输入与非门（OC）	4002	双 4 输入或非门
02	四 2 输入或非门（OC）	4009	六反相缓冲/变换器
03	四 2 输入与非门（OC）	4010	六同相缓冲/变换器
04	六反相器	4011	四 2 输入与非门
05	六反相器（OC）	4012	双 4 输入与非门
06	六输出高压反相缓冲/驱动器（OC，30V）	4023	三 3 输入与非门
07	六输出高压缓冲/驱动器（OC，30V）	4025	三 3 输入或非门
08	四 2 输入与门	4041	四同相/反相缓冲器
09	四 2 输入与门（OC）	4049	六反相缓冲/变换器
10	三 3 输入与非门	4050	六同相缓冲/变换器
1'1	三 3 输入与门	4069	六反相器
12	三 3 输入与非门（OC）	4070	四 2 输入异或门
13	双 4 输入与非门（有施密特触发器）	4071	四 2 输入或门
14	六反相器（有施密特触发器）	4072	双 4 输入或门

续表

型号 54/74 LS	名　称	型　号 CC4000	名　称
15	三 3 输入与门（OC）	4073	三 3 输入与门
16	六输出高压反相缓冲/驱动器（OC，15V）	4075	三 3 输入或门
17	六输出高压缓冲/驱动器（OC，15V）	4081	四 2 输入与门
19	六反相器（有施密特触发器）	4082	双 4 输入与门
20	双 4 输入与非门	4085	双 2 路 2 输入与或非门
21	双 4 输入与门	4086	四 2 可扩展输入与或非门
22	双 4 输入与非门（OC）		
24	四施密特与非门/变换器		
25	双 4 输入或非门（有选通端）		
26	四 2 输入高压输出与非缓冲器（OC，15V）		
27	三 3 输入或非门		
28	四 2 输入或非缓冲器		
30	8 输入与非门		
32	四 2 输入或门		
33	四 2 输入或非缓冲器（OC）		
37	四 2 输入高压输出与非缓冲器		
38	四 2 输入高压输出与非缓冲器（OC）		
40	双 4 输入与门缓冲器		
50	双二路 2-2 输入与或非门		
51	2 路 3-3 输入、2 路 2-2 输入与或非门		
86	四 2 输入异或门		
132	四 2 输入与非门（有施密特触发器）		
133	13 输入与非门		
260	双 5 输入或非门		

2. 集成组合电路

型号 54/74 LS	名　称	型　号 CC4000 CC4500 CC14000	名　称
42	4 线-10 线译码器（BCD 输入）	4028	BCD 码十进制译码器
43	4 线-10 线译码器（余 3 码输入）	4055	BCD-七段译码/液晶驱动器
48	4 线-七段译码器/驱动器（BCD 输入、有内置限流电阻）	4511	BCD-锁存/七段译码/驱动器
49	4 线-七段译码器/驱动器（BCD 输入、OC）	4512	8 路数据选择器
138	3 线-8 线译码器	4514	4 位锁存/4 线-16 线译码器（输出"1"）

续表

型号 54/74 LS	名　称	型号 CC4000 CC4500 CC14000	名　称
139	双 2 线-4 线译码器	4515	4 位锁存/4 线-16 线译码器（输出"0"）
145	4 线-10 线译码器/驱动器（BCD 输入）	4539	双 4 路数据选择器
147	10 线-4 线优先编码器（BCD 输入、OC）	4555	双二进制 4 选 1 译码/分离器（输出"1"）
148	8 线-3 线优先编码器	4556	双二进制 4 选 1 译码/分离器（输出"0"）
150	16 选 1 数据选择器（原、反码输出）	14513	BCD-锁存/七段译码/驱动器
151	8 选 1 数据选择器（原、反码输出）	14543	BCD-锁存/七段译码/驱动器
153	双 4 选 1 数据选择器	14544	BCD-锁存/七段译码/驱动器
154	4 线-16 线译码器	14547	BCD-七段译码/大电流驱动器
155	双 2 线-4 线译码器		
157	四 2 选 1 数据选择器		
159	4 线-16 线译码器		
246	4 线-七段译码器/驱动器（BCD 输入，OC，30V）		
247	4 线-七段译码器/驱动器（BCD 输入，OC，15V）		
248	4 线-七段译码器/驱动器（BCD 输入，有内置限流电阻）		
249	4 线-七段译码器/驱动器（BCD 输入，OC）		
251	8 选 1 数据选择器（3S，原、反码输出）		
253	双 4 选 1 数据选择器（3S）		
257	四 2 选 1 数据选择器（3S）		
258	四 2 选 1 数据选择器（3S，反码输出）		
280	9 位奇偶产生器/校验器		
283	4 位二进制超前进位全加器		

3. 集成触发器、锁存器

型号 54/74 LS	名　称	型号 CC4000 CC4500	名　称
74	双上升沿 D 型触发器	4013	双 D 型触发器
109	双上升沿 JK 型触发器	4027	双 JK 型触发器
112	双下降沿 JK 型触发器	4042	4 锁存 D 型触发器
123	主从触发双稳态触发器	4043	四 3 态 R-S 锁存型触发器（输出"1"）
173	4D 正沿触发器（三态，Q 端输出，公共时钟）	4044	四 3 态 R-S 锁存型触发器（输出"0"）
174	6D 触发器（Q 端输出，公共清除端，公共时钟端）	4095	3 输入 JK 型触发器

续表

型号 54/74 LS	名　称	型号 CC4000 CC4500	名　称
175	4D 触发器（公共清除端，公共时钟端）	4096	3 输入 JK 型触发器
273	8D 触发器（Q 端输出，公共清除端，公共时钟端）	4098	双单稳态触发器
279	四 R-S 锁存器（Q 端输出）	40174	6 锁存 D 型触发器
373	8D 触发器（三态 Q 端输出）	4508	双 4 位锁存 D 型触发器
374	8D 触发器（三态 Q 端输出，公共时钟端）		
377	8D 触发器（公共时钟，有使能控制，Q 端输出）		
378	6D 触发器（公共时钟，有使能控制，Q 端输出）		
379	4D 触发器（公共时钟，有使能控制）		

4．集成计数器

型号 54/74 LS	名　称	型号 CC4000 CC4500 CC14000	名　称
160	十进制同步计数器（异步清零，同步置数）	4017	十进制计数/分配器
161	4 位二进制同步计数器（异步清零，同步置数）	4022	八进制计数/分配器
162	十进制同步计数器（同步清零，同步置数）	4026	十进制计数/七段译码器
163	4 位二进制同步计数器（同步清零，同步置数）	4033	十进制计数/七段译码器
168	十进制同步加/减计数器（同步置数）	4040	12 位计数器/分频器
169	4 位二进制同步加/减计数器（同步置数）	4060	14 位计数器/分频器
190	十进制同步加/减计数器（异步置数）	40110	十进制加/减计数/锁存/七段译码/驱动器
191	4 位二进制同步加/减计数器（异步置数）	40160	可预置十进制同步计数器
192	十进制同步加/减计数器（双时钟，异步清零，异步置数）	40161	可预置 4 位二进制同步计数器
193	4 位二进制同步加/减计数器（双时钟，异步清零，异步置数）	40192	可预置十进制同步加/减计数器（双时钟，异步清零，异步置数）
290	二-五-十进制计数器（异步复位，异步置数）	40193	可预置 4 位二进制同步加/减计数器（双时钟，异步清零，异步置数）
293	二-八-十六进制计数器（异步复位）	4510	BCD 加/减计数器（单时钟）
		4516	可预置 4 位二进制同步加/减计数器（单时钟）
		4518	双 BCD 同步加计数器
		4520	双 4 位二进制同步加计数器
		14522	可预置 BCD 同步 1/N 计数器

5. 其他功能类

型号 54/74 LS	名　称	型　号 CC4000	名　称
85	4 位数值比较器	4014	8 位串入/并入-串出移位寄存器
91	8 位移位寄存器	4046	锁相环
164	8 位移位寄存器（串行输入/并行输出）	4051	单 8 路模拟开关
198	8 位双向移位寄存器（并行存取）	4052	双 4 路模拟开关
224	三缓冲器	4053	三组 2 路模拟开关
240	八缓冲器/线驱动器/线接收器（3S，两组控制）	4066	四双向模拟开关
241	八缓冲器/线驱动器/线接收器（3S，两组控制）	4067	单 16 路模拟开关
		4089	二进制比例乘法器
		40194	4 位并入/串入-并出/串出移位寄存器（左移/右移）
		40195	4 位并入/串入-并出/串出移位寄存器

附录 4　TTL 数字集成电路分类、推荐工作条件

1. TTL 集成电路分类
54 系列：军用产品
74 系列：民用产品

	国际标准	国家标准	类　型
TTL 系列	54/74	CT54/74 （CT1000）	标准型
	54/74L	CT54/74L（CT2000）	低功耗
	54/74S	CT54/74S（CT3000）	肖特基
	54/74LS	CT54/74LS（CT4000）	低功耗肖特基
	54/74AS		先进肖特基
	54/74ALS		先进低功耗肖特基
	54/74F		快速
	54/74HC		高速 CMOS

2. 推荐工作条件

参　数		54、54S、54LS 74、74S、74LS			54ALS 74ALS			54F、74F			单位
		最小值	典型值	最大值	最小值	典型值	最大值	最小值	典型值	最大值	
U_{CC}		4.5	5	5.5	4.5	5	5.5	4.5	5	5.5	V
U_{IH}		2			2			2			V
U_{IL}				0.8			0.8			0.8	V
I_{OH}				−0.4			−1			0.4	mA
I_{OL}	54			4			20			16	mA
	74			8			22			24	
T_A	54	−55		125	−55		125	−55		125	℃
	74	0		70	0		70	0		70	

附录 5　Multisim 10 元件库中元件的中文译意参考资料

　　由于电子仿真软件 Multisim 10 没有完全汉化版，给用户使用带来不便，现将元件库各按钮中菜单的具体内容中文译列出，仅供参考。

　　1. 单击 ＋ 按钮，弹出对话框"系列"栏下内容：

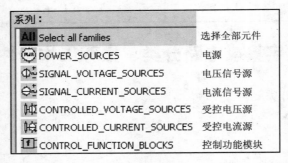

　　（1）单击"Select all families（选择全部元件）"项，即选择全部元件，对话框的"元件"栏下将显示所有元件。

　　（2）单击"系列"栏中的"POWER_SOURCES（电源）"项，对话框的"元件"栏下将显示：

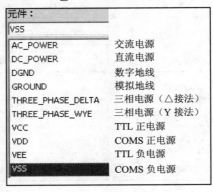

（3）单击"系列"栏中的"SIGNAL_VOLTAGE_SOURCES（电压信号源）"项，对话框的"元件"栏下将显示：

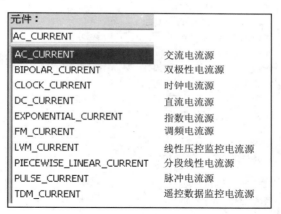

元件：	
AC_VOLTAGE	
AC_VOLTAGE	交流电压源
AM_VOLTAGE	调幅电压源
BIPOLAR_VOLTAGE	双极性电压源
CLOCK_VOLTAGE	时钟电压源
EXPONENTIAL_VOLTAGE	指数电压源
FM_VOLTAGE	调频电压源
LVM_VOLTAGE	线性压控监控电压源
PIECEWISE_LINEAR_VOLTAGE	分段线性电压源
PULSE_VOLTAGE	脉冲电压源
TDM_VOLTAGE	遥控数据监控电压源
THERMAL_NOISE	热噪声源
TRIANGULAR_VOLTAGE	三角波电压源

（4）单击"系列"栏中的"SIGNAL_CURRENT_SOURCES（电流信号源）"项，对话框的"元件"栏下将显示：

元件：	
AC_CURRENT	
AC_CURRENT	交流电流源
BIPOLAR_CURRENT	双极性电流源
CLOCK_CURRENT	时钟电流源
DC_CURRENT	直流电流源
EXPONENTIAL_CURRENT	指数电流源
FM_CURRENT	调频电流源
LVM_CURRENT	线性压控监控电流源
PIECEWISE_LINEAR_CURRENT	分段线性电流源
PULSE_CURRENT	脉冲电流源
TDM_CURRENT	遥控数据监控电流源

（5）单击"系列"栏中的"CONTROLLED_VOLTAGE_SOURCES（受控电压源）"项，对话框的"元件"栏下将显示：

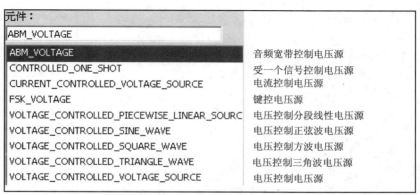

元件：	
ABM_VOLTAGE	
ABM_VOLTAGE	音频宽带控制电压源
CONTROLLED_ONE_SHOT	受一个信号控制电压源
CURRENT_CONTROLLED_VOLTAGE_SOURCE	电流控制电压源
FSK_VOLTAGE	键控电压源
VOLTAGE_CONTROLLED_PIECEWISE_LINEAR_SOURC	电压控制分段线性电压源
VOLTAGE_CONTROLLED_SINE_WAVE	电压控制正弦波电压源
VOLTAGE_CONTROLLED_SQUARE_WAVE	电压控制方波电压源
VOLTAGE_CONTROLLED_TRIANGLE_WAVE	电压控制三角波电压源
VOLTAGE_CONTROLLED_VOLTAGE_SOURCE	电压控制电压源

（6）单击"系列"栏中的"CONTROLLED_CURRENT_SOURCES（受控电流源）"项，对话框的"元件"栏下将显示：

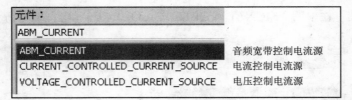

（7）单击"系列"栏中的"CONTROL_FUNCTION_BLOCKS（控制功能模块）"项，对话框的"元件"栏下将显示：

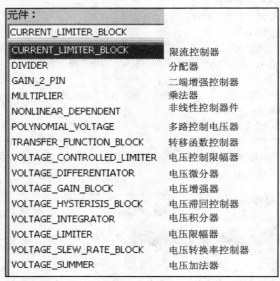

2．单击 ~~~ 按钮，弹出对话框"系列"栏下内容：

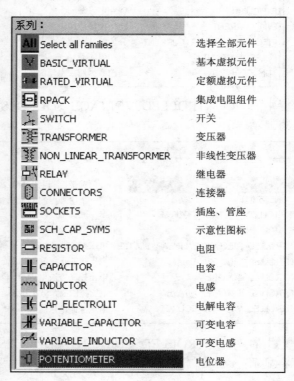

（1）单击"Select all families（选择全部元件）"项，即选择全部元件，对话框的"元件"栏下将显示所有元件。

（2）单击"系列"栏中的"BASIC_VIRTUAL（基本虚拟元件）"项，对话框的"元件"栏下将显示：

元件：	
ARBITRARY_SPICE_BLOCK	
ARBITRARY_SPICE_BLOCK	示意的 Spice 字组
CORELESS_COIL_VIRTUAL	虚拟无芯线圈绕组
INDUCTOR_ADVANCED	虚拟电感
MAGNETIC_CORE_VIRTUAL	虚拟有磁芯电感器
NLT_VIRTUAL	虚拟无芯线圈
RELAY1A_VIRTUAL	虚拟常开继电器
RELAY1B_VIRTUAL	虚拟常闭继电器
RELAY1C_VIRTUAL	虚拟双触点继电器
SEMICONDUCTOR_CAPACITOR_VIRTUAL	虚拟电容器
SEMICONDUCTOR_RESISTOR_VIRTUAL	虚拟电阻器
TS_VIRTUAL	虚拟变压器
VARIABLE_PULLUP_VIRTUAL	虚拟下拉电阻
VOLTAGE_CONTROLLED_CAPACITOR_VIRTUAL	虚拟电压控制电容器
VOLTAGE_CONTROLLED_INDUCTOR_VIRTUAL	虚拟电压控制电感器
VOLTAGE_CONTROLLED_RESISTOR_VIRTUAL	虚拟电压控制电阻器

（3）单击"系列"栏中的"RATED_VIRTUAL（定额虚拟元件）"项，对话框的"元件"栏下将显示：

元件：	
BJT_NPN_RATED	
555_TIMER_RATED	定额 555 定时器
BJT_NPN_RATED	定额 NPN 三极管
BJT_PNP_RATED	定额 PNP 三极管
CAPACITOR_POL_RATED	定额有极性电容
CAPACITOR_RATED	定额电容器
DIODE_RATED	定额二极管
FUSE_RATED	定额保险丝
INDUCTOR_RATED	定额电感器
LED_BLUE_RATED	定额蓝色发光二极管
LED_GREEN_RATED	定额绿色发光二极管
LED_RED_RATED	定额红色发光二极管
LED_YELLOW_RATED	定额黄色发光二极管
MOTOR_RATED	定额电动机
NC_RELAY_RATED	定额常开继电器
NO_RELAY_RATED	定额常闭继电器
NONC_RELAY_RATED	定额双触点继电器
OPAMP_RATED	定额运算放大器
PHOTO_DIODE_RATED	定额光电二极管
PHOTO_TRANSISTOR_RATED	定额光电三极管
POTENTIOMETER_RATED	定额电位器
PULLUP_RATED	定额下拉电位
RESISTOR_RATED	定额电阻器
TRANSFORMER_CT_RATED	定额有铁芯变压器
TRANSFORMER_RATED	定额无芯变压器
VARIABLE_CAPACITOR_RATED	定额可变电容器
VARIABLE_INDUCTOR_RATED	定额可变电感器

（4）单击"系列"栏中的"RPACK（集成电阻组件）"项，对话框的"元件"栏下将显示：

元件：		
1X4SIP		
1X4SIP	1×4	SIP 封装电阻组件
1X6SIP	1×6	SIP 封装电阻组件
1X8SIP	1×8	SIP 封装电阻组件
2X4DIP	2×4	DIP 封装电阻组件
2X4TERM	2×4	TERM 封装电阻组件
2X6DIP	2×6	DIP 封装电阻组件
2X8DIP	2×8	DIP 封装电阻组件
RPACK_VARIABLE_1X10	1×10	可变集成电阻组件
RPACK_VARIABLE_1X4	1×4	可变集成电阻组件
RPACK_VARIABLE_1X7	1×7	可变集成电阻组件
RPACK_VARIABLE_1X8	1×8	可变集成电阻组件
RPACK_VARIABLE_2X10	2×10	可变集成电阻组件
RPACK_VARIABLE_2X4	2×4	可变集成电阻组件
RPACK_VARIABLE_2X7	2×7	可变集成电阻组件
RPACK_VARIABLE_2X8	2×8	可变集成电阻组件

（5）单击"系列"栏中的"SWITCH（开关）"项，对话框的"元件"栏下将显示：

元件：	
CURRENT_CONTROLLED_SWITCH	
CURRENT_CONTROLLED_SWITCH	电流控制开关
DIPSW1	1 单刀按钮开关
DIPSW10	10 单刀按钮开关
DIPSW2	2 单刀按钮开关
DIPSW3	3 单刀按钮开关
DIPSW4	4 单刀按钮开关
DIPSW5	5 单刀按钮开关
DIPSW6	6 单刀按钮开关
DIPSW7	7 单刀按钮开关
DIPSW8	8 单刀按钮开关
DIPSW9	9 单刀按钮开关
DSWPK_10	10 拨动开关
DSWPK_2	2 拨动开关
DSWPK_3	3 拨动开关
DSWPK_4	4 拨动开关
DSWPK_5	5 拨动开关
DSWPK_6	6 拨动开关
DSWPK_7	7 拨动开关
DSWPK_8	8 拨动开关
DSWPK_9	9 拨动开关
PB_DPST	按钮开关
SBREAK	电压缓冲开关
SPDT	单刀双掷开关
SPST	单刀单掷开关
TD_SW1	延时开关
VOLTAGE_CONTROLLED_SWITCH	电压控制开关

（6）单击"系列"栏中的"TRANSFORMER（变压器）"项，对话框的"元件"栏下将显示：

元件：	
TS_AUDIO_10_TO_1	
TS_AUDIO_10_TO_1	10：1 音频变压器
TS_AUDIO_100_TO_1	100：1 音频变压器
TS_AUDIO_VIRTUAL	虚拟音频变压器
TS_IDEAL	理想变压器
TS_MISC_25_TO_1	25：1 变压器
TS_MISC_VIRTUAL	虚拟变压器
TS_POWER_10_TO_1	10：1 功率变压器
TS_POWER_25_TO_1	25：1 功率变压器
TS_POWER_VIRTUAL	虚拟功率变压器
TS_PQ4_10	120：10 抽头变压器
TS_PQ4_12	120：12 抽头变压器
TS_PQ4_120	120：120 抽头变压器
TS_PQ4_16	120：16 抽头变压器
TS_PQ4_20	120：20 抽头变压器
TS_PQ4_24	120：24 抽头变压器
TS_PQ4_28	120：28 抽头变压器
TS_PQ4_36	120：36 抽头变压器
TS_PQ4_48	120：48 抽头变压器
TS_PQ4_56	120：56 抽头变压器
TS_RF	射频变压器
TS_RF2	射频变压器 2
TS_XFMR1	无抽头变压器
TS_XFMR2	双次级线圈变压器
TS_XFMR-TAP	双初级线圈变压器

（7）单击"系列"栏中的"NON_LINEAR_TRANSFORMER（非线性变压器）"项，对话框的"元件"栏下将显示：

元件：	
NLT_PQ_4_10	
NLT_PQ_4_10	120：10 抽头变压器
NLT_PQ_4_12	120：12 抽头变压器
NLT_PQ_4_120	120：120 抽头变压器
NLT_PQ_4_16	120：16 抽头变压器
NLT_PQ_4_20	120：20 抽头变压器
NLT_PQ_4_24	120：24 抽头变压器
NLT_PQ_4_28	120：28 抽头变压器
NLT_PQ_4_36	120：36 抽头变压器
NLT_PQ_4_48	120：48 抽头变压器
NLT_PQ_4_56	120：56 抽头变压器

（8）单击"系列"栏中的"RELAY（继电器）"项，对话框的"元件"栏下将显示：各种常开、常闭继电器 90 多种。

（9）单击"系列"栏中的"CONNECTORS（连接器）"项，对话框的"元件"栏下将显示：各种连接器 100 多种。

（10）单击"系列"栏中的"SOCKETS（插座、管座）"项，对话框的"元件"栏下将显示：DIP 型插座 12 种。

（11）单击"系列"栏中的"SCH_CAP_SYMS（示意性图标插座、管座）"项，对话框的"元件"栏下将显示：

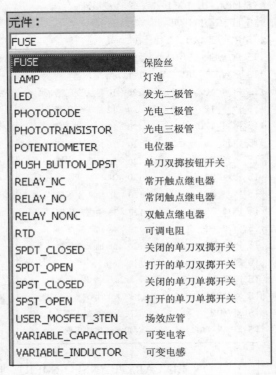

元件：	
FUSE	
FUSE	保险丝
LAMP	灯泡
LED	发光二极管
PHOTODIODE	光电二极管
PHOTOTRANSISTOR	光电三极管
POTENTIOMETER	电位器
PUSH_BUTTON_DPST	单刀双掷按钮开关
RELAY_NC	常开触点继电器
RELAY_NO	常闭触点继电器
RELAY_NONC	双触点继电器
RTD	可调电阻
SPDT_CLOSED	关闭的单刀双掷开关
SPDT_OPEN	打开的单刀双掷开关
SPST_CLOSED	关闭的单刀单掷开关
SPST_OPEN	打开的单刀单掷开关
USER_MOSFET_3TEN	场效应管
VARIABLE_CAPACITOR	可变电容
VARIABLE_INDUCTOR	可变电感

（12）单击"系列"栏中的"RESISTOR（电阻）"项，对话框的"元件"栏下将显示：$1m\Omega \sim 5T\Omega$ 全系列电阻（注：$1T=10^{12}\Omega$）。

（13）单击"系列"栏中的"CAPACITOR（电容）"项，对话框的"元件"栏下将显示：100fF～680mF 全系列电容（注：$1fF=10^{-15}F$、$1mF=10^{-3}F$）。

（14）单击"系列"栏中的"INDUCTOR（电感）"项，对话框的"元件"栏下将显示：1nH～150H 全系列电感（注：$1nH=10^{-9}H$）。

（15）单击"系列"栏中的"CAP_ELECTROLIT（电解电容）"项，对话框的"元件"栏下将显示：100fF ～680mF 全系列电容。

（16）单击"系列"栏中的"VARIABLE_CAPACITOR（可变电容）"项，对话框的"元件"栏下将显示：只有三种可变电容。

（17）单击"系列"栏中的"VARIABLE_INDUCTOR（可变电感）"项，对话框的"元件"栏下将显示：只有三种可变电感。

（18）单击"系列"栏中的"POTENTIOMETER（电位器）"项，对话框的"元件"栏下将显示：$10\Omega \sim 5M\Omega$ 各种电位器 18 种。

3. 单击 按钮，弹出对话框"系列"栏下内容：

All	Select all families	选择全部元件
	DIODES_VIRTUAL	虚拟二极管
	DIODE	二极管
	ZENER	稳压管
	LED	发光二极管
	FWB	整流桥
	SCHOTTKY_DIODE	肖特基二极管
	SCR	单向晶闸管
	DIAC	双向二极管
	TRIAC	双向晶闸管
	VARACTOR	变容二极管
	PIN_DIODE	插针式二极管

（1）单击"Select all families（选择全部元件）"项，即选择全部元件，对话框的"元件"栏下将显示所有元件。

（2）单击"系列"栏中的"DIODES-VIRTUAL（虚拟二极管）"项，对话框的"元件"栏下将显示：两种虚拟二极管。

（3）单击"系列"栏中的"DIODE（二极管）"项，对话框的"元件"栏下将显示：有800多种二极管。

（4）单击"系列"栏中的"ZENER（稳压管）"项，对话框的"元件"栏下将显示：有1300多种稳压管。

（5）单击"系列"栏中的"LED（发光二极管）"项，对话框的"元件"栏下将显示：有各种颜色发光二极管、光柱等23种。

（6）单击"系列"栏中的"FWB（整流桥）"项，对话框的"元件"栏下将显示：有50多种整流桥。

（7）单击"系列"栏中的"SCHOTTKY_DIODE（肖特基二极管）"项，对话框的"元件"栏下将显示：有30多种肖特基二极管。

（8）单击"系列"栏中的"SCR（单向晶闸管）"项，对话框的"元件"栏下将显示：有200多种晶闸管。

（9）单击"系列"栏中的"DIAC（双向二极管）"项，对话框的"元件"栏下将显示：有11种双向二极管。

（10）单击"系列"栏中的"TRIAC（双向晶闸管）"项，对话框的"元件"栏下将显示：有100多种双向晶闸管。

（11）单击"系列"栏中的"VARACTOR（变容二极管）"项，对话框的"元件"栏下将显示：有100多种变容二极管。

（12）单击"系列"栏中的"PIN_DIODE（插针式二极管）"项，对话框的"元件"栏下将显示：有19种插针式二极管。

4. 单击 按钮，弹出对话框"系列"栏下内容：

系列：	
All Select all families	选择全部元件
V TRANSISTORS_VIRTUAL	虚拟三极管
BJT_NPN	NPN 型三极管
BJT_PNP	PNP 型三极管
BJT_ARRAY	三极管阵列
DARLINGTON_NPN	NPN 型达林顿管
DARLINGTON_PNP	PNP 型达林顿管
DARLINGTON_ARRAY	达林顿管阵列
BJT_NRES	带阻 NPN 型三极管
BJT_PRES	带阻 PNP 型三极管
IGBT	绝缘栅双极型三极管
MOS_3TDN	N 沟道耗尽型 MOS 管
MOS_3TEN	N 沟道增强型 MOS 管
MOS_3TEP	P 沟道增强型 MOS 管
JFET_N	N 沟道耗尽结型场效应管
JFET_P	P 沟道耗尽结型场效应管
POWER_MOS_N	N 沟道 MOS 功率管
POWER_MOS_P	P 沟道 MOS 功率管
POWER_MOS_COMP	COMP 型 MOS 功率管
UJT	UJT 管
THERMAL_MODELS	温度模型

（1）单击"Select all families（选择全部元件）"项，即选择全部元件，对话框的"元件"栏下将显示所有元件。

（2）单击"系列"栏中的"TRANSISTORS_VIRTUAL（虚拟三极管）"项，对话框的"元件"栏下将显示：有 16 种虚拟三极管。

（3）单击"系列"栏中的"BJT_NPN（NPN 型三极管）"项，对话框的"元件"栏下将显示：有 500 多种 NPN 型三极管。

（4）单击"系列"栏中的"BJT_PNP（PNP 型三极管）"项，对话框的"元件"栏下将显示：有 300 多种 PNP 型三极管。

（5）单击"系列"栏中的"BJT_ARRAY（三极管阵列）"项，对话框的"元件"栏下将显示：有 14 种三极管阵列。

（6）单击"系列"栏中的"DARLINGTON_NPN（NPN 型达林顿管）"项，对话框的"元件"栏下将显示：有 40 多种 NPN 型达林顿管。

（7）单击"系列"栏中的"DARLINGTON_PNP（PNP 型达林顿管）"项，对话框的"元件"栏下将显示：有 13 种 PNP 型达林顿管。

（8）单击"系列"栏中的"DARLINGTON_ARRAY（达林顿管阵列）"项，对话框的"元件"栏下将显示：有 8 种达林顿管阵列。

（9）单击"系列"栏中的"BJT_NRES（带阻 NPN 型三极管）"项，对话框的"元件"栏下将显示：有 60 多种带阻 NPN 型三极管。

（10）单击"系列"栏中的"BJT_PRES（带阻 PNP 型三极管）"项，对话框的"元件"栏下将显示：有 20 多种带阻 PNP 型三极管。

（11）单击"系列"栏中的"IGBT（绝缘栅双极型三极管）"项，对话框的"元件"栏下将显示：有 100 多种绝缘栅型三极管。

（12）单击"系列"栏中的"MOS_3TDN（N 沟道耗尽型 MOS 管）"项，对话框的"元件"栏下将显示：有 9 种 N 沟道耗尽型 MOS 管。

（13）单击"系列"栏中的"MOS_3TEN（N 沟道增强型 MOS 管）"项，对话框的"元件"栏下将显示：有 400 多种 N 道增强型 MOS 管。

（14）单击"系列"栏中的"MOS_3TEP（P 沟道增强型 MOS 管）"项，对话框的"元件"栏下将显示：有 100 种 P 沟道增强型 MOS 管。

（15）单击"系列"栏中的"JFET_N（N 沟道耗尽结型场效应管）"项，对话框的"元件"栏下将显示：有 200 种 N 沟道耗尽结型场效应管。

（16）单击"系列"栏中的"JFET_P（P 沟道耗尽结型场效应管）"项，对话框的"元件"栏下将显示：有 26 种 P 沟道耗尽结型场效应管。

（17）单击"系列"栏中的"POWER_MOS_N（N 沟道 MOS 功率管）"项，对话框的"元件"栏下将显示：有 100 多种 N 沟道 MOS 功率管。

（18）单击"系列"栏中的"POWER_MOS_P（P 沟道 MOS 功率管）"项，对话框的"元件"栏下将显示：有 30 多种 P 沟道 MOS 功率管。

（19）单击"系列"栏中的"POWER_MOS_COMP（COMP 型 MOS 功率管）"项，对话框的"元件"栏下将显示：有 7 种 COMP 型 MOS 功率管。

（20）单击"系列"栏中的"UJT（UJT 管）"项，对话框的"元件"栏下将显示：有 2 种 UJT 管。

（21）单击"系列"栏中的"THERMAL_MODELS（温度模型）"项，对话框的"元件"栏下将显示：有 1 种温度模型。

5. 单击 按钮，弹出对话框"系列"栏下内容：

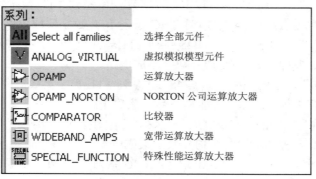

（1）单击"Select all families（选择全部元件）"项，即选择全部元件，对话框的"元件"栏下将显示所有元件。

（2）单击"系列"栏中的"ANALOG_VIRTUAL（虚拟模拟模型元件）"项，对话框的"元件"栏下将显示：有 3 种虚拟模拟模型元件。

（3）单击"系列"栏中的"OPAMP（运算放大器）"项，对话框的"元件"栏下将显示：有 4000 多种运算放大器。

（4）单击"系列"栏中的"OPAMP_NORTON（NORTON 公司运算放大器）"项，对话框的"元件"栏下将显示：有 16 种 NORTON 公司运算放大器。

（5）单击"系列"栏中的"COMPARATOR（比较器）"项，对话框的"元件"栏下将显示：有300多种运算放大器。

（6）单击"系列"栏中的"WIDEBAND_AMPS（宽带运算放大器）"项，对话框的"元件"栏下将显示：有100多种宽带运算放大器。

（7）单击"系列"栏中的"SPECIAL_FUNCTION（特殊性能运算放大器）"项，对话框的"元件"栏下将显示：有100多种特殊性能运算放大器。

6. 单击 按钮，弹出对话框"系列"栏下内容：

系列：	
All Select all families	选择全部元件
74STD	74STD 系列 TTL 数字集成电路
74STD_IC	74STD_IC 系列 TTL 数字集成电路
74S	74S 系列 TTL 数字集成电路
74S_IC	74S_IC 系列 TTL 数字集成电路
74LS	74LS 系列 TTL 数字集成电路
74LS_IC	74LS_IC 系列 TTL 数字集成电路
74F	74F 系列 TTL 数字集成电路
74ALS	74ALS 系列 TTL 数字集成电路
74AS	74AS 系列 TTL 数字集成电路

（1）单击"Select all families（选择全部元件）"项，即选择全部元件，对话框的"元件"栏下将显示所有元件。

（2）单击"系列"栏中的"74STD（74STD 系列 TTL 数字集成电路）"项，对话框的"元件"栏下将显示：有100多种74STD系列TTL数字集成电路。

（3）单击"系列"栏中的"74STD_IC（74STD_IC 系列 TTL 数字集成电路）"项，对话框的"元件"栏下将显示：有14种74STD_IC系列TTL数字集成电路。

（4）单击"系列"栏中的"74S（74S 系列 TTL 数字集成电路）"项，对话框的"元件"栏下将显示：有100多种74S系列TTL数字集成电路。

（5）单击"系列"栏中的"74S_IC（74S_IC 系列 TTL 数字集成电路）"项，对话框的"元件"栏下将显示：有1种74S_IC系列TTL数字集成电路。

（6）单击"系列"栏中的"74LS（74LS 系列 TTL 数字集成电路）"项，对话框的"元件"栏下将显示：有200多种74LS系列TTL数字集成电路。

（7）单击"系列"栏中的"74LS_IC（74LS_IC 系列 TTL 数字集成电路）"项，对话框的"元件"栏下将显示：有100多种74LS_IC系列TTL数字集成电路。

（8）单击"系列"栏中的"74F（74F 系列 TTL 数字集成电路）"项，对话框的"元件"栏下将显示：有100多种74F系列TTL数字集成电路。

（9）单击"系列"栏中的"74ALS（74ALS 系列 TTL 数字集成电路）"项，对话框的"元件"栏下将显示：有80多种74ALS系列TTL数字集成电路。

（10）单击"系列"栏中的"74AS（74AS 系列 TTL 数字集成电路）"项，对话框的"元件"栏下将显示：有40多种74AS系列TTL数字集成电路。

7. 单击 按钮，弹出对话框"系列"栏下内容：

系列：	
All Select all families	选择全部元件
CMOS_5V	CMOS_5V 系列 CMOS 数字集成电路
CMOS_5V_IC	CMOS_5V_IC 系列 CMOS 数字集成电路
CMOS_10V	CMOS_10V 系列 CMOS 数字集成电路
CMOS_10V_IC	CMOS_10V_IC 系列 CMOS 数字集成电路
CMOS_15V	CMOS_15V 系列 COMS 数字集成电路
74HC_2V	74HC_2V 系列高速数字集成电路
74HC_4V	74HC_4V 系列高速数字集成电路
74HC_4V_IC	74HC_4V_IC 系列高速数字集成电路
74HC_6V	74HC_6V 系列高速数字集成电路
TinyLogic_2V	Tinylogic_2V 系列 CMOS 数字集成电路
TinyLogic_3V	Tinylogic_3V 系列 CMOS 数字集成电路
TinyLogic_4V	Tinylogic_4V 系列 CMOS 数字集成电路
TinyLogic_5V	Tinylogic_5V 系列 CMOS 数字集成电路
TinyLogic_6V	Tinylogic_6V 系列 CMOS 数字集成电路

（1）单击"Select all families（选择全部元件）"项，即选择全部元件，对话框的"元件"栏下将显示所有元件。

（2）单击"系列"栏中的"CMOS_5V（COMS_5V 系列 CMOS 数字集成电路）"项，对话框的"元件"栏下将显示：有 200 多种 CMOS_5V 系列 CMOS 数字集成电路。

（3）单击"系列"栏中的"CMOS_5V_IC（CMOS_5V_IC 系列 CMOS 数字集成电路）"项，对话框的"元件"栏下将显示：有 50 多种 CMOS_5V_IC 系列 CMOS 数字集成电路。

（4）单击"系列"栏中的"CMOS_10V（CMOS_10V 系列 CMOS 数字集成电路）"项，对话框的"元件"栏下将显示：有 200 多种 CMOS_10V 系列 CMOS 数字集成电路。

（5）单击"系列"栏中的"CMOS_10V_IC（CMOS_10V_IC 系列 CMOS 数字集成电路）"项，对话框的"元件"栏下将显示：有 2 种 CMOS_10V_IC 系列 CMOS 数字集成电路。

（6）单击"系列"栏中的"CMOS_15V（CMOS_15V 系列 CMOS 数字集成电路）"项，对话框的"元件"栏下将显示：有 200 多种 CMOS_15V 系列 CMOS 数字集成电路。

（7）单击"系列"栏中的"74HC_2V（74HC_2V 系列高速数字集成电路）"项，对话框的"元件"栏下将显示：有 100 多种 74HC_2V 系列高速数字集成电路。

（8）单击"系列"栏中的"74HC_4V（74HC_4V 系列高速数字集成电路）"项，对话框的"元件"栏下将显示：有 100 多种 74HC_4V 系列高速数字集成电路。

（9）单击"系列"栏中的"74HC_4V_IC（74HC_4V_IC 系列高速数字集成电路）"项，对话框的"元件"栏下将显示：有 4 种 74HC_4V_IC 系列高速数字集成电路。

（10）单击"系列"栏中的"74HC_6V（74HC_6V 系列高速数字集成电路）"项，对话框的"元件"栏下将显示：有 100 多种 74HC_6V 系列高速数字集成电路。

（11）单击"系列"栏中的"TinyLogic_2V（TinyLogic_2V 系列 CMOS 数字集成电路）"项，对话框的"元件"栏下将显示：有 18 种 TinyLogic_2V 系列高速数字集成电路。

（12）单击"系列"栏中的"TinyLogic_3V（TinyLogic_3V 系列 CMOS 数字集成电路）"项，对话框的"元件"栏下将显示：有 18 种 TinyLogic_3V 系列高速数字集成电路。

（13）单击"系列"栏中的"TinyLogic_4V（TinyLogic_4V 系列 CMOS 数字集成电路）"

项，对话框的"元件"栏下将显示：有 18 种 TinyLogic_4V 系列高速数字集成电路。

（14）单击"系列"栏中的"TinyLogic_5V（TinyLogic_5V 系列 CMOS 数字集成电路）"项，对话框的"元件"栏下将显示：有 24 种 TinyLogic_5V 系列高速数字集成电路。

（15）单击"系列"栏中的"TinyLogic_6V（TinyLogic_6V 系列 CMOS 数字集成电路）"项，对话框的"元件"栏下将显示：有 7 种 TinyLogic_6V 系列高速数字集成电路。

8. 单击 🎵 按钮，弹出对话框"系列"栏下内容：

系列：	
All Select all families	选择全部元件
[&] TTL	TTL 系列元件
DSP	DSP 系列元件
FPGA	FPGA 系列元件
PLD	PLD 系列元件
CPLD	CPLD 系列元件
MICROCONTROLLERS	微控制器
MICROPROCESSORS	微处理器
VHDL VHDL	VHDL 系列元件
MEMORY	记忆存储器
LINE_DRIVER	线性驱动器
LINE_RECEIVER	线性接收器
LINE_TRANSCEIVER	线性收发器

（1）单击"Select all families（选择全部元件）"项，即选择全部元件，对话框的"元件"栏下将显示所有元件。

（2）单击"系列"栏中的"TTL（TTL 系列元件）"项，对话框的"元件"栏下将显示：有 100 多种 TTL 系列元件。

（3）单击"系列"栏中的"DSP（DSP 系列元件）"项，对话框的"元件"栏下将显示：有 90 多种 DSP 系列元件。

（4）单击"系列"栏中的"FPGA（FPGA 系列元件）"项，对话框的"元件"栏下将显示：有 80 多种 FPGA 系列元件。

（5）单击"系列"栏中的"PLD（PLD 系列元件）"项，对话框的"元件"栏下将显示：有 30 多种 PLD 系列元件。

（6）单击"系列"栏中的"CPLD（CPLD 系列元件）"项，对话框的"元件"栏下将显示：有 20 多种 CPLD 系列元件。

（7）单击"系列"栏中的"MICROCONTROLLERS（微控制器）"项，对话框的"元件"栏下将显示：有 60 多种微控制器。

（8）单击"系列"栏中的"MICROPROCESSORS（微处理器）"项，对话框的"元件"栏下将显示：有 60 多种微处理器。

（9）单击"系列"栏中的"VHDL（VHDL 系列元件）"项，对话框的"元件"栏下将显示：有 100 多种 VHDL 系列元件。

（10）单击"系列"栏中的"MEMORY（记忆存储器）"项，对话框的"元件"栏下将显示：有 80 多种记忆存储器。

（11）单击"系列"栏中的"LINE_DRIVER（线性驱动器）"项，对话框的"元件"栏下将显示：有 16 种线性驱动器。

（12）单击"系列"栏中的"LINE_RECEIVER（线性接收器）"项，对话框的"元件"栏下将显示：有 20 多种线性接收器。

（13）单击"系列"栏中的"LINE_TRANSCEIVER（线性收发器）"项，对话框的"元件"栏下将显示：有 100 多种线性收发器。

9. 单击 按钮，弹出对话框"系列"栏下内容：

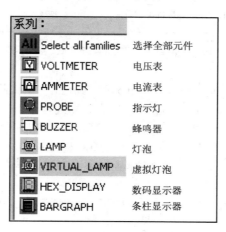

（1）单击"Select all families（选择全部元件）"项，即选择全部元件，对话框的"元件"栏下将显示所有元件。

（2）单击"系列"栏中的"MIXED_VIRTUAL（虚拟模数混合元件）"项，对话框的"元件"栏下将显示：有 5 种虚拟模数混合元件。

（3）单击"系列"栏中的"ANALOG_SWITCH（模拟开关）"项，对话框的"元件"栏下将显示：有 100 多种模拟开关。

（4）单击"系列"栏中的"ANALOG_SWITCH_IC（模拟开关集成电路）"项，对话框的"元件"栏下将显示：有 1 种模拟开关集成电路。

（5）单击"系列"栏中的"TIMER（555 定时器）"项，对话框的"元件"栏下将显示：有 8 种 555 定时器。

（6）单击"系列"栏中的"ADC_DAC（模数-数模转换器）"项，对话框的"元件"栏下将显示：有 30 多种模数-数模转换器。

（7）单击"系列"栏中的"MULTIVIBRATORS（单稳态触发器）"项，对话框的"元件"栏下将显示：有 8 种单稳态触发器。

10. 单击 按钮，弹出对话框"系列"栏下内容：

系列：	
All Select all families	选择全部元件
VOLTMETER	电压表
AMMETER	电流表
PROBE	指示灯
BUZZER	蜂鸣器
LAMP	灯泡
VIRTUAL_LAMP	虚拟灯泡
HEX_DISPLAY	数码显示器
BARGRAPH	条柱显示器

（1）单击"Select all families（选择全部元件）"项，即选择全部元件，对话框的"元件"栏下将显示所有元件。

（2）单击"系列"栏中的"VOLTMETER（电压表）"项，对话框的"元件"栏下将显示：有4种电压表。

（3）单击"系列"栏中的"AMMETER（电流表）"项，对话框的"元件"栏下将显示：有4种电流表。

（4）单击"系列"栏中的"PROBE（指示灯）"项，对话框的"元件"栏下将显示：有12种各种颜色指示灯。

（5）单击"系列"栏中的"BUZZER（蜂鸣器）"项，对话框的"元件"栏下将显示：有2种蜂鸣器。

（6）单击"系列"栏中的"LAMP（灯泡）"项，对话框的"元件"栏下将显示：有9种不同瓦数灯泡。

（7）单击"系列"栏中的"VIRTUAL_LAMP（虚拟灯泡）"项，对话框的"元件"栏下将显示：有1种虚拟灯泡。

（8）单击"系列"栏中的"HEX_DISPLAY（数码显示器）"项，对话框的"元件"栏下将显示：有50种各类型、各种颜色的数码显示器。

（9）单击"系列"栏中的"BARGRAPH（条柱显示器）"项，对话框的"元件"栏下将显示：有3种条柱显示器。

11．单击 ▣ 按钮，弹出对话框"系列"栏下内容：

系列：	
All Select all families	选择全部元件
SMPS_Transient_Virtual	虚拟瞬时值对称处理器
SMPS_Average_Virtual	虚拟平均值对称处理器
FUSE	保险丝
VOLTAGE_REFERENCE	电压参考器
VOLTAGE_REGULATOR	电压调节器
VOLTAGE_SUPPRESS...	电压抑制器
POWER_SUPPLY_CO...	供电控制器
MISCPOWER	多功能电源
PWM_CONTROLLER	脉宽调制控制器

（1）单击"Select all families（选择全部元件）"项，即选择全部元件，对话框的"元件"栏下将显示所有元件。

（2）单击"系列"栏中的"SMPS_Transient_Virtual（虚拟瞬时值对称处理器）"项，对话框的"元件"栏下将显示：有9种虚拟瞬时值对称处理器。

（3）单击"系列"栏中的"SMPS_Average_Virtual（虚拟平均值对称处理器）"项，对话框的"元件"栏下将显示：有20多种虚拟平均值对称处理器。

（4）单击"系列"栏中的"FUSE（保险丝）"项，对话框的"元件"栏下将显示：有13种各种规格的保险丝。

（5）单击"系列"栏中的"VOLTAGE_REFERENCE（电压参考器）"项，对话框的"元件"栏下将显示：有100多种电压参考器。

（6）单击"系列"栏中的"VOLTAGE_REGULATOR（电压调节器）"项，对话框的"元件"栏下将显示：有100多种电压调节器。

（7）单击"系列"栏中的"VOLTAGE_SUPPRESSOR（电压抑制器）"项，对话框的"元件"栏下将显示：有100多种电压抑制器。

（8）单击"系列"栏中的"POWER_SUPPLY_CONTROLLER（供电控制器）"项，对话框的"元件"栏下将显示：有3种供电控制器。

（9）单击"系列"栏中的"MISCPOWER（多功能电源）"项，对话框的"元件"栏下将显示：有30多种多功能电源。

（10）单击"系列"栏中的"PWM_CONTROLLER（脉宽调制控制器）"项，对话框的"元件"栏下将显示：有40多种脉宽调制控制器。

12. 单击 ^{MISC} 按钮，弹出对话框"系列"栏下内容：

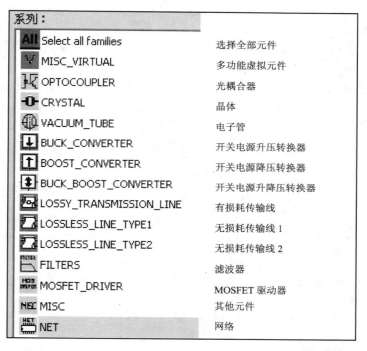

（1）单击"Select all families（选择全部元件）"项，即选择全部元件，对话框的"元件"栏下将显示所有元件。

（2）单击"系列"栏中的"MISC_VIRTUAL（多功能虚拟元件）"项，对话框的"元件"栏下将显示：有5种多功能虚拟元件。

（3）单击"系列"栏中的"OPTOCOUPLER（光耦合器）"项，对话框的"元件"栏下将显示：有80多种光耦合器。

（4）单击"系列"栏中的"CRYSTAL（晶体）"项，对话框的"元件"栏下将显示：有18种晶体。

（5）单击"系列"栏中的"VACUUM_TUBE（电子管）"项，对话框的"元件"栏下将显示：有21种电子管。

（6）单击"系列"栏中的"BUCK_CONVERTER（开关电源升压转换器）"项，对话框的"元件"栏下将显示：有1种开关电源升压转换器。

（7）单击"系列"栏中的"BOOST_CONVERTER（开关电源降压转换器）"项，对话框的"元件"栏下将显示：有 1 种开关电源降压转换器。

（8）单击"系列"栏中的"BUCK_BOOST_CONVERTER（开关电源升降压转换器）"项，对话框的"元件"栏下将显示：有 1 种开关电源升降压转换器。

（9）单击"系列"栏中的"LOSSY_TRANSMISSION_LINE（有损耗传输线）"项，对话框的"元件"栏下将显示：有 1 种有损耗传输线。

（10）单击"系列"栏中的"LOSSLESS_LINE_TYPE1（无损耗传输线 1）"项，对话框的"元件"栏下将显示：有 1 种无损耗传输线 1。

（11）单击"系列"栏中的"LOSSLESS_LINE_TYPE2（无损耗传输线 2）"项，对话框的"元件"栏下将显示：有 1 种无损耗传输线 2。

（12）单击"系列"栏中的"FILTERS（滤波器）"项，对话框的"元件"栏下将显示：有 30 多种滤波器。

（13）单击"系列"栏中的"MOSFET_DRIVER（MOSFET 驱动器）"项，对话框的"元件"栏下将显示：有 20 多种驱动器。

（14）单击"系列"栏中的"MISC（其他元件）"项，对话框的"元件"栏下将显示：有 14 其他元件种。

（15）单击"系列"栏中的"NET（网络）"项，对话框的"元件"栏下将显示：有 11 种网络。

13．单击 按钮，弹出对话框"系列"栏下内容：

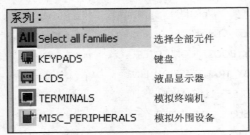

（1）单击"Select all families（选择全部元件）"项，即选择全部元件，对话框的"元件"栏下将显示所有元件。

（2）单击"系列"栏中的"KEYPADS（键盘）"项，对话框的"元件"栏下将显示：有 3 种键盘。

（3）单击"系列"栏中的"LCDS（液晶显示器）"项，对话框的"元件"栏下将显示：有 16 种液晶显示器。

（4）单击"系列"栏中的"TERMINALS（模拟终端机）"项，对话框的"元件"栏下将显示：有 1 种模拟终端机。

（5）单击"系列"栏中的"MISC_PERIPHERALS（模拟外围设备）"项，对话框的"元件"栏下将显示：

14. 单击 Y 按钮，弹出对话框"系列"栏下内容：

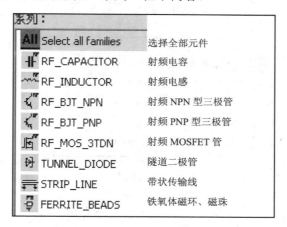

All Select all families	选择全部元件
RF_CAPACITOR	射频电容
RF_INDUCTOR	射频电感
RF_BJT_NPN	射频 NPN 型三极管
RF_BJT_PNP	射频 PNP 型三极管
RF_MOS_3TDN	射频 MOSFET 管
TUNNEL_DIODE	隧道二极管
STRIP_LINE	带状传输线
FERRITE_BEADS	铁氧体磁环、磁珠

15. 单击 按钮，弹出对话框"系列"栏下内容：

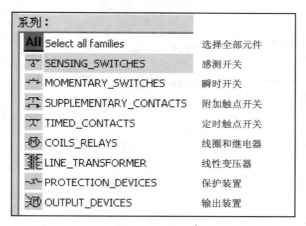

All Select all families	选择全部元件
SENSING_SWITCHES	感测开关
MOMENTARY_SWITCHES	瞬时开关
SUPPLEMENTARY_CONTACTS	附加触点开关
TIMED_CONTACTS	定时触点开关
COILS_RELAYS	线圈和继电器
LINE_TRANSFORMER	线性变压器
PROTECTION_DEVICES	保护装置
OUTPUT_DEVICES	输出装置

（1）单击"Select all families（选择全部元件）"项，即选择全部元件，对话框的"元件"栏下将显示所有元件。

（2）单击"系列"栏中的"SENSING_SWITCHES（感测开关）"项，对话框的"元件"栏下将显示：有 17 种感测开关。

（3）单击"系列"栏中的"MOMENTARY_SWITCHES（瞬时开关）"项，对话框的"元件"栏下将显示：有 6 种瞬时开关。

（4）单击"系列"栏中的"SUPPLEMENTARY_CONTACTS（附加触点开关）"项，对话框的"元件"栏下将显示：有 21 种附加触点开关。

（5）单击"系列"栏中的"TIMED_CONTACTS（定时触点开关）"项，对话框的"元件"栏下将显示：有 4 种定时触点开关。

（6）单击"系列"栏中的"COILS_RELAYS（线圈和继电器）"项，对话框的"元件"栏下将显示：有 50 多种线圈和继电器。

（7）单击"系列"栏中的"LINE_TRANSFORMER（线性变压器）"项，对话框的"元件"栏下将显示：有 11 种线性变压器。

（8）单击"系列"栏中的"PROTECTION_DEVICES（保护装置）"项，对话框的"元件"栏下将显示：有 4 种保护装置。

（9）单击"系列"栏中的"OUTPUT_DEVICES（输出装置）"项，对话框的"元件"栏下将显示：有 5 种输出装置。

16. 单击 ⏷ 按钮，弹出对话框"系列"栏下内容：

系列：	
All Select all families	选择全部元件
805x 805X	8051 和 8052 单片机
PIC PIC	PIC 单片机
RAM RAM	随机存储器
ROM ROM	只读存储器

（1）单击"Select all families（选择全部元件）"项，即选择全部元件，对话框的"元件"栏下将显示所有元件。

（2）单击"系列"栏中的"805X（8051 和 8052 单片机）"项，对话框的"元件"栏下将显示：有 8051 和 8052 单片机各 1 种。

（3）单击"系列"栏中的"PIC（PIC 单片机）"项，对话框的"元件"栏下将显示：有 2 种 PIC 单片机。

（4）单击"系列"栏中的"RAM（随机存储器）"项，对话框的"元件"栏下将显示：有 6 种随机存储器。

（5）单击"系列"栏中的"ROM（只读存储器）"项，对话框的"元件"栏下将显示：有 30 多种只读存储器。

参 考 文 献

[1] 杨利军. 电子技术实验与实训教程. 长沙：中南大学出版社，2007.
[2] 杨志忠. 电子技术课程设计. 北京：机械工业出版社，2008.
[3] 杨元挺. 电子技术技能训练. 北京：高等教育出版社，2002.
[4] 谢自美. 电子线路设计·实验·测试. 武汉：华中科技大学出版社，2006.
[5] 李忠国. 数字电子技能实训. 北京：人民邮电出版社，2006.
[6] 黄培根. Multisim 10 计算机虚拟仿真实验室. 北京：电子工业出版社，2008.
[7] 科林. TTL、高速 CMOS 手册. 北京：电子工业出版社，2004.
[8] 邱寄帆. 数字电子实验与综合实训. 北京：人民邮电出版社，2008.
[9] 崔瑞雪. 电子技术动手实践. 北京：北京航空航天大学出版社，2007.
[10] 沈任元. 常用电子元器件简明手册. 北京：机械工业出版社，2007.
[11] 黄智伟. 基于 Multisim 的电子电路计算机仿真分析与设计. 北京：电子工业出版社，2008.
[12] 郭锁利. 基于 Multisim 的电子系统设计、仿真与综合应用. 北京：人民邮电出版社，2008.
[13] 周晓霞. 数字电子技术实验教程. 北京：化学工业出版社，2008.